[NCS 구조해석 L5 기반]

ANSYS Workbench를 이용한 ALE해석 (Explicit Dynamic)

심관보 지음

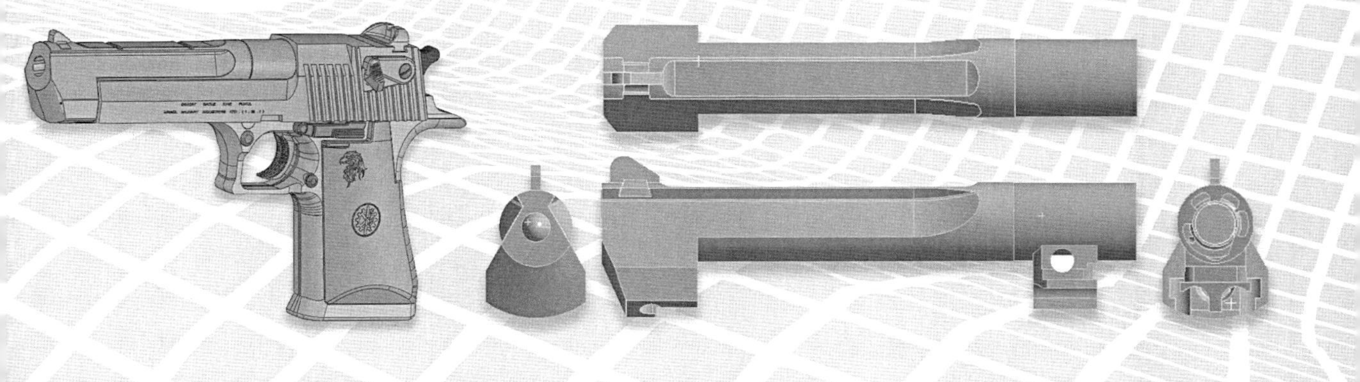

도서출판 홍릉

※ 모델링 데이터는 구글 드라이브에서 다운 받을 수 있습니다.
https://drive.google.com/drive/folders/15CPyVKxtJIri9f-Rufb1kBkbqbB-U9Ti?usp=sharing

※ 예제문제풀이는 유튜브에서 볼 수 있습니다(검색 : 심관보, KPS의 썸네일을 클릭하시면 됩니다).

[NCS 구조해석 L5 기반]

ANSYS Workbench를 이용한

ALE해석
(Explicit Dynamic)

인 쇄 : 2025년 3월 26일 초판 1쇄
발 행 : 2025년 4월 7일 초판 1쇄

저 자 : 심관보
발행인 : 송 준
발행처 : 도서출판 홍릉
주 소 : 01093 서울시 강북구 인수봉로 50길 10
등 록 : 1976년 10월 21일 제5-66호

전 화 : 02-999-2274~5
팩 스 : 02-905-6729
e-mail : hongpub@hongpub.co.kr
http://www.hongpub.co.kr
ISBN : 979-11-5600-278-9(93550)

정 가 : 20,000원

[NCS 구조해석 L5 기반]

ANSYS Workbench를 이용한

관련도서

구조해석(입문과정)

구조해석(심화과정)

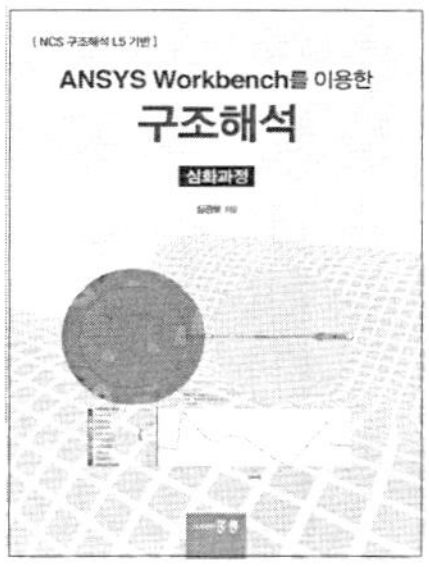

정역학해석

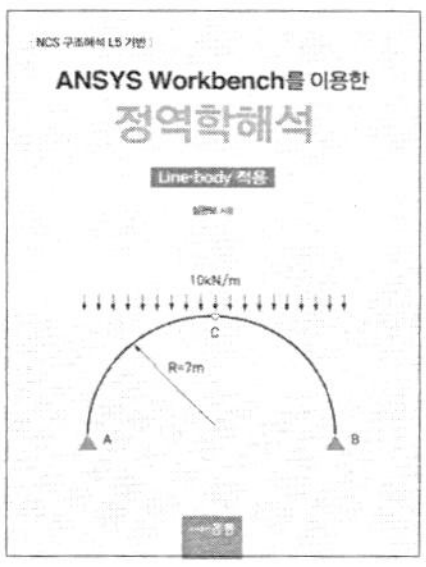

Explicit Dynamic

기계역학해석

구조해석사례집(IV)

구조해석사례집(V)

구조해석사례집(VI)

진동해석

LS-DYNA(1)

AUTODYN(1)

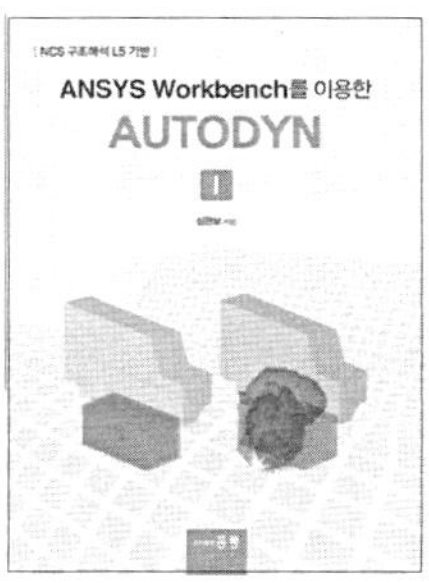

ALE해석

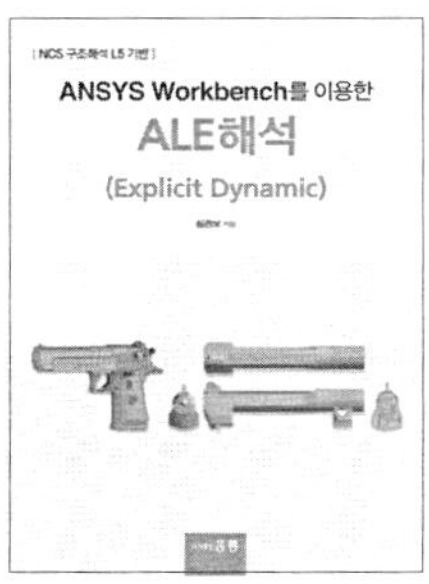

열역학 해석

저자소개

심관보

현) 한국공학대학교 교수
LG전자(주) 근무
㈜유디피 근무
연세대학교 기계공학과 석사
한국산업기술대학교 기계시스템설계 박사
품질관리기술사, 공장관리기술사

- 하중분배법에 실험계획법을 적용한 콘크리트 충진형 강판문의 최적설계, 한국강구조학회 논문집32(6)pp.351~3612020.12
- 하중분배법을 사용한 격자형 방폭문의 최적화 설계, 한국강구조학회 논문집32(6)pp.397~4042020.12
- 방폭문 실증시험을 반영한 골조형 방폭문 설계, 한국강구조학회 논문집32(2)pp.67~742020.04
- 하중분배법과 수치해석을 사용한 방폭문의 최대탄성변위 실용 계산법, 대한기계학회논문집 A43(10)pp.737~7452019.10
- 3면 지지 철근콘크리트 복합구조 방폭문의 최대탄성변위 산정 방법, 국정밀공학회지36(12)pp.1165~11722019.12
- 폭발실증시험에서 철근 콘크리트 충전형 강판 방폭문의 성능등급 판정법, 표준인증안전학회지 11(4)pp.43~632021.12
- 슬라이딩 방폭문의 최대탄성변위 산정, 표준인증안전학회지9(2)pp.1~132019.06
- 하중분배법에 실험계획법을 적용한 콘크리트 충진형 강판문의 최적설계, 한국강구조학회 논문집 32(6)pp.351~3612020.12
- 하중분배법을 사용한 격자형 방폭문의 최적화 설계, 한국강구조학회 논문집 32(6)pp.397~4042020.12

목 차

1 Solver Method

1. Lagrange 방법

라그랑지 코드의 특징은 그리드를 표면과 재료특징을 자유로운 셀 경계를 사용한다. 계산하는 동안 메쉬는 그림처럼 재료의 비틀림이 메쉬 비틀림하고 일치한다. 라그랑지 메쉬는 힘, 변형, 압력, 에너지, 밀도가 작용하는 동안 속도, 힘, 부피는 구석의 점과 함께 조합된다.

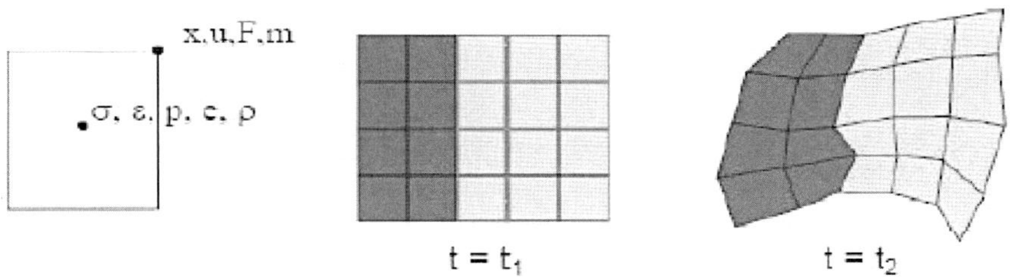

그림1 라그랑지 그리드

라그랑지 해법의 주 문제는 큰 형태의 모양이 있을 때 발생한다. 메쉬의 심한 왜곡은 그림 처럼 정확성과 밀집도 및 타임스텝에 부정적인 결과를 만들 수 있다. 이 부정적인 요소를 제거하기 위해서는 메쉬를 다시 그려 형태를 재구성하는 것이다. 게다가 그것들은 홍수나 거대한 변형이 있는 구조물 모델에서는 대체적으로 사용하기가 어렵다.

라그랑지 메쉬의 가장 큰 장점은 재료의 이동성이다. 따라서 개체 하나의 지역이나 지점에서의 추적은 쉽게 할 수 있다. 그래서 라그랑지 해법은 두 개의 물체 충돌로 발생하는 충돌이나 추진체에 타격하는 모델에 많이 사용하고 있다.

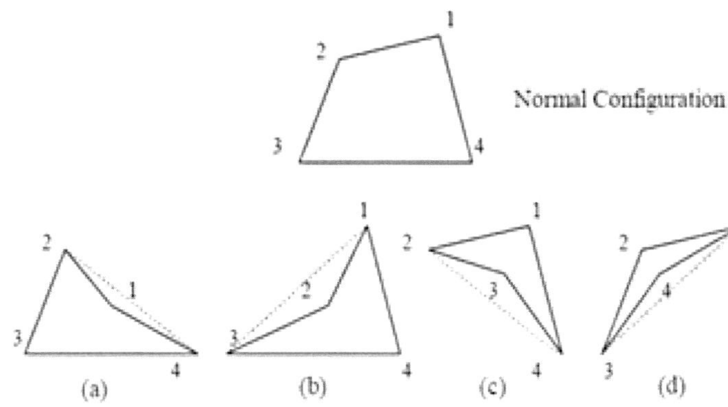

그림2 일반적인 메쉬

2. Euler 방법

오일러 해법은 하이드로 코드의 다른 방법이로 전용 개체 그리드로 정의되어 모델링된다. 오일러 해법은 재료가 이동할 수 있는 공간에 격자를 구성한다. 각각 개별 노드와 셀로 이루어진 유동적인 모델링에서 사용된다.

오일러 모델의 전형적인 특징은 라그랑지 모델과 달리 셀의 중심에서 모든 변수에 대한 점과 상호작용하는 것이다. 오일러 코드의 문제점은 요소에 대한 많은 요구조건과 기하학처리가 미숙한 것이다. 그리고 공간에 더 많은 개체 요소가 추가됨으로써 더 많은 메모리와 더 많은 시간이 필요하다. 또한 그리드는 관계 객체에 왜곡이 아니라, 좀 더 추적이 어려운 다양한 부분 구성요소에 따라서 관찰하는 방법을 하나의 조각이 시간이 지남에 따라 작용한다. 그리고 오일러 모델은 고체 물질 모델에 적합하지 않다.

오일러 해법의 장점은 라그랑지 한계 해법처럼 하나의 물체에 하나의 재료를 주어 해석하는 것이 아니다. 그것들은 하나의 셀 구조 안에 다양하게 섞인 재료적 특성을 허락한다. 재료의 표면 모양은 요소 크기에 의해 제한되지 않는다. 이것을 사용할 때 높은 형태를 가진 물체나 유체의 흐름에 적합하다. 반면에 라그랑지 해법은 일반적인 고체 모델에 사용되고 있다.

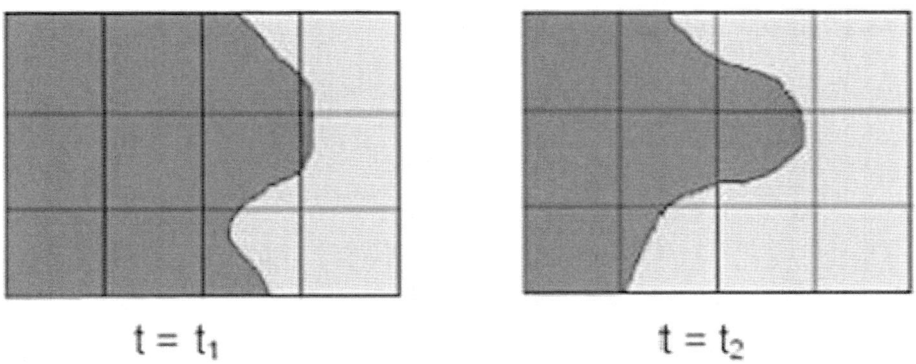

그림3 오일러 그리드

3. Arbitrary Lagrangian-Eulerian Formulation (ALE)

연속체 역학의 알고리즘은 일반적으로 운동에 대한 두 가지 고전적 설명, 즉 라그랑주 설명과 오일러 설명을 사용합니다. 예를 들어 Malvern 1969를 참조하세요. 본 장의 주제인 임의의 라그랑주-오일러(ALE) 설명은 위의 고전적 운동학 설명의 장점을 결합하고 각각의 단점을 최대한 최소화하려는 시도에서 개발되었습니다. 각 개별 노드가 운동 중에 연관된 재료 입자를 따르는 계산 메시의 라그랑주 알고리즘(그림 14.1 참조)은 주로 구조 역학에 사용됩니다. 라그랑주 설명을 사용하면 서로 다른 재료 간의 자유 표면과 계면을 쉽게 추적할 수 있습니다. 또한 이력에 따라 구성되는 관계가 있는 재료를 처리하는 데 도움이 됩니다. 약점은 빈번한 리메싱 작업에 의존하지 않고는 계산 영역의 큰 왜곡을 추적할 수 없다는 것입니다.

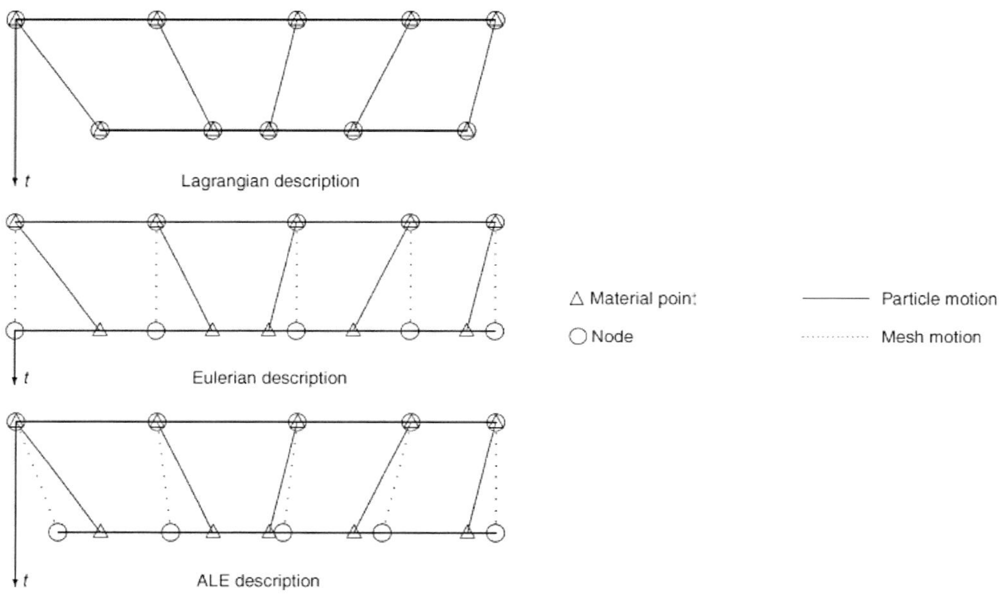

그림4 라그랑지안, 오일러안 및 ALE 메시와 입자 운동의 1차원 사례

오일러 알고리즘은 유체 역학에서 널리 사용됩니다. 여기서 상기 그림과 같이 계산 메시는 고정되고 연속체는 격자에 대해 이동합니다. 오일러 설명에서 연속체 운동의 큰 왜곡은 비교적 쉽게 처리할 수 있지만, 일반적으로 정확한 인터페이스 정의와 흐름 세부 정보의 해상도를 희생합니다.

순수 라그랑주 및 순수 오일러 설명의 단점으로 인해 라그랑주와 오일러 접근 방식의 가장 좋은 특징을 어느 정도 결합하는 데 성공한 기술이 개발되었습니다. 이러한 기술을 임의 라그랑주-오일러(ALE) 설명이라고 합니다. ALE 설명에서 계산 메시의 노드는 일반적인 라그랑주 방식으로 연속체와 함께 이동하거나 오일러 방식으로 고정하거나 그림4에서 제안한 대로 연속적인 재구역화 기능을 제공하기 위해 임의로 지정된 방식으로 이동할 수 있습니다.

ALE 설명에서 제공하는 계산 메시를 움직이는 이러한 자유로 인해 순수한 라그랑주 방법으로 허용되는 것보다 더 큰 연속체 왜곡을 처리할 수 있으며 순수한 오일러 접근 방식에서 제공하는 것보다 더 높은 해상도를 제공합니다. 그림5의 간단한 예는 ALE 설명이 순수한 라그랑주 접근 방식에서 일반적인 인터페이스의 명확한 묘사를 유지하면서 계산 메시의 상당한 왜곡을 수용할 수 있는 능력을 보여줍니다. 거친 유한 요소 메시는 부분적으로 물로 채워진 매우 강한 원통형 용기에서 폭발물의 폭발을 모델링하는 데 사용됩니다.

ALE 설명(자동 연속 재구분 포함)과 순수한 라그랑주 메시 설명을 사용하여 각각 얻은 시간 t = 1.0ms에서의 메시 구성을 비교합니다. 전하-물 계면의 세부 사항에서 더욱 입증되듯이, 라그랑지안 접근법은 계산 메시의 심각한 저하를 겪는 반면, ALE 접근법은 전하-물 계면의 규칙적인 메시 구성을 유지합니다.

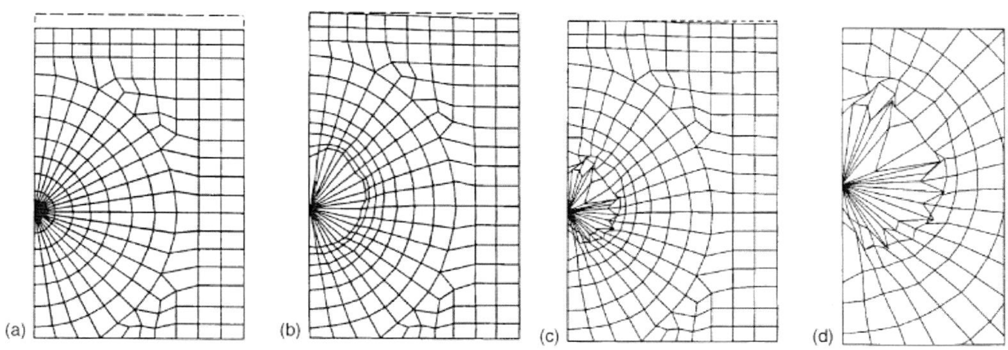

그림5 라그랑지안 대 ALE 설명

(a) 초기 FE 메시;

(b) t = 1ms에서의 ALE 메시;

(c) t = 1ms에서의 라그랑지안 메시;

(d) 라그랑지안 설명에서의 인터페이스 세부 정보.

2 ALE 사례

1. 강철 평판 위에서 폭발하는 TNT 해석 [1)]

1) 구조 계획

TNT 폭발해석을 Explicit Dynamic에서 수행한다.

강판의 크기는 지름 2m이고, TNT는 500x500x500mm이다.

TNT의 밀도가 1630kg/m^{3}이므로 해석에 사용하는 TNT양은 203.7kg에 해당한다.

TNT는 강판에서 2m 떨어져 있다.

강판의 재질은 강판으로 한다.

Case A는 TNT를 Lagrangian 방법으로 해석을 한다.

Case B는 TNT를 Eulerian 방법으로 해석을 한다.

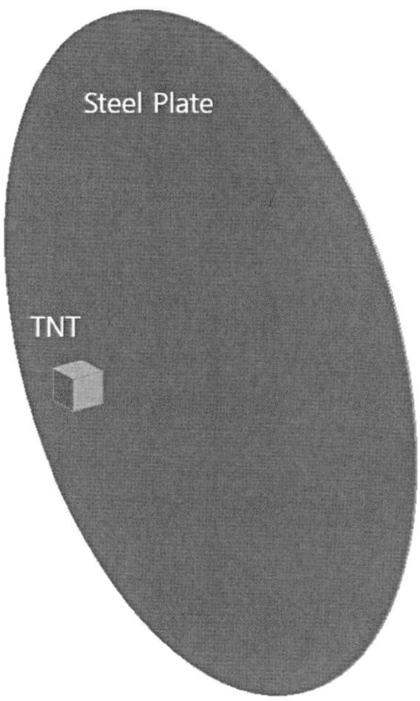

1) https://www.youtube.com/watch?v=86s74Or8SHs

2) 구조해석

Case A. TNT Reference Frame : Lagrangian

(1) 해석 모델을 불러들이거나 모델링을 수행한다. (Geometry)
본 문제에 대한 Design Modeler를 사용한 모델링 방법은 다음과 같다.

① Geometry에서 RMB > Design Modeler를 클릭한다.

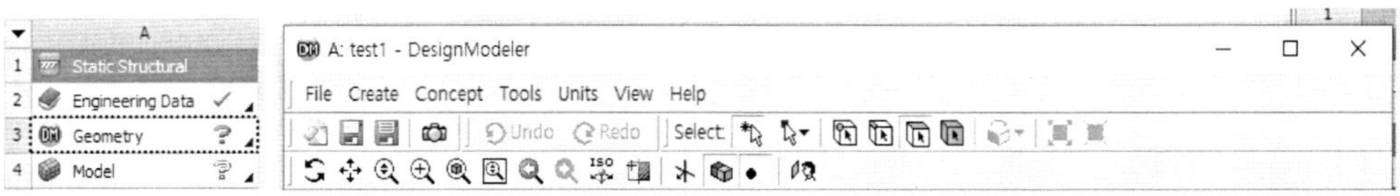

② 단위를 Millimeter로 변경한다.

③ Create > Primitive > Cylinder 를 사용하여 Plate를 모델링한다.

Details View

Details of Cylinder1	
Cylinder	Cylinder1
Base Plane	XYPlane
Operation	Add Material
Origin Definition	Coordinates
FD3, Origin X Coordinate	0 mm
FD4, Origin Y Coordinate	0 mm
FD5, Origin Z Coordinate	0 mm
Axis Definition	Components
FD6, Axis X Component	0 mm
FD7, Axis Y Component	0 mm
FD8, Axis Z Component	20 mm
FD10, Radius (>0)	5000 mm
As Thin/Surface?	No

④ Create > Primitive > Box를 사용하여 TNT를 모델링한다.

Details View

Details of Box1	
Box	Box1
Base Plane	XYPlane
Operation	Add Material
Box Type	From One Point...
Point 1 Definition	Coordinates
FD3, Point 1 X Coordinate	-250 mm
FD4, Point 1 Y Coordinate	-250 mm
FD5, Point 1 Z Coordinate	2000 mm
Diagonal Definition	Components
FD6, Diagonal X Component	500 mm
FD7, Diagonal Y Component	500 mm
FD8, Diagonal Z Component	500 mm
As Thin/Surface?	No

(2) 재료의 물성을 정의한다. (Engineering Data)

① Engineering Data를 불러온다.

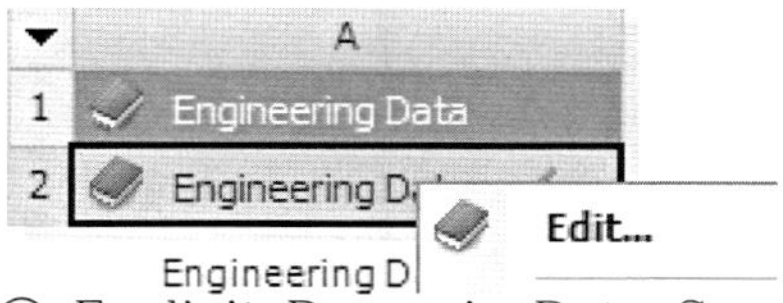

② Explicit Dynamic Data Source에서 TNT를 가져온다.

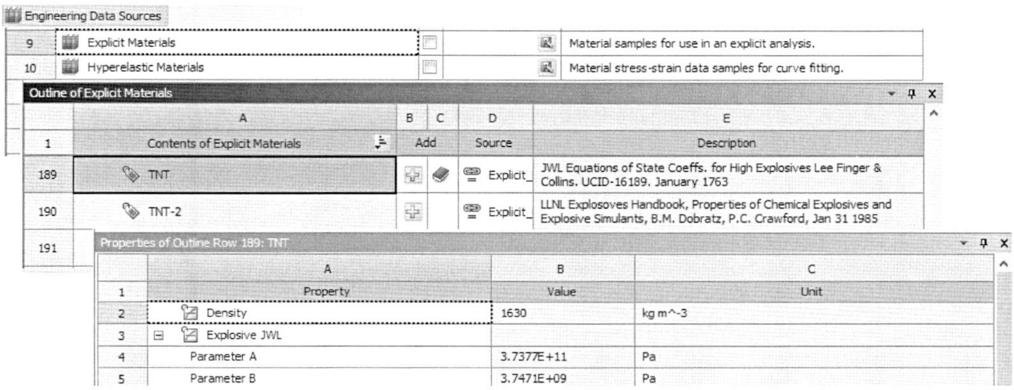

TNT의 +를 클릭하여 북 마크를 활성화한다.

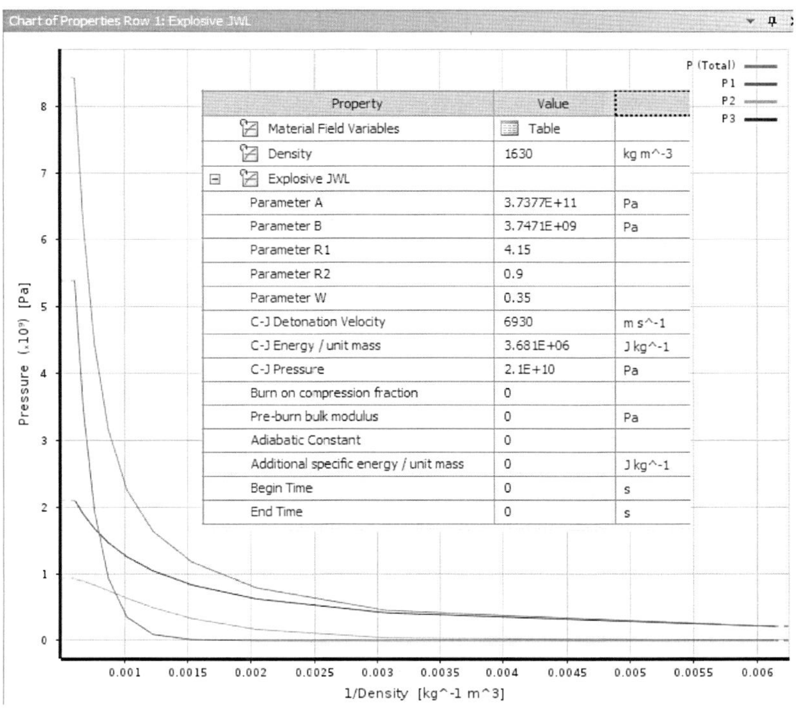

③ General Non-Liner Material에서 Structural Steel NL을 불러온다.

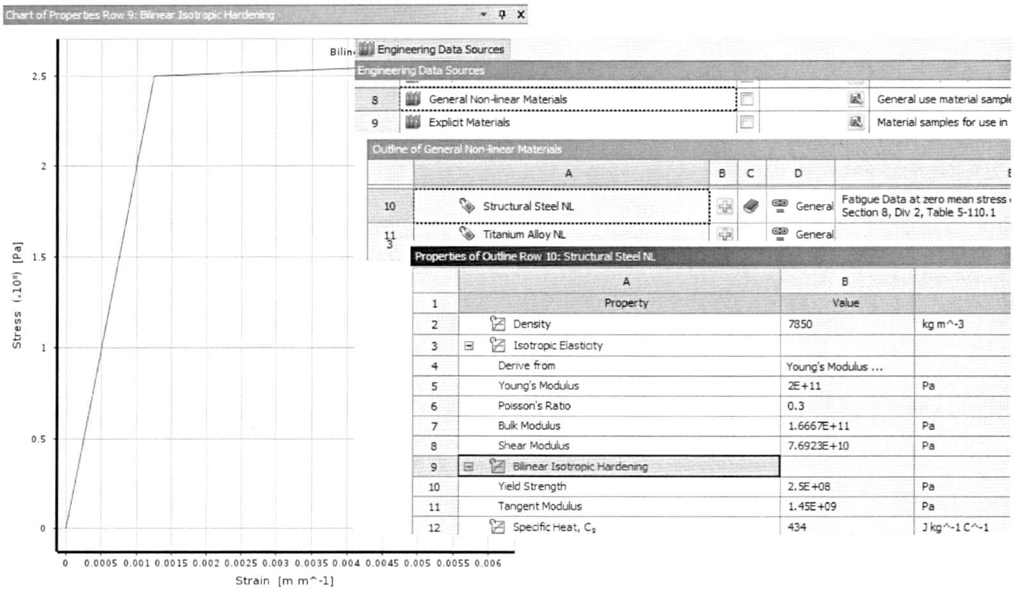

(3) 해석 시스템을 생성한다. (Static structural)

① Project Schematic에 Explicit Dynamic을 시스템 추가한다.

② Engineering Data와 Geometer를 연결하고 Project 이름을 변경한다.

③ Mechanical 창에서 Units menu를 클릭하고 단위를 설정한다.

- Metric (mm, kg, N, s, mV, mA)

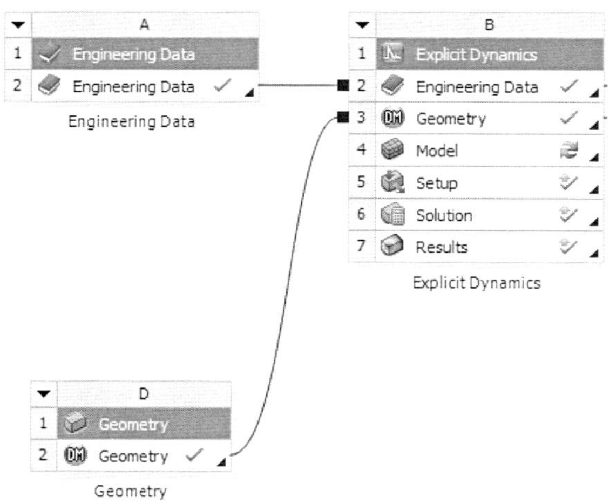

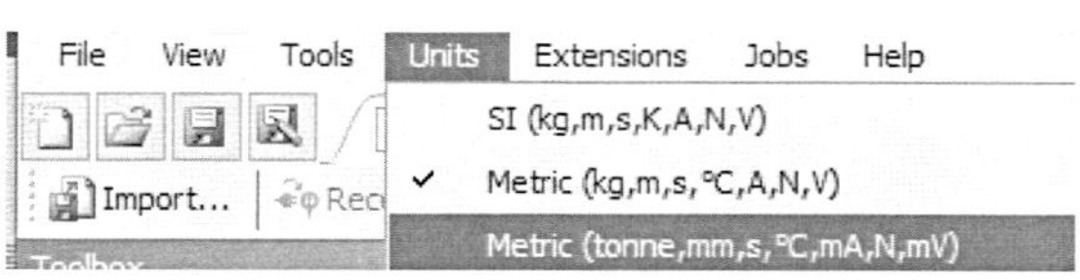

(4) 해석 모델의 환경을 설정한다. (Model)

① Project Schematic에서 Model을 더블클릭하여 Mechanical 창 활성화한다.

② Outline화면에서 Model > Geometry > Solid를 선택하고 물성을 설정한다.
Plate는 Structural steel NL, TNT에는 TNT를 설정한다.
Reference Frame은 Lagrangian으로 설정한다. (자동 설정)

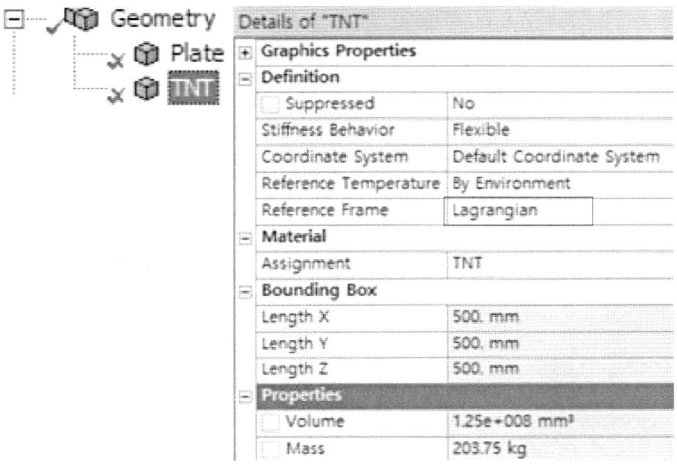

(5) 좌표계 설정 (Coordinate Systems)

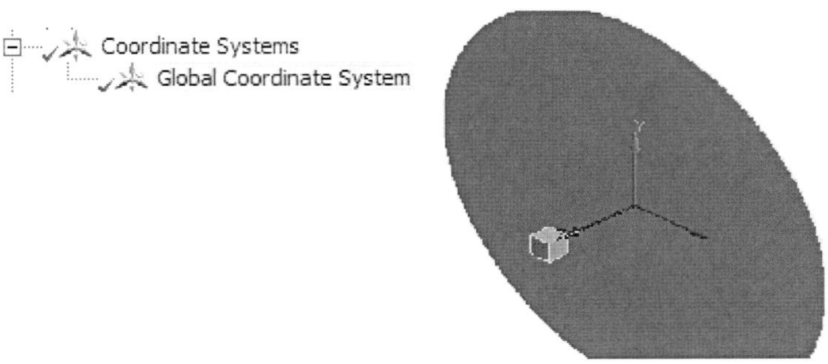

(6) 연결 관계 정의(Connections)

① Manual Contact Region을 사용하여 Plate와 Bonded를 연결한다.

(7) 격자 모델 생성 (Mesh)

① Outline 화면에서 Model > Mesh를 선택한다.

② Outline 화면에서 Model > Mesh를 선택하고 RMB > Update 실행한다.

③ Graphic 화면에서 모델에 메시가 생성된 것을 확인할 수 있다.

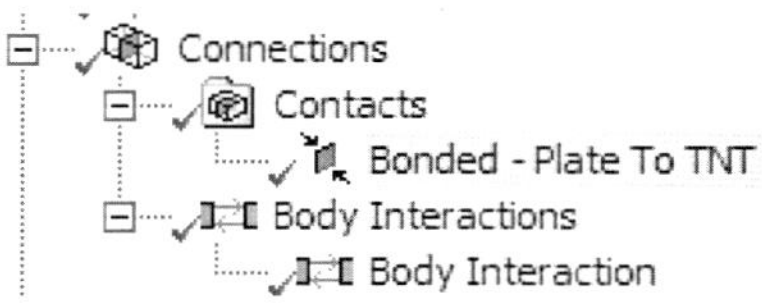

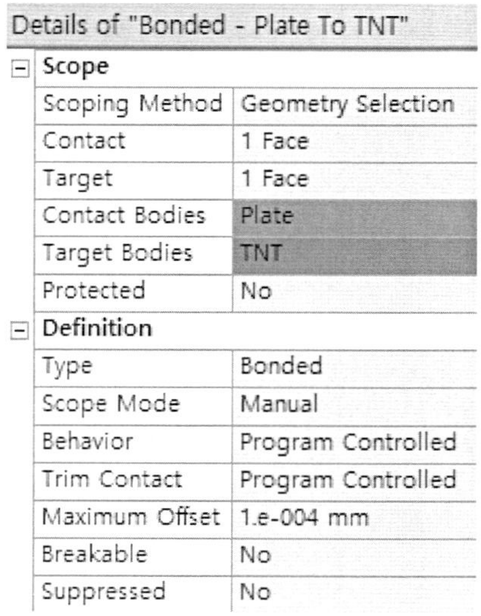

Details of "Bonded - Plate To TNT"

Scope	
Scoping Method	Geometry Selection
Contact	1 Face
Target	1 Face
Contact Bodies	Plate
Target Bodies	TNT
Protected	No
Definition	
Type	Bonded
Scope Mode	Manual
Behavior	Program Controlled
Trim Contact	Program Controlled
Maximum Offset	1.e-004 mm
Breakable	No
Suppressed	No

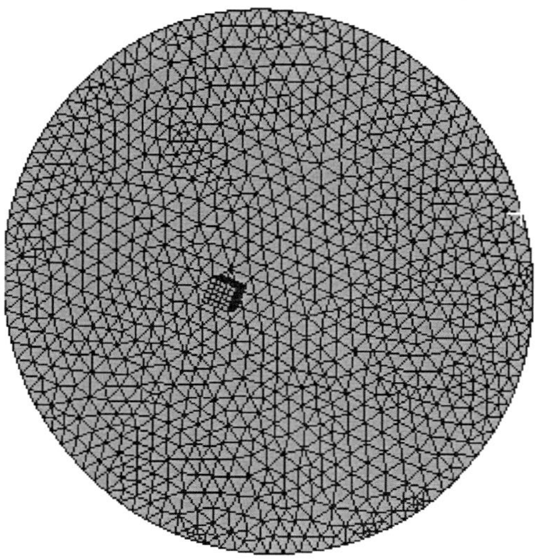

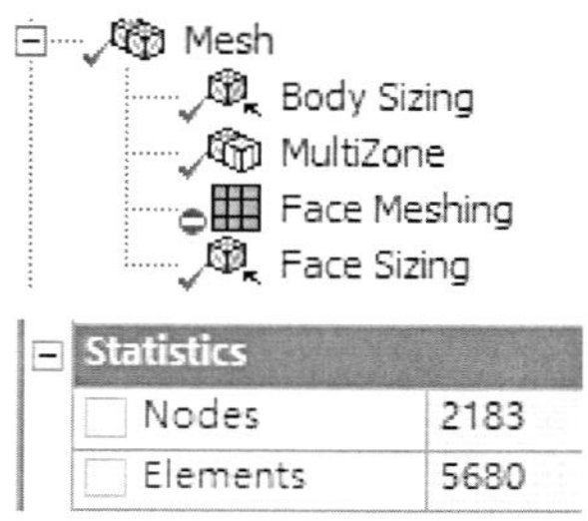

(8) 해석 설정 정의(Analysis Settings)

① End Time을 0.003으로 설정한다.

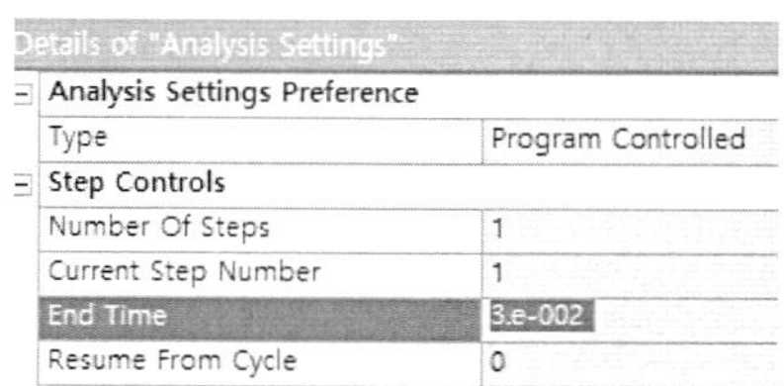

Details of "Analysis Settings"

Analysis Settings Preference	
Type	Program Controlled
Step Controls	
Number Of Steps	1
Current Step Number	1
End Time	3.e-002
Resume From Cycle	0

(9) 초기 조건 정의 : 고려하지 않는다.

(10) 구속조건 정의

ⓐ 고정 지점 설정

① Outline화면에서 Static structure > RMB > Insert > Fixed Support 선택.

② Outline 화면에서 Static structure > Fixed support를 클릭하고, Graphic window에서 판의 둘레를 선택한다.

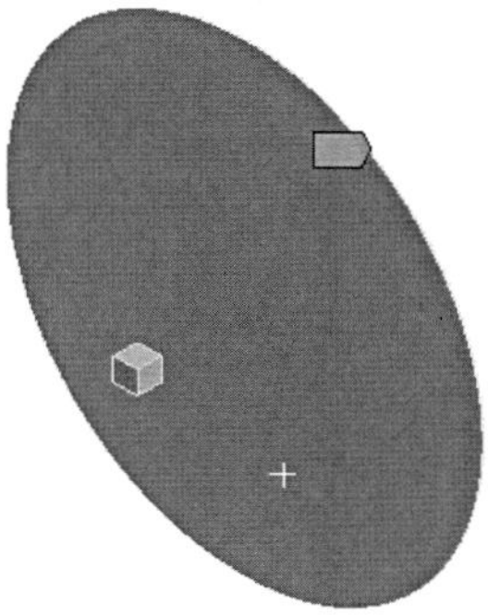

(11) Detonation 설정

① TNT 중심에 설정한다.

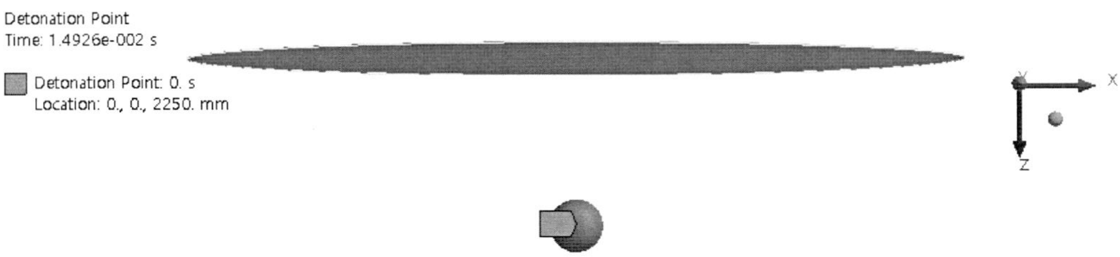

(12) 해석 결과 설정

① Deformation(변형) 결과 세팅

a. Outline화면에서 Solution >RMB >Insert >Deformation >Directional 항목 선택

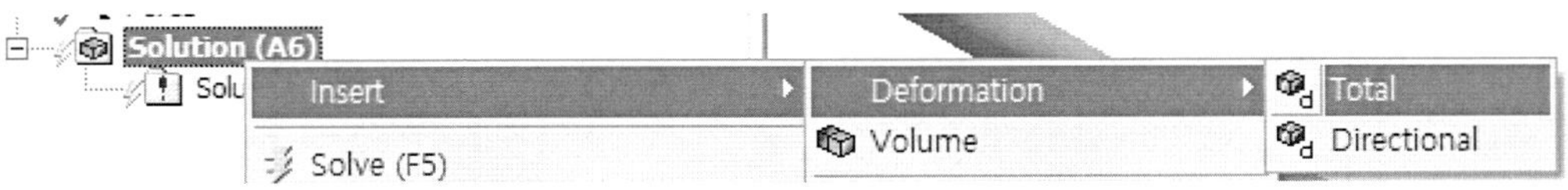

(13) 해석 수행

① Tool bar에서 Solve를 클릭하거나, Solution > RMB > Solve 를 클릭한다.

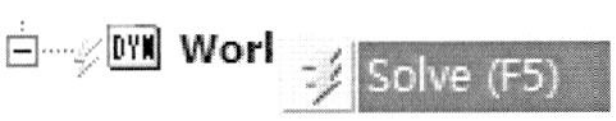

3D model : 요수 20,289개

TOTAL ELAPSED RUN TIME = 30.54 Minutes

---

(14) 해석 결과 확인

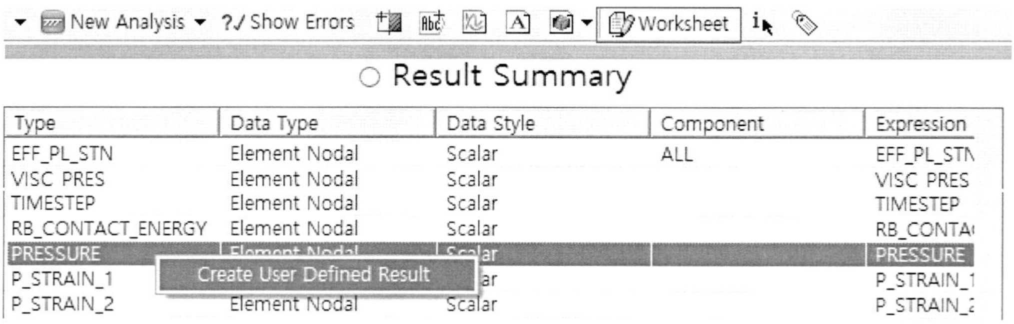

① Total Deformation을 확인한다.

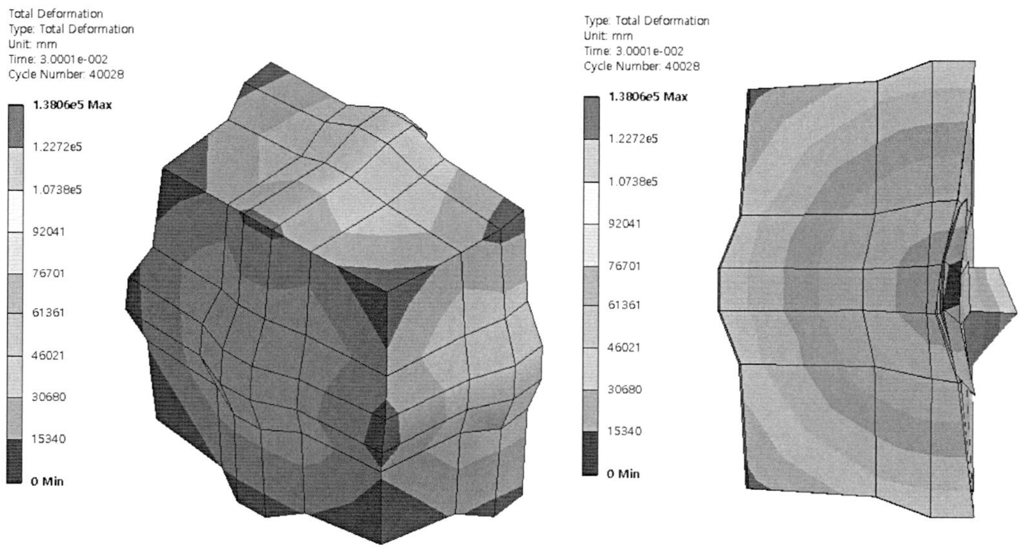

② Plate 변형 검토한다.

TNT를 Hide 시키고

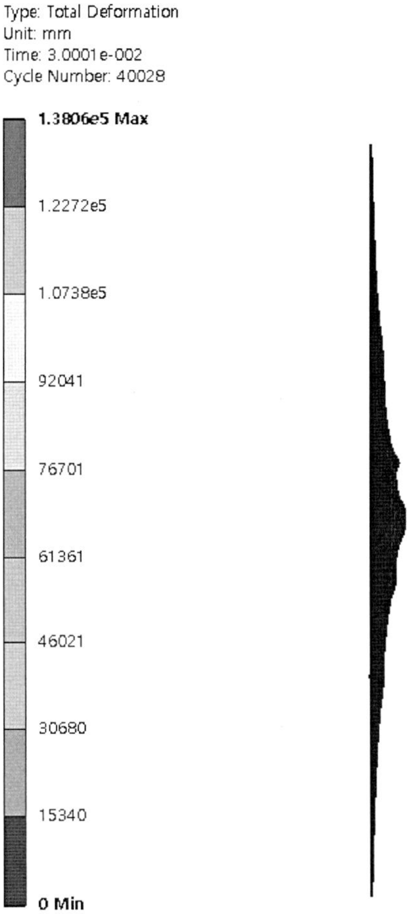

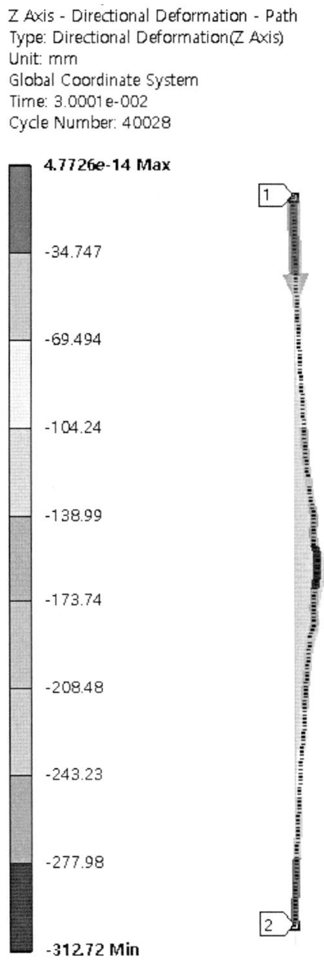

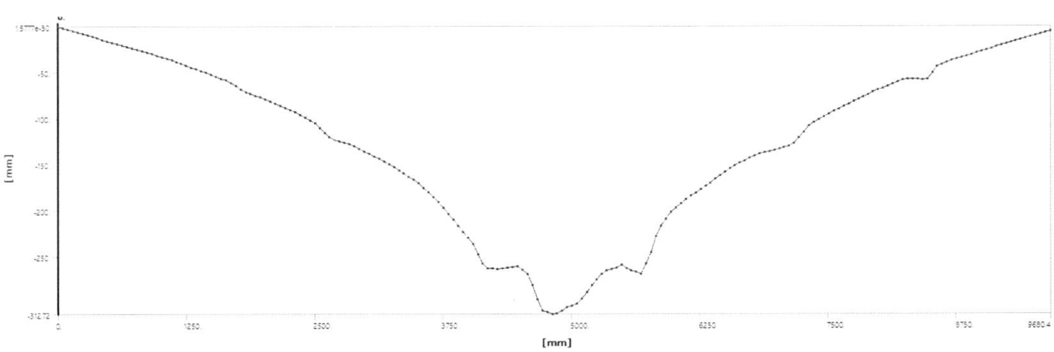

Path에 대한 변위

③ Equivalent Stress를 확인한다.

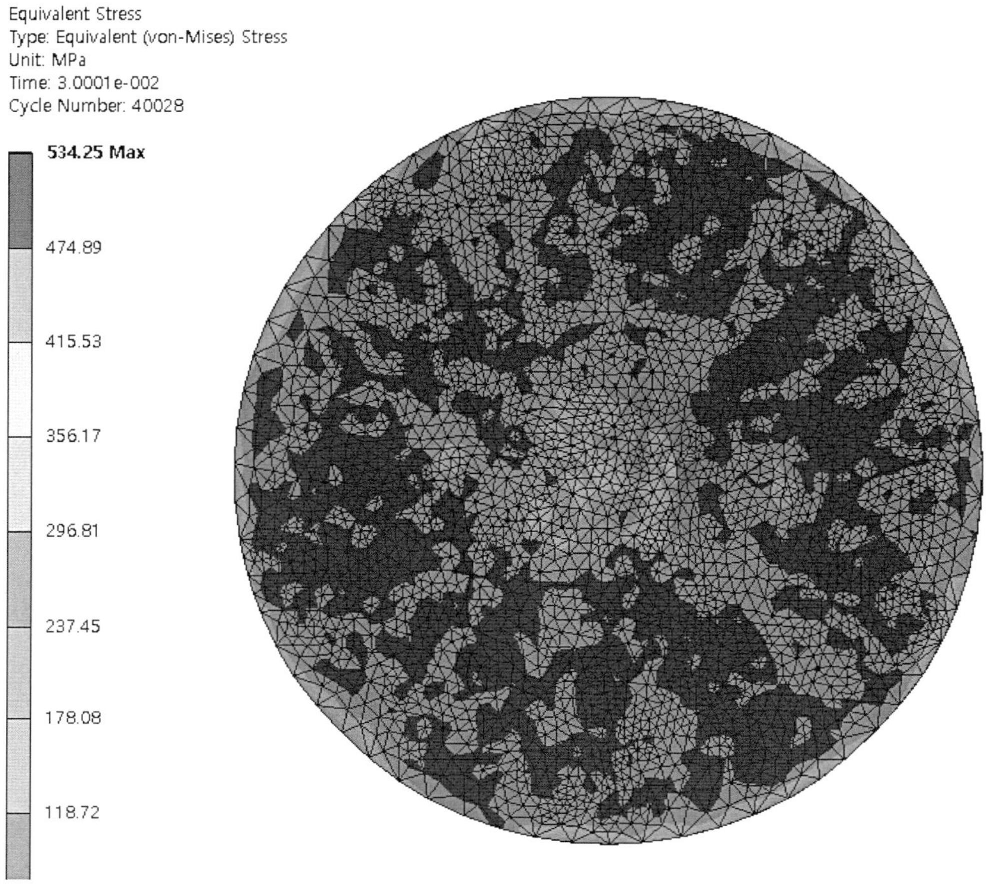

Case B. TNT Reference Frame : Eulerian

Case A에서 변경된 부분만 기술한다.

(3) 해석 시스템을 생성한다.
① Project Schematic에 Explicit Dynamic을 시스템 추가한다.
② Engineering Data와 Geometer를 연결하고 Project 이름을 변경한다.
③ Mechanical 창에서 Units menu를 클릭하고 단위를 설정한다.

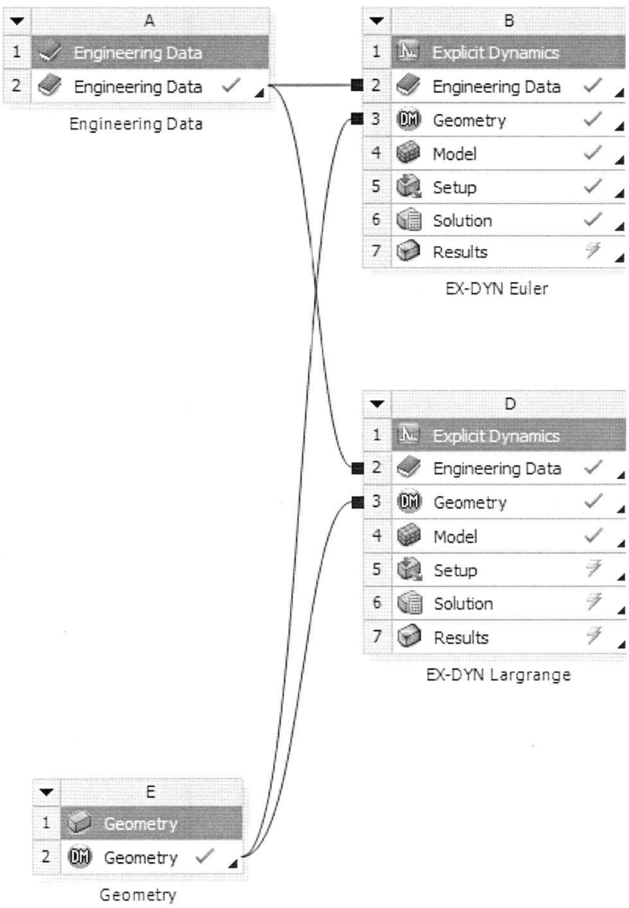

(4) 해석 모델의 환경을 설정한다. (Model)

① Project Schematic에서 Model을 더블클릭하여 Mechanical 창 활성화한다.

② Outline화면에서 Model > Geometry > Solid를 선택하고 물성을 설정한다.

Plate는 Structural steel NL, TNT에는 TNT를 설정한다.

Reference Frame은 Eulerian(Virtual)으로 설정한다. (자동 설정)

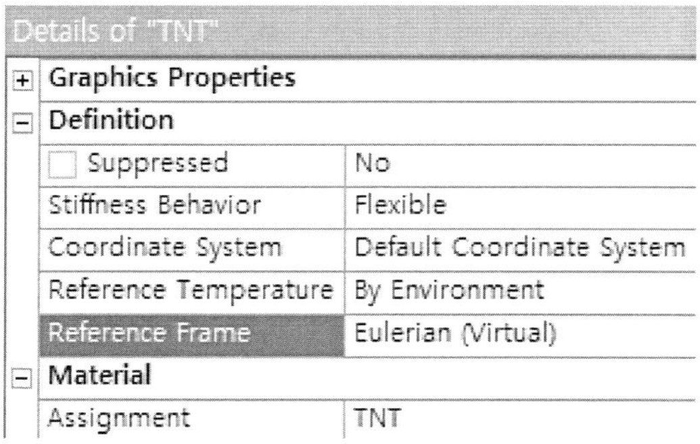

Details of "TNT"

Graphics Properties	
Definition	
Suppressed	No
Stiffness Behavior	Flexible
Coordinate System	Default Coordinate System
Reference Temperature	By Environment
Reference Frame	Eulerian (Virtual)
Material	
Assignment	TNT

(6) 연결 관계 정의(Connections)

① Manual Contact Region을 사용하여 Plate와 Bonded를 삭제한다.

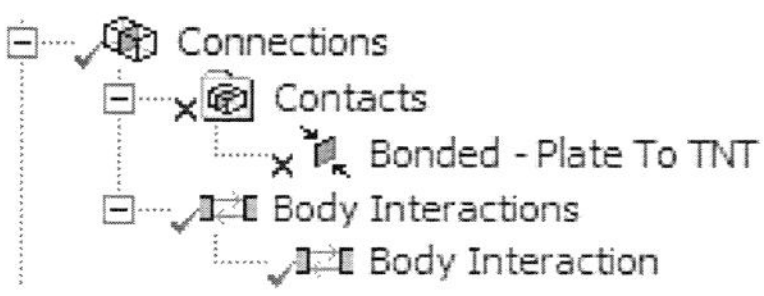

(13) 해석 수행

① Tool bar에서 Solve를 클릭하거나, Solution > RMB > Solve를 클릭한다.

```
*---------------------------------------------------------------*
Cycle:     31697,  Time:   3.000E-02s,  Time Inc.: 9.465E-07s,  Progress: 100.00%, Est. Clock Time Remaining: -
EXECUTION FROM CYCLE    1 TO 31697
ELAPSED RUN TIME IN SOLVER =      39.3966 Minutes
TOTAL ELAPSED RUN TIME     =      41.1303 Minutes
*---------------------------------------------------------------*
```

(14) 해석 결과 확인

① Total Deformation을 확인한다.

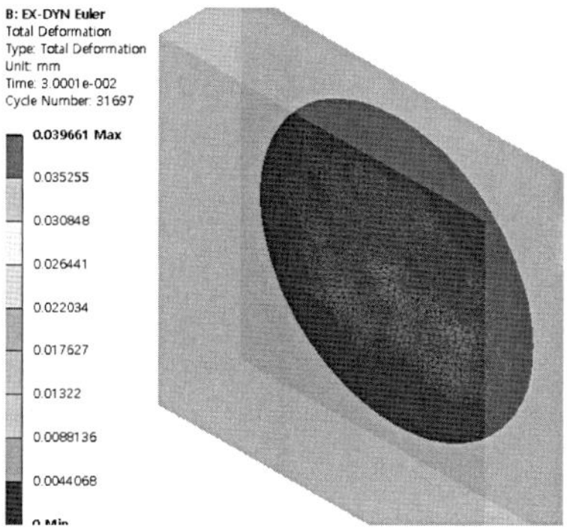

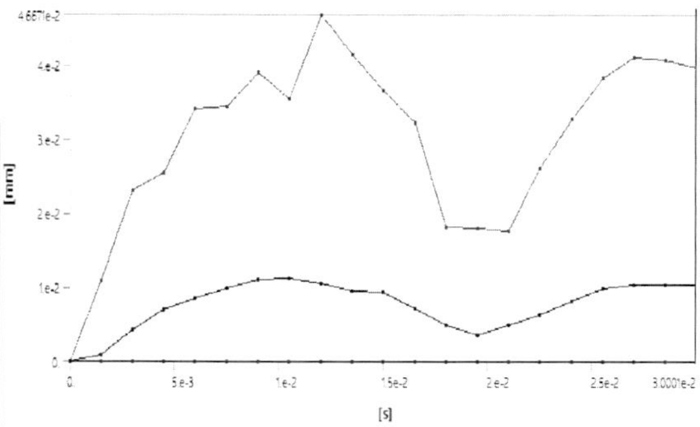

② Plate 변형 검토한다. (TNT를 Hide 시킴)

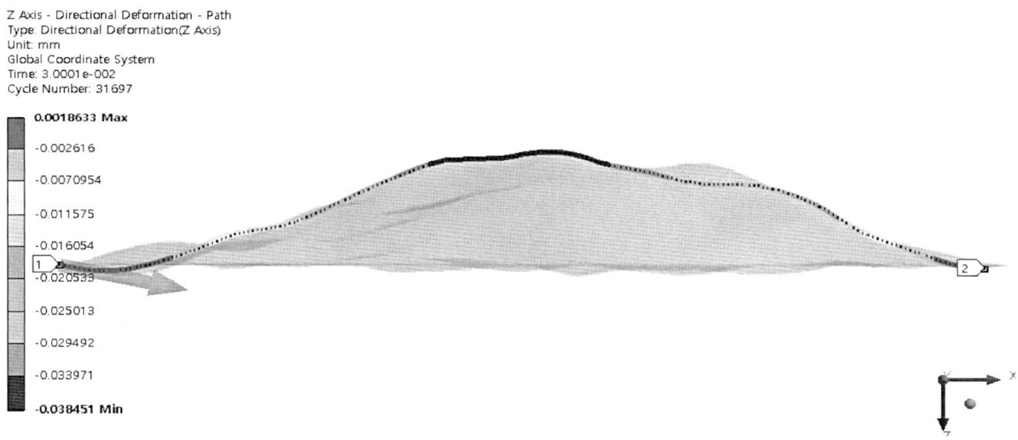

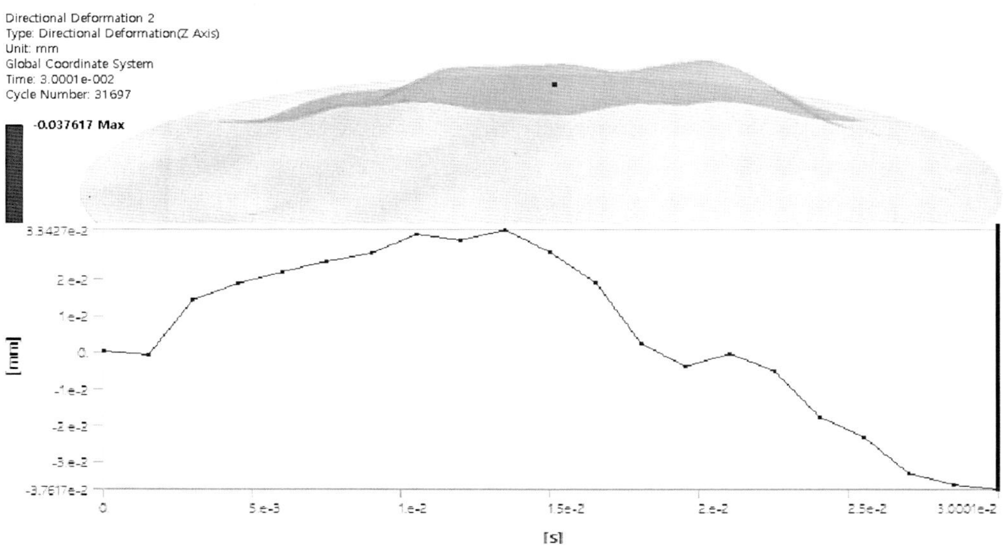

③ Equivalent Stress를 확인한다. (TNT를 Hide 시킴)

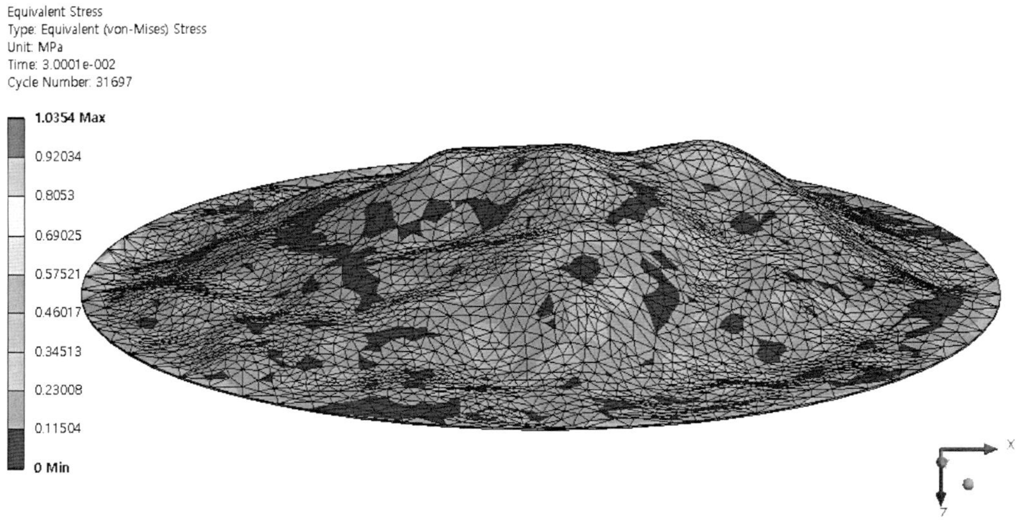

④ Pressure를 확인한다. (TNT를 Hide 시킴)

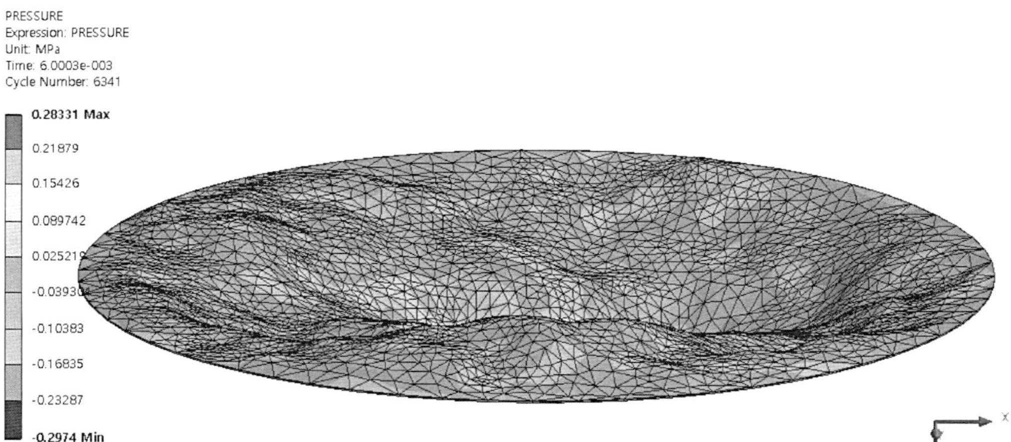

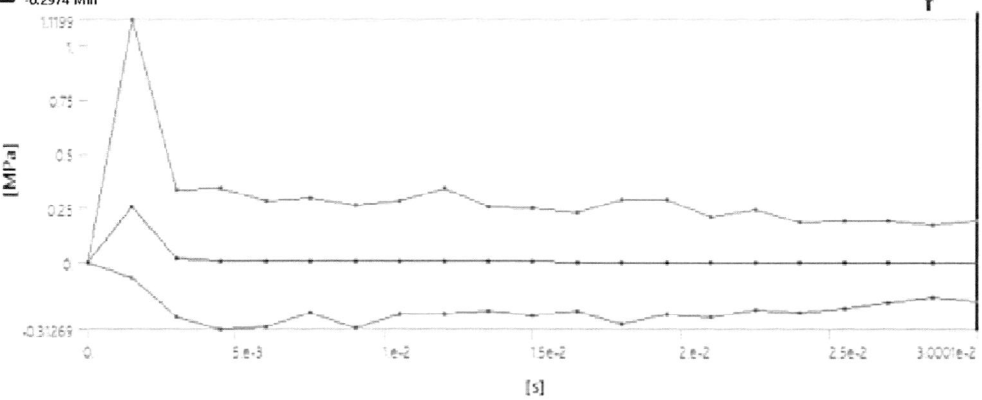

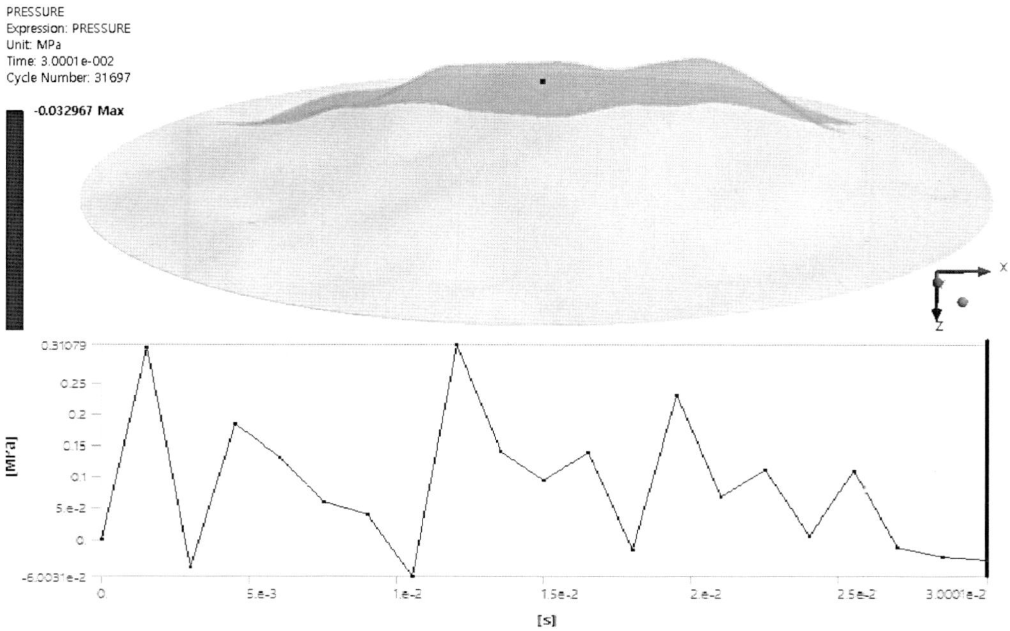

(15) AUTODYN을 사용한 Post-Process 수행

① AUTODYN을 실행한다.

WorkBench의 Files에서 Explicit Dynamics 결과 파일의 위치를 확인한다.

② AUTODYN을 실행한다.

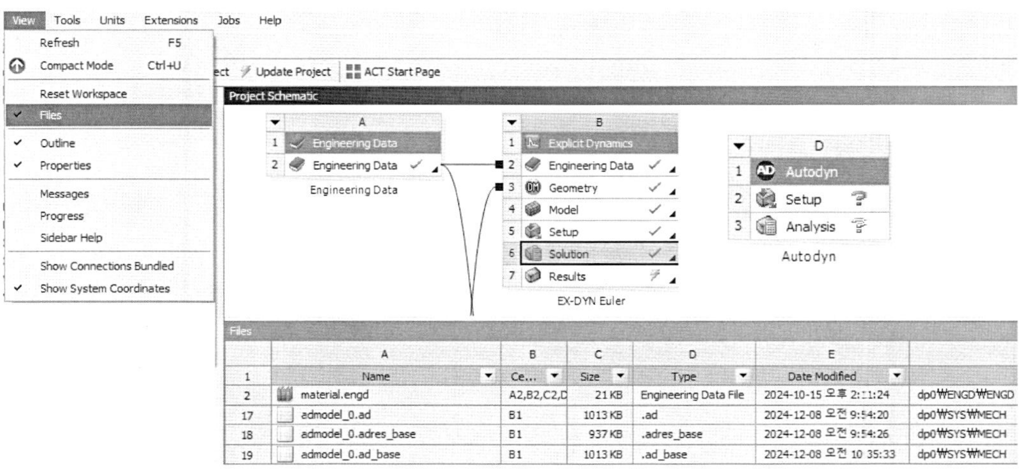

③ Open Result Files > 에서 파일을 불러온다.

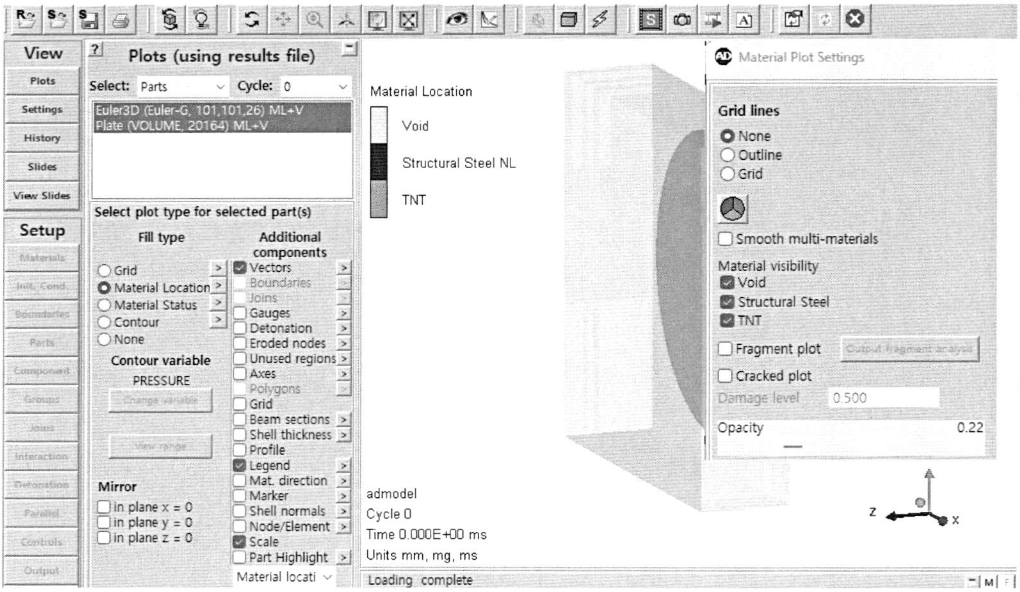

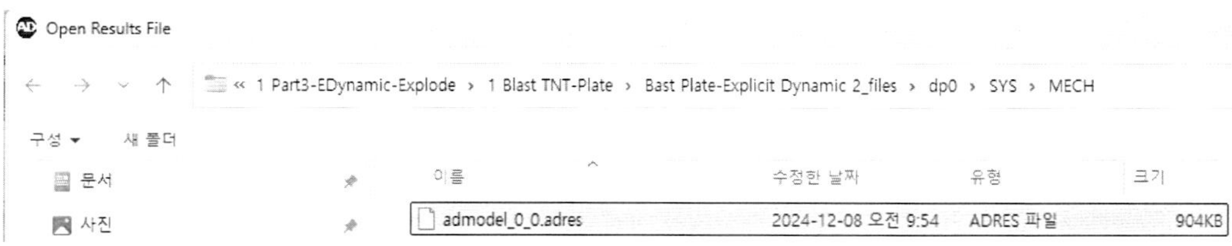

Plots > Settings > Graded shading을 제외한다.

Plots > Material Location > Opacity를 설정한다.

④ Generate multiple Slides를 실행하여
Create Merged Animation을 실행한다.

⑤ TNT의 변화 추이는 다음과 같다.

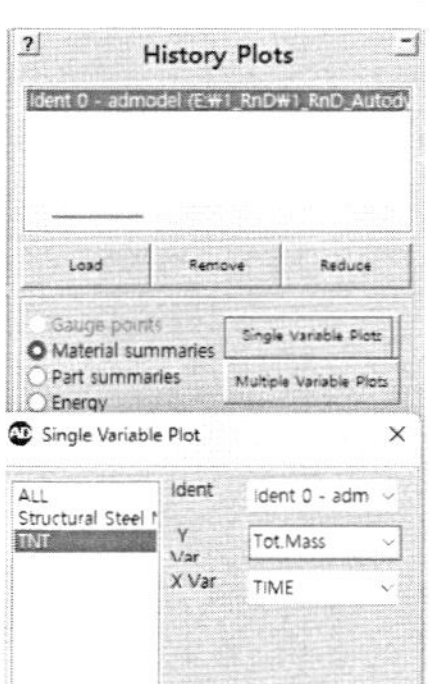

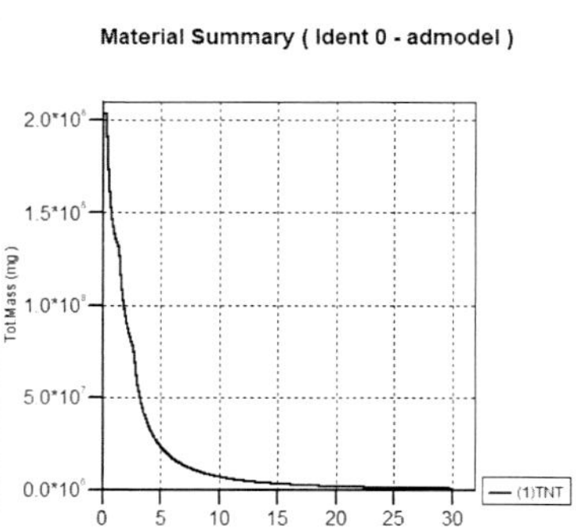

Create Merged Animation의 결과는 다음과 같다.

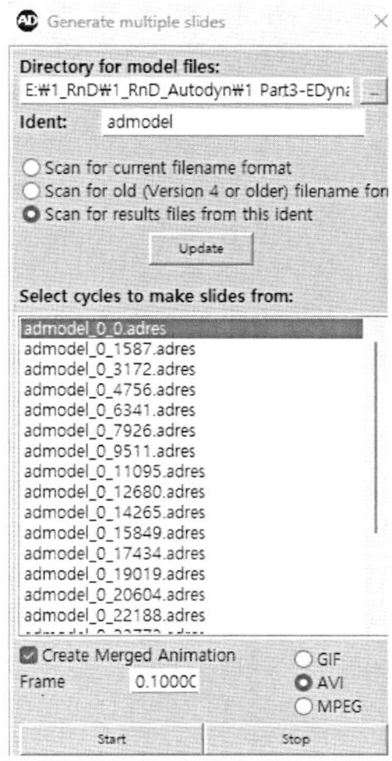

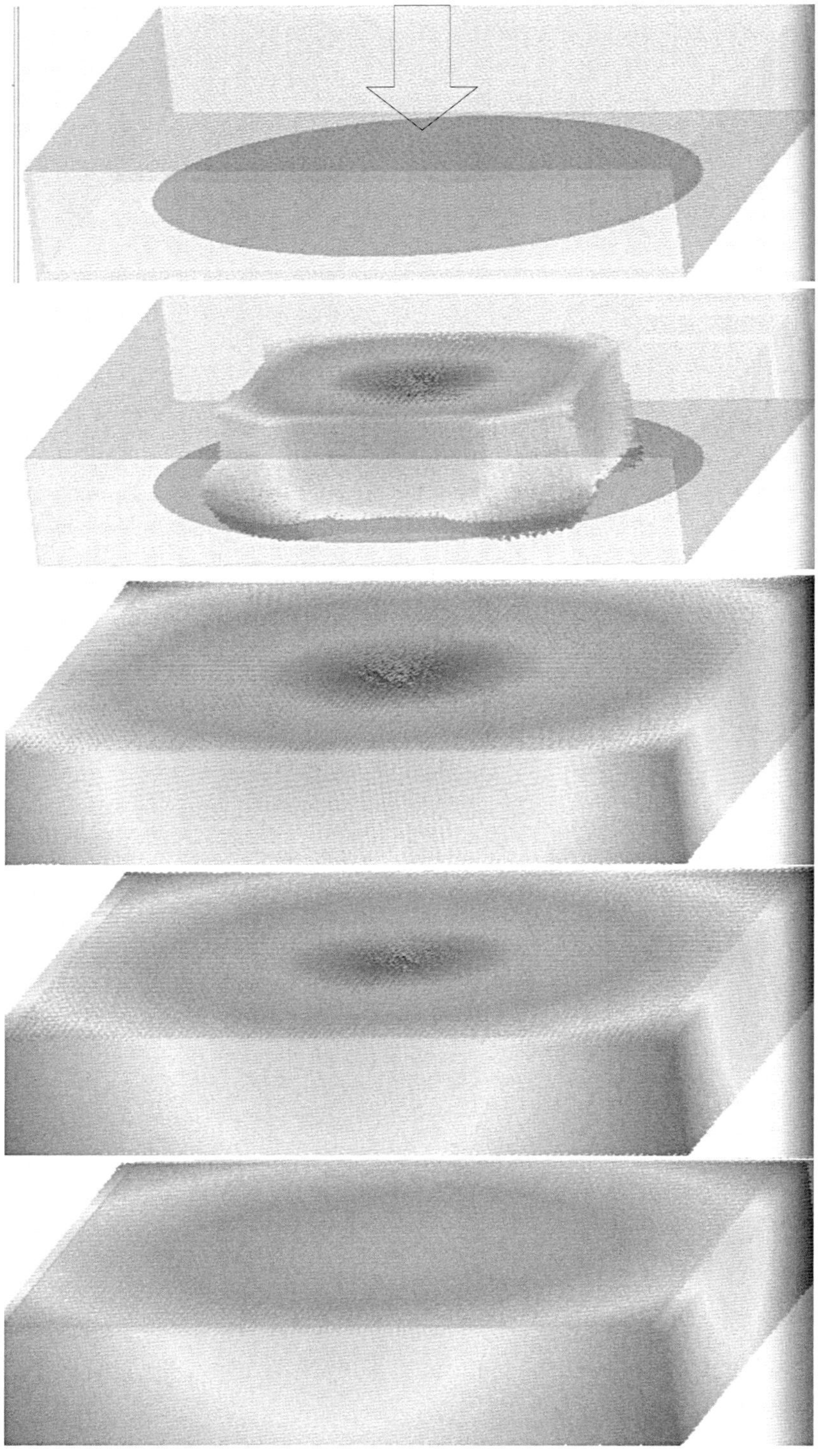

2. 매스 콘크리트 위의 TNT 폭발 해석 [2)]

1) 구조 계획

TNT 폭발해석을 Explicit Dynamic에서 수행한다.

TNT는 0.4x0.483x0.4m로 설계한다.

TNT의 밀도가 1630kg/m^3이므로, TNT 무게는 126kg이다.

TNT가 놓인 무근 콘크리트는 10x2x6m의 크기로 모델링한다.

TNT는 콘크리트 골조에서 5.6m 전방에 설치된다.

콘크리트의 골조 무근 콘크리트로 6x5x2m로 모델링한다.

Case A는 TNT를 Lagrangian 방법으로 해석을 한다.

Case B는 TNT를 Eulerian 방법으로 해석을 한다.

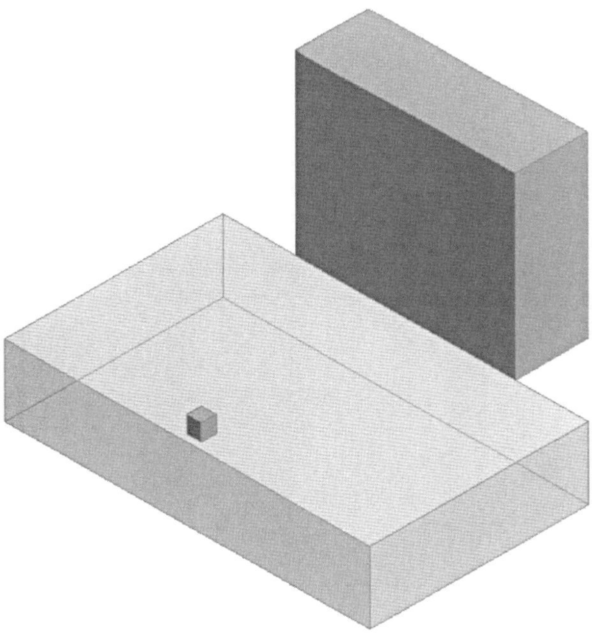

2) https://www.youtube.com/watch?v=86s74Or8SHs

2) 구조해석

Case A. TNT Reference Frame : Lagrangian

(1) 해석 모델을 불러들이거나 모델링을 수행한다. (Geometry)
본 문제에 대한 Design Modeler를 사용한 모델링 방법은 다음과 같다.

① Geometry에서 RMB > DesignModeler를 클릭한다.
② 단위를 Millimeter로 변경한다.
③ 아래와 같이 모델을 생성한다.

Details View

Details of Box1	
Box	Box1
Base Plane	XYPlane
Operation	Add Material
Box Type	From One Poi
Point 1 Definition	Coordinates
FD3, Point 1 X Coordinate	-3000 mm
FD4, Point 1 Y Coordinate	0 mm
FD5, Point 1 Z Coordinate	0 mm
Diagonal Definition	Components
FD6, Diagonal X Component	6000 mm
FD7, Diagonal Y Component	5000 mm
FD8, Diagonal Z Component	-2000 mm
As Thin/Surface?	No

Details View

Details of Box2	
Box	Box2
Base Plane	XYPlane
Operation	Add Material
Box Type	From One Point and
Point 1 Definition	Coordinates
FD3, Point 1 X Coordinate	-200 mm
FD4, Point 1 Y Coordinate	0 mm
FD5, Point 1 Z Coordinate	5400 mm
Diagonal Definition	Components
FD6, Diagonal X Component	400 mm
FD7, Diagonal Y Component	483 mm
FD8, Diagonal Z Component	400 mm
As Thin/Surface?	No

Details View

Details of Box3	
Box	Box3
Base Plane	XYPlane
Operation	Add Frozen
Box Type	From One Point
Point 1 Definition	Coordinates
FD3, Point 1 X Coordinate	-5000 mm
FD4, Point 1 Y Coordinate	0 mm
FD5, Point 1 Z Coordinate	0 mm
Diagonal Definition	Components
FD6, Diagonal X Component	10000 mm
FD7, Diagonal Y Component	-2000 mm
FD8, Diagonal Z Component	6000 mm
As Thin/Surface?	No

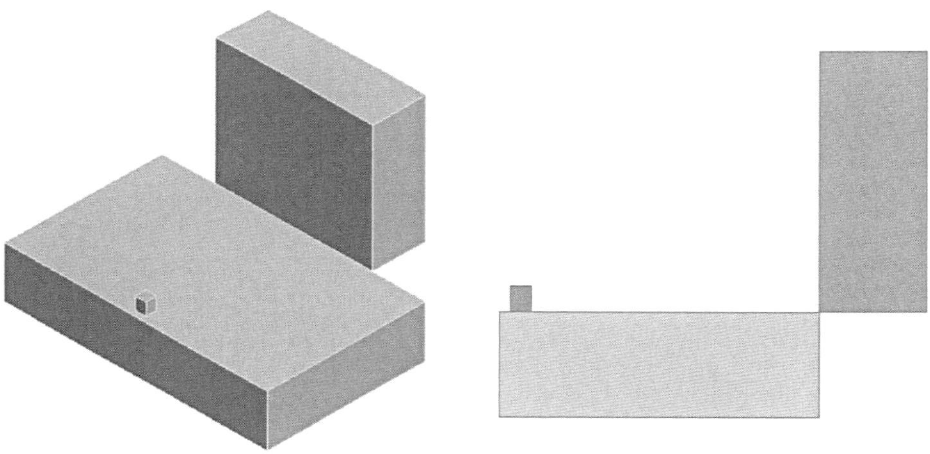

(2) 재료의 물성을 정의한다. (Engineering Data)

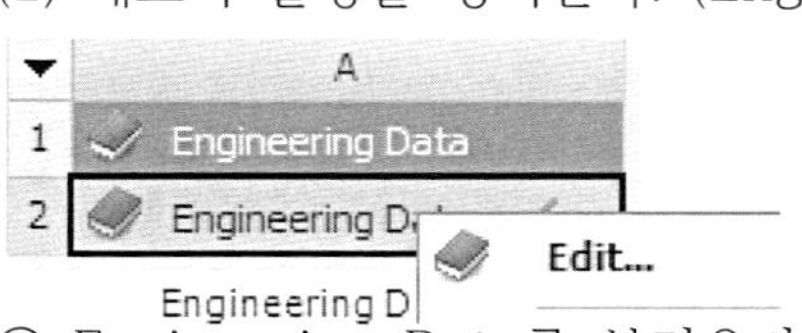

① Engineering Data를 불러온다.
② Explicit Dynamic Data Source에서 TNT, CONC-35MPa를 가져온다.

(3) 해석 시스템을 생성한다.

① Project Schematic에 Explicit Dynamic을 시스템 추가한다.

② Engineering Data와 Geometry를 연결하고 Project 이름을 변경한다.

③ Mechanical 창에서 Units menu를 클릭하고 단위를 설정한다.

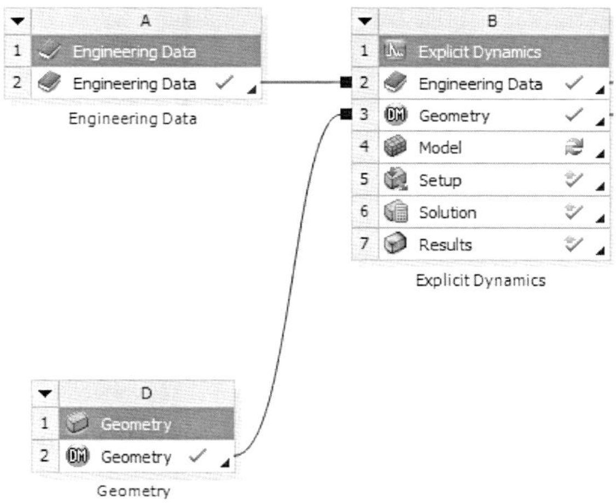

(4) 해석 모델의 환경을 설정한다. (Model)

① Project Schematic에서 Model을 더블클릭하여 Mechanical 창 활성화한다.

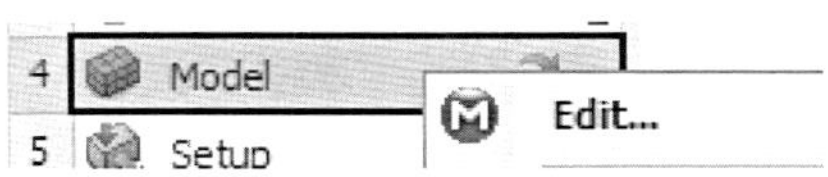

② Outline 화면에서 Model > Geometry > Solid를 선택하고 물성을 설정한다.

Conc-frame은 CONC-35MPa, TNT에는 TNT를 설정한다.

Reference Frame은 Lagrangian으로 설정한다.

TNT의 질량은 126kg이다.

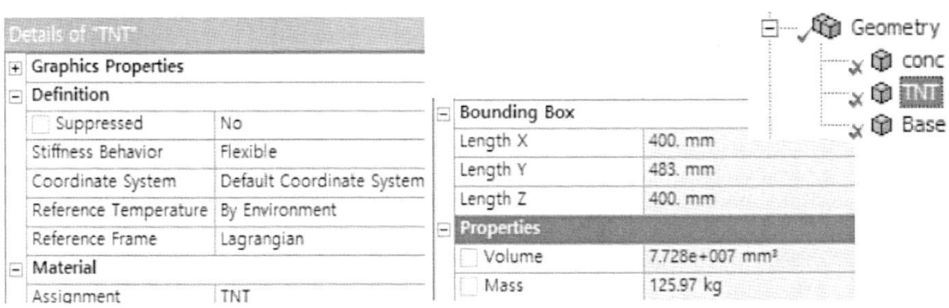

(5) 좌표계 설정 (Coordinate Systems) :

원점 좌표를 확인한다.

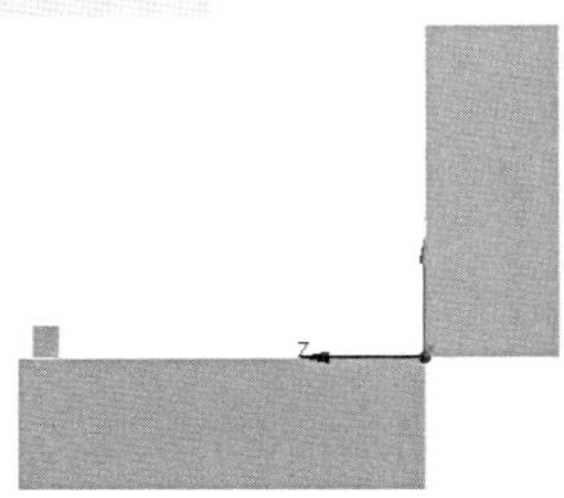

(6) 연결 관계 정의(Connections)

① 연결을 정의하지 않는다. (Suppress 설정)

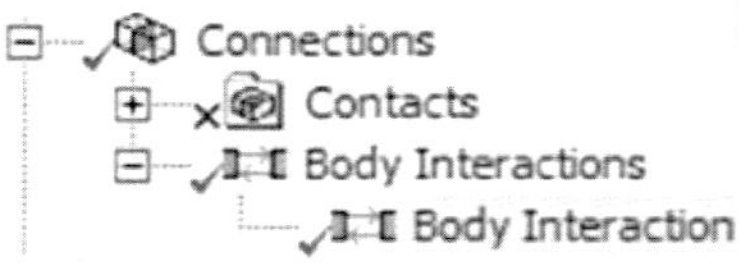

Details of "Body Interaction"

Scope	
Scoping Method	Geometry Selection
Geometry	All Bodies
Definition	
Type	Frictionless

(7) 격자 모델 생성 (Mesh)

① Outline화면에서 Model > Mesh를 선택한다.

② Outline화면에서 Model > Mesh를 선택하고 RMB > Update 실행한다.

③ Graphic화면에서 모델에 메쉬가 생성된 것을 확인할 수 있다.
TNT메쉬 사이즈는 100mm이다.

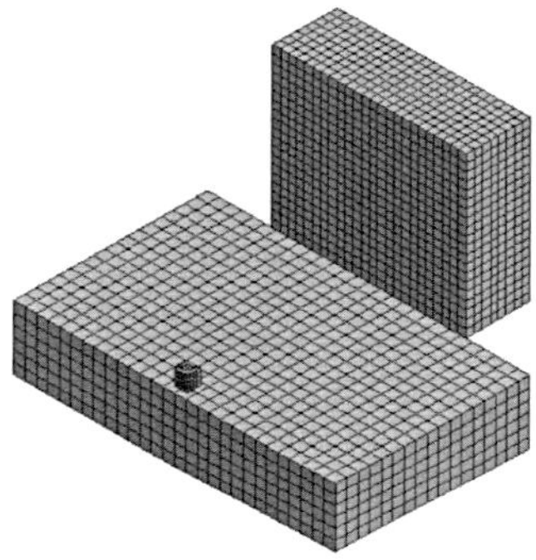

(8) 해석 설정 정의(Analysis Settings)

① End Time을 0.005으로 설정한다.

(9) 초기 조건 정의 : 고려하지 않는다.

(10) 구속조건 정의

ⓐ 고정 지점 설정

① Outline 화면에서 Static structure > RMB > Insert > Fixed Support 선택.

② Outline 화면에서 Static structure > Fixed support를 클릭하고,
Graphic window에서 Base와 Conc의 밑면을 선택한다.

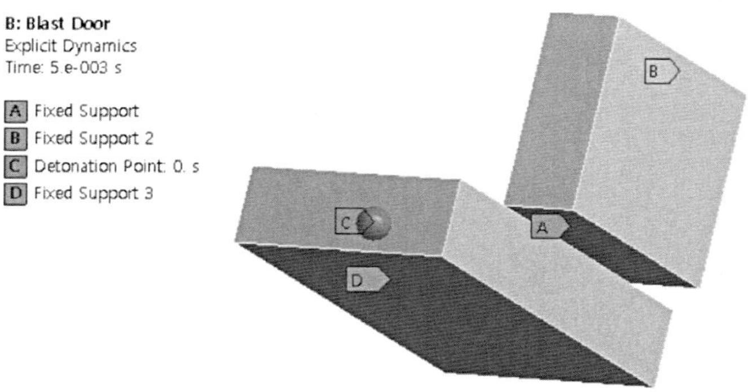

(11) Detonation 설정

① Detonation 설정한다.

② TNT 중심에 설정한다.

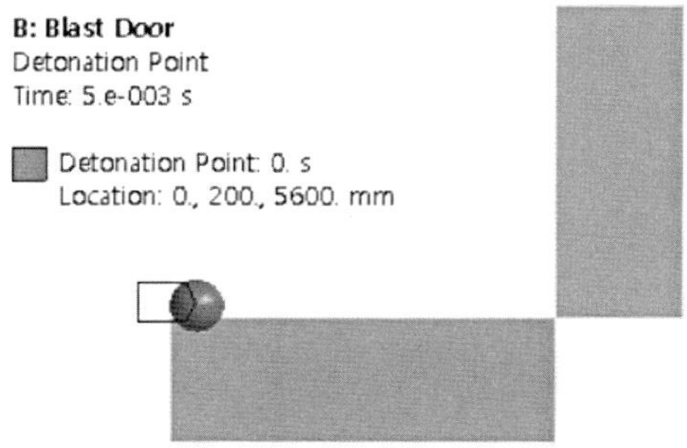

(12) 해석 결과 설정

① Deformation(변형) 결과 세팅

a. Outline 화면에서 Solution>RMB >Insert >Deformation >Directional 항목 선택

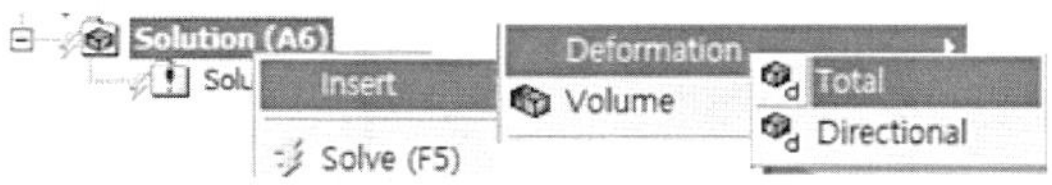

(13) 해석 수행

① Tool bar에서 Solve를 클릭하거나, Solution > RMB > Solve 를 클릭한다.

--

3D model : 요수 6776개

TOTAL ELAPSED RUN TIME = 0.3 Minutes

--

(14) 해석 결과 확인

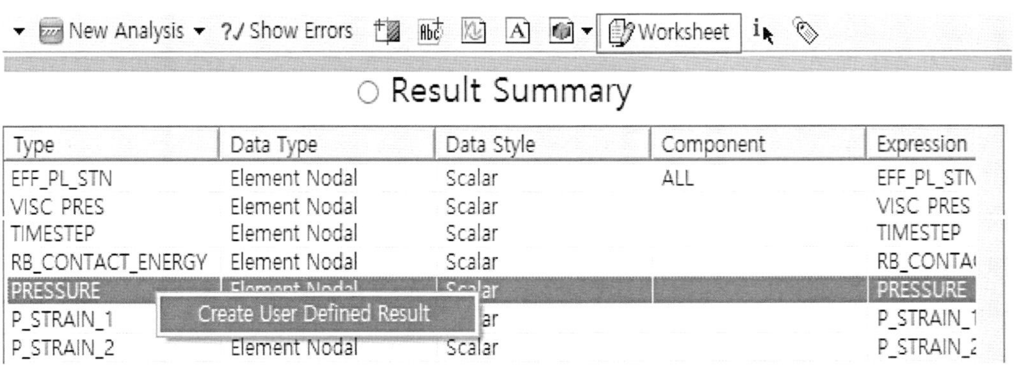

Type	Data Type	Data Style	Component	Expression
EFF_PL_STN	Element Nodal	Scalar	ALL	EFF_PL_STN
VISC PRES	Element Nodal	Scalar		VISC PRES
TIMESTEP	Element Nodal	Scalar		TIMESTEP
RB_CONTACT_ENERGY	Element Nodal	Scalar		RB_CONTA
PRESSURE	Element Nodal	Scalar		PRESSURE
P_STRAIN_1		ar		P_STRAIN_1
P_STRAIN_2	Element Nodal	Scalar		P_STRAIN_2

① Total Deformation을 확인한다.

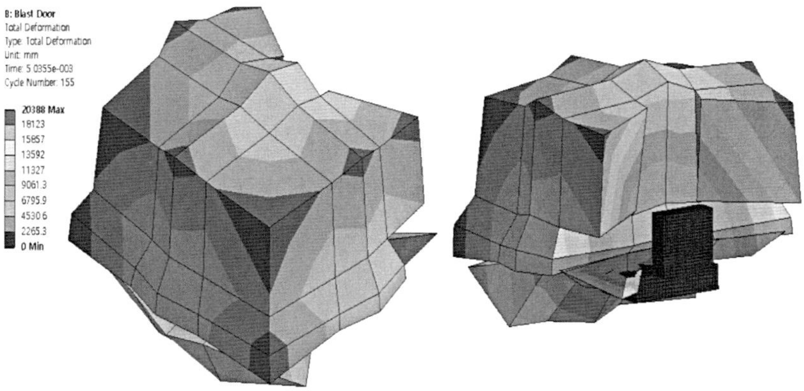

② 콘크리트 골조 변형 검토한다.

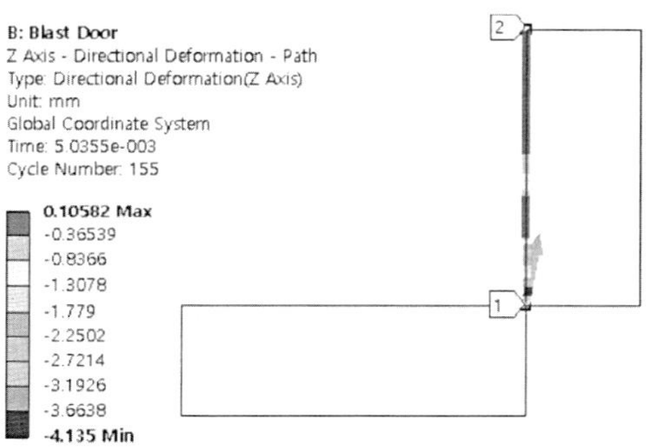

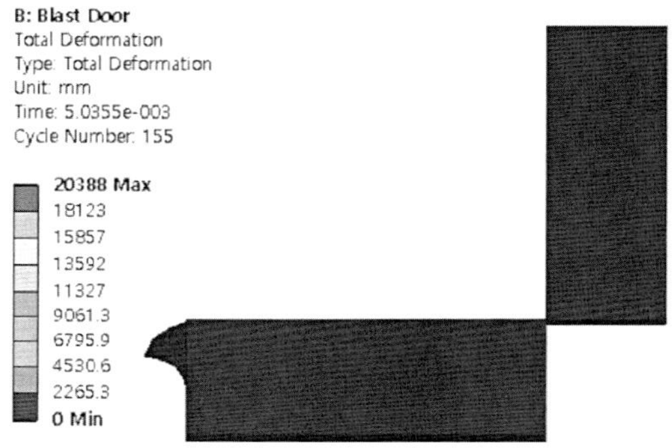

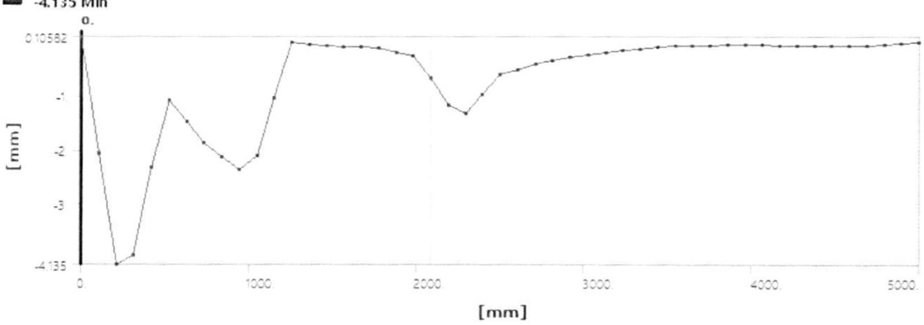

Path에 대한 변위

③ Pressure 검토

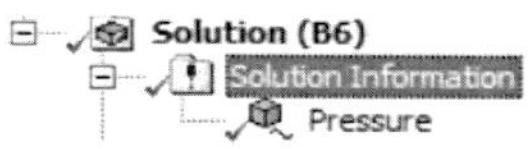

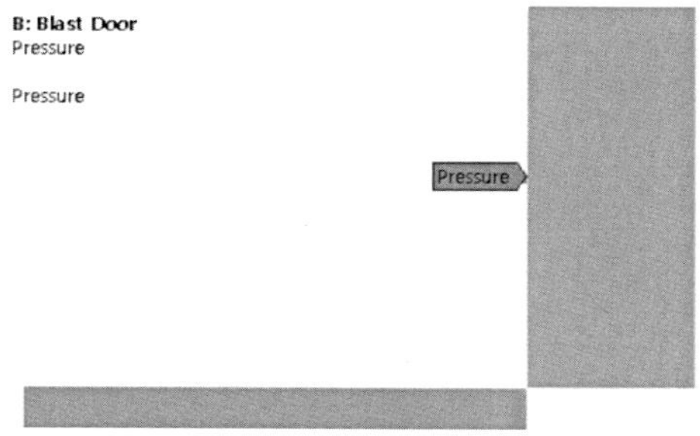

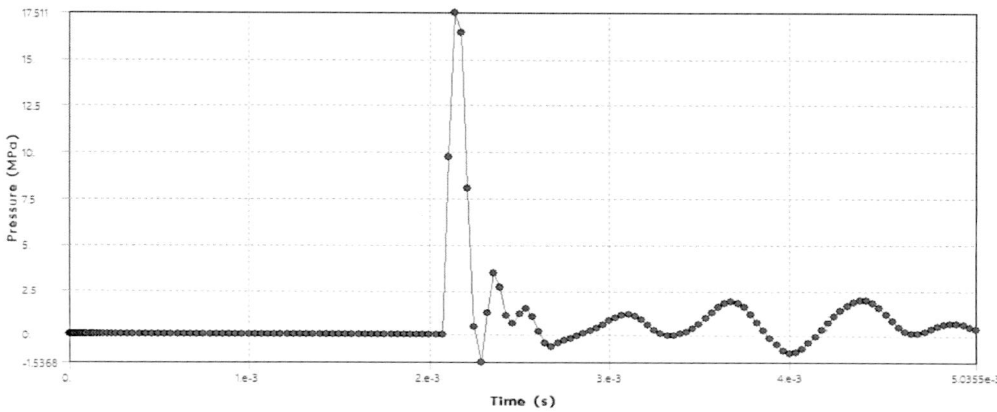

(15) AUTODYN을 사용한 Post-Process 수행

① AUTODYN을 실행한다.

WorkBench의 Files에서 Explicit Dynamics 결과 파일의 위치를 확인한다.

② AUTODYN을 실행한다.

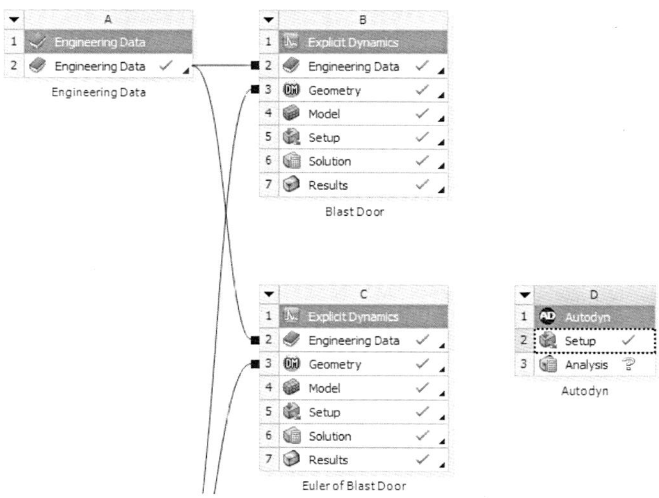

③ Open Result Files > 에서 파일을 불러온다.
Plots > Settings > Graded shading을 제외한다.
Plots > Material Location > Opacity를 설정한다.

④ Generate multiple Slides를 실행하여
Create Merged Animation을 실행한다.

⑤ TNT의 변화 추이는 다음과 같다.

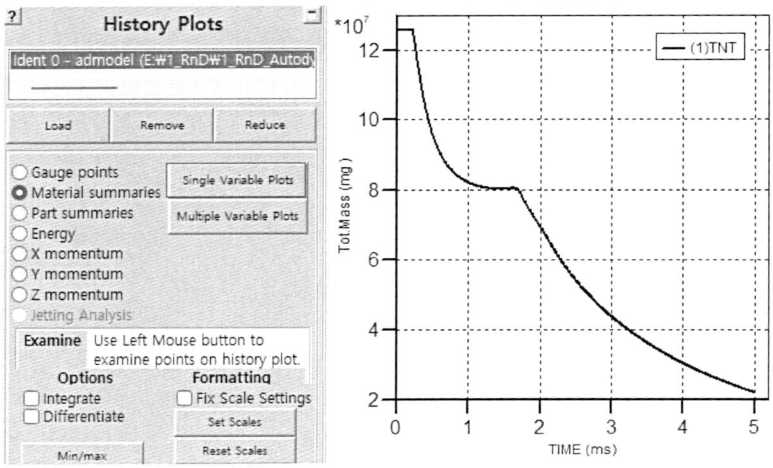

Create Merged Animation의 결과는 다음과 같다.

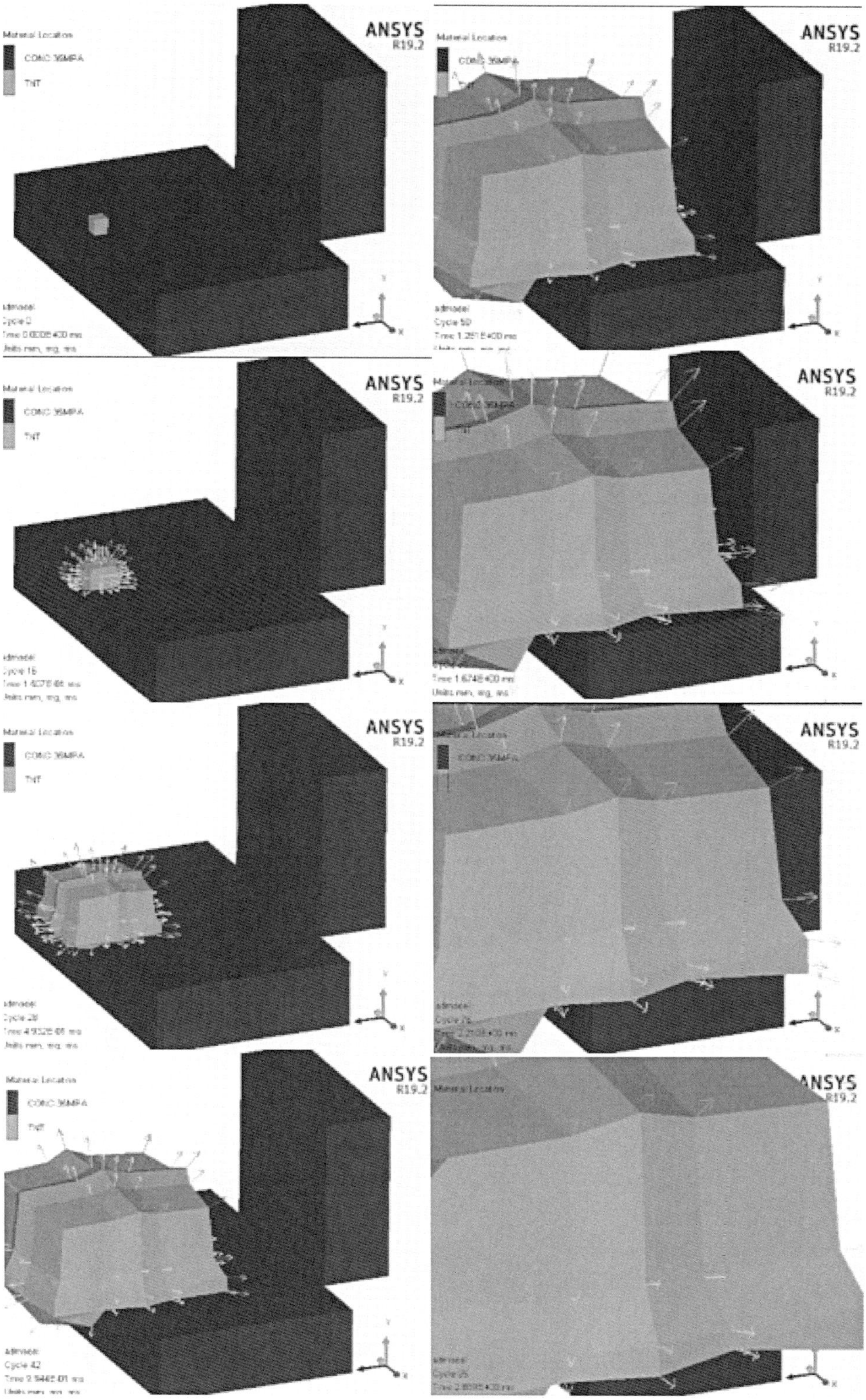
ANSYS
R19.2
TNT

Case B. TNT Reference Frame : Eulerian

Case A에서 변경된 부분만 기술한다.

(4) 해석 모델의 환경을 설정한다. (Model)

① Project Schematic에서 Model을 더블클릭하여 Mechanical 창 활성화한다.

② Outline 화면에서 Model > Geometry > Solid를 선택하고 물성을 설정한다.
Conc-frame은 CONC-35MPa, TNT에는 TNT를 설정한다.
Reference Frame은 Eulerian으로 설정한다.
TNT의 질량은 126kg이다.

(8) 해석 설정 정의(Analysis Settings)

① End Time을 0.005으로 설정한다.

② Euler Domain Controls를 조정한다.

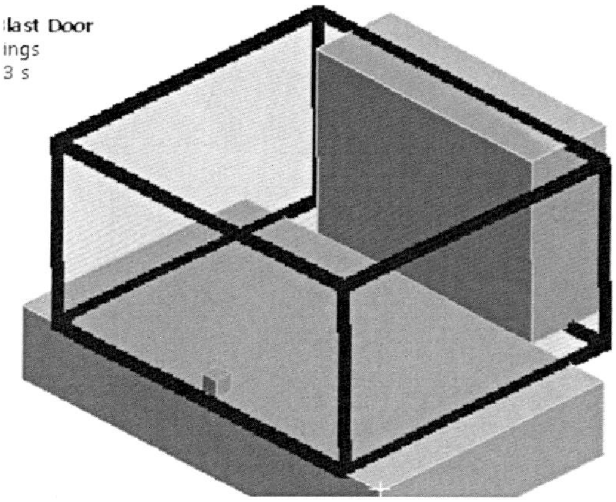

Details of "Analysis Settings"

Euler Domain Controls	
Domain Size Definition	Manual
Display Euler Domain	Yes
Minimum X Coordinate	-4000. mm
Minimum Y Coordinate	0. mm
Minimum Z Coordinate	-1000. mm
X Dimension	8000. mm
Y Dimension	5000. mm
Z Dimension	7000. mm
Domain Resolution Definition	Total Cells
Total Cells	2.5e+05
Lower X Face	Flow Out
Lower Y Face	Rigid
Lower Z Face	Flow Out
Upper X Face	Flow Out
Upper Y Face	Flow Out
Upper Z Face	Flow Out
Euler Tracking	By Body

(3) 해석 수행

① Tool bar에서 Solve를 클릭하거나, Solution > RMB > Solve를 클릭한다.

3D model : 요수 6776개

TOTAL ELAPSED RUN TIME = 63.03 Minutes

---

(14) 해석 결과 확인

① Total Deformation을 확인한다.

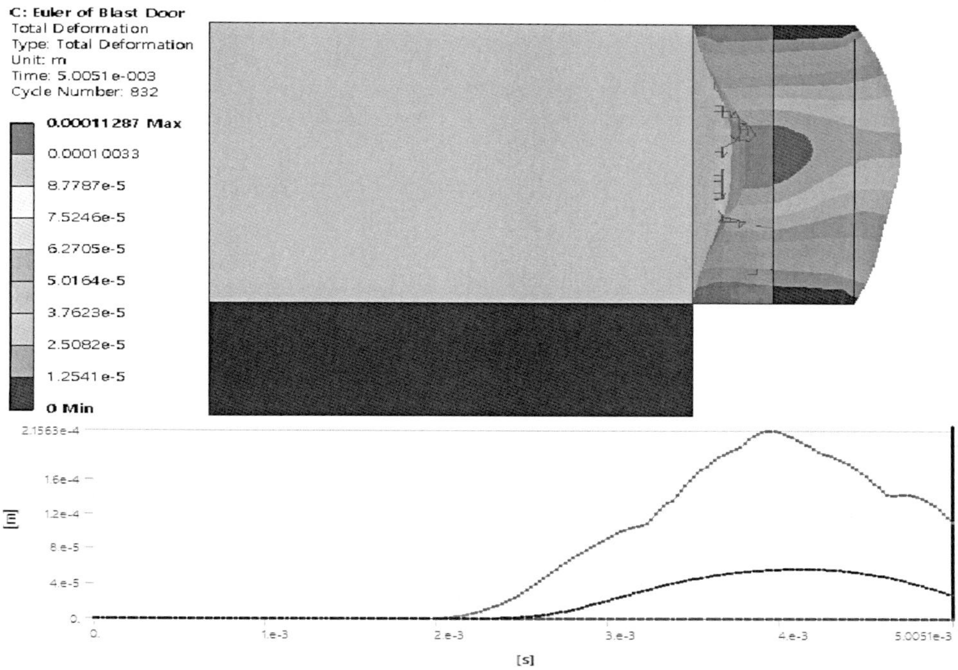

② Pressure 검토

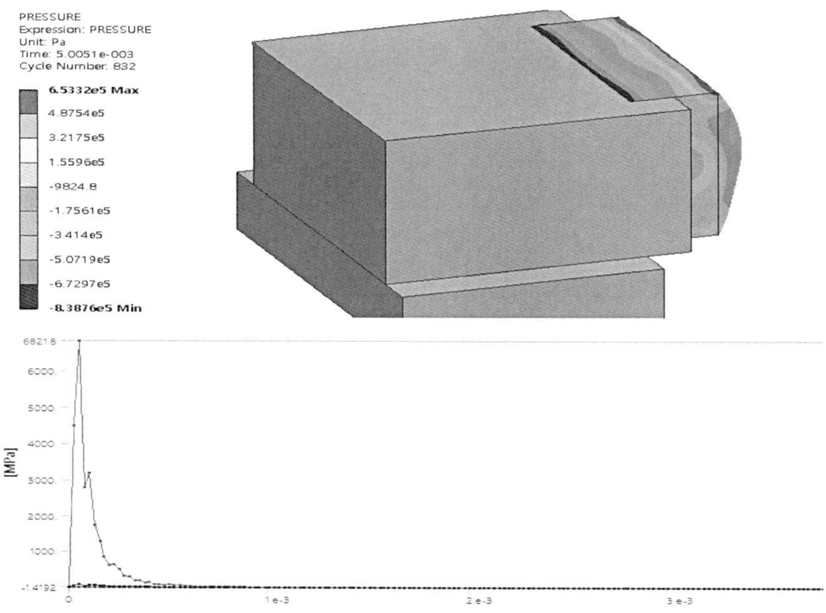

③ 폭발에 의한 방폭문의 Z 축 변위

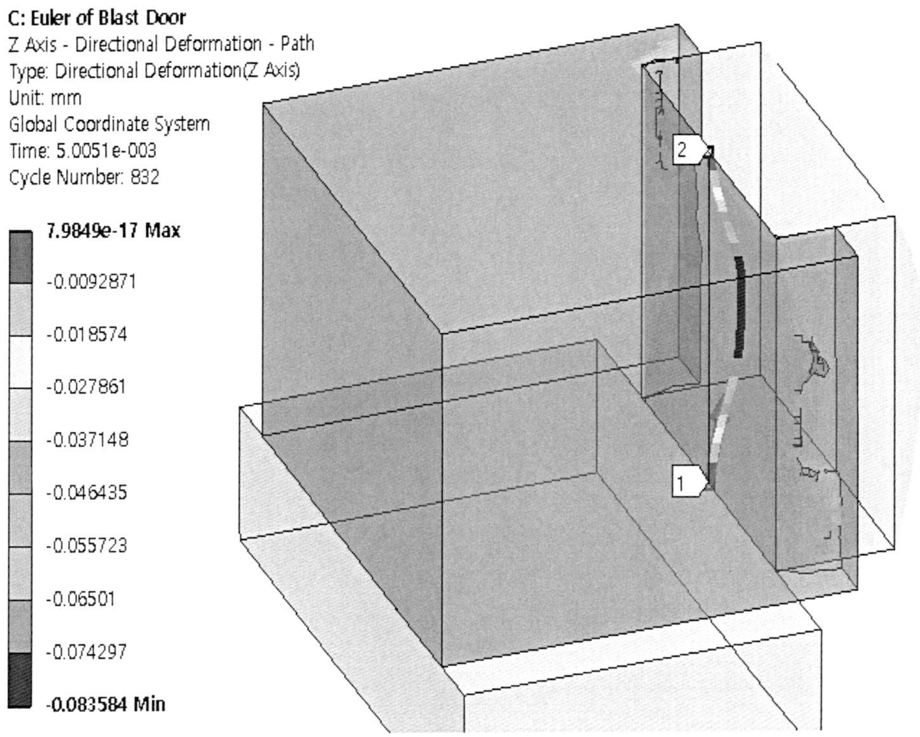

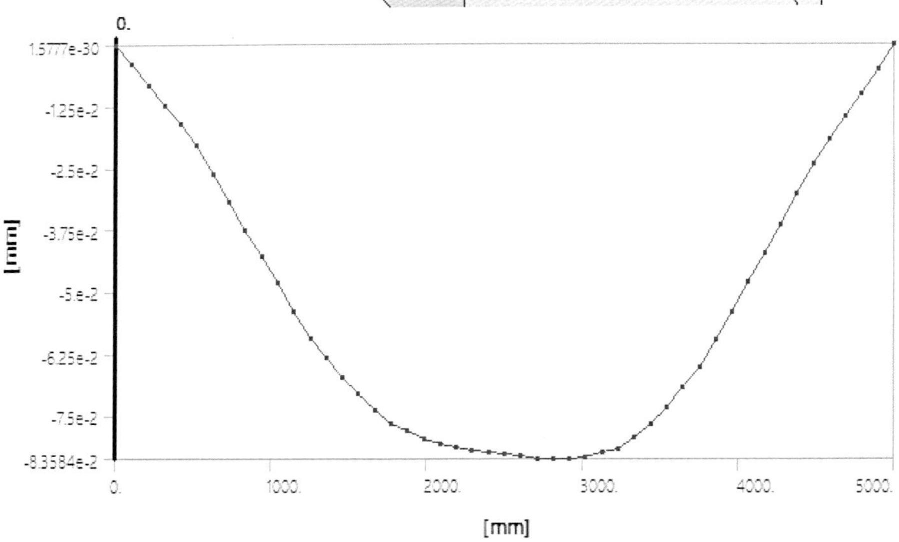

(15) AUTODYN을 사용한 Post-Process 수행

① AUTODYN을 실행한다.

WorkBench의 Files에서 Explicit Dynamics 결과 파일의 위치를 확인한다.

② AUTODYN을 실행한다.

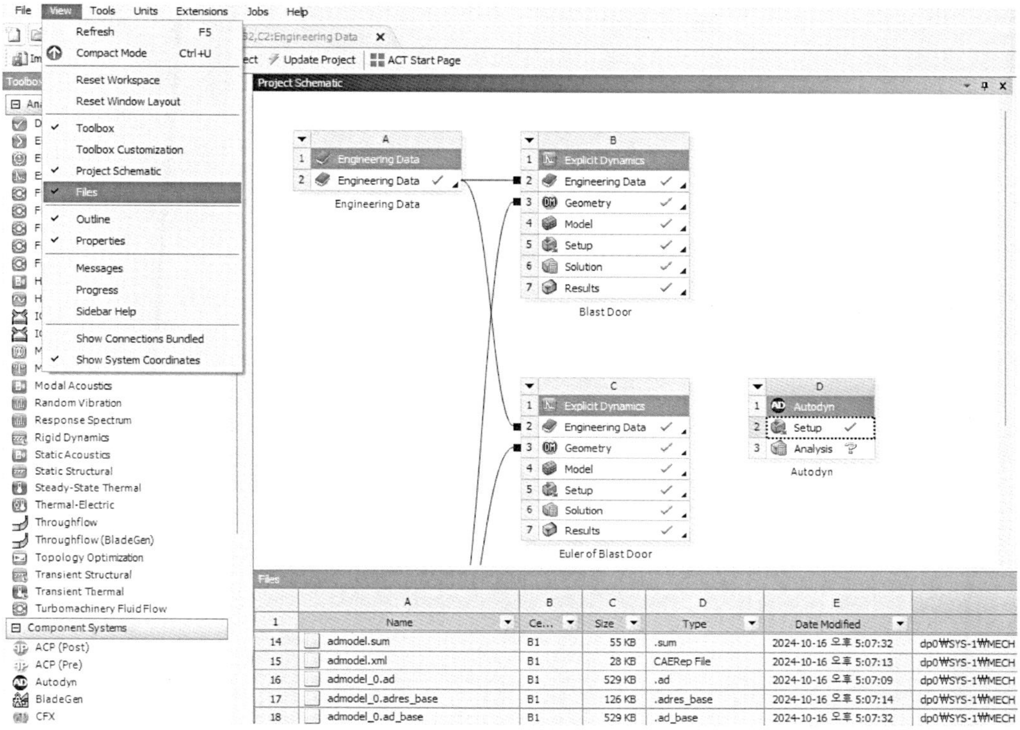

③ Open Result Files > 에서 파일을 불러온다.

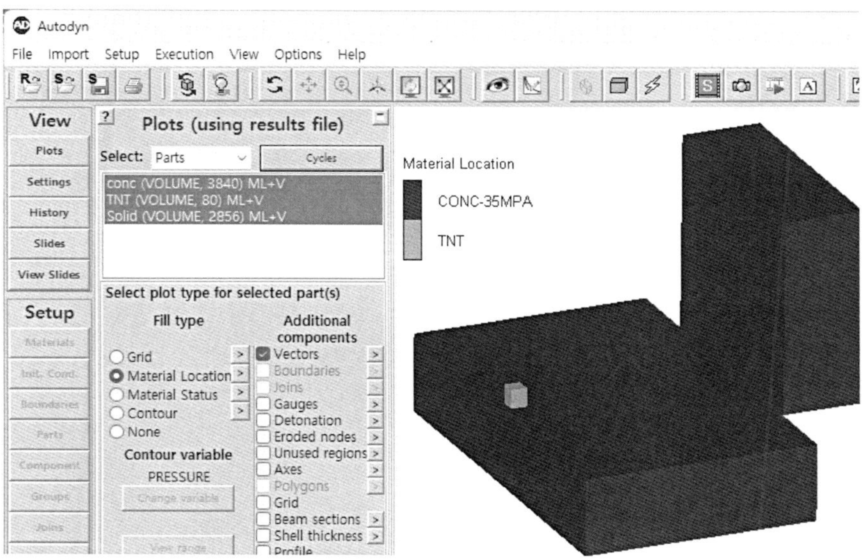

Plots > Settings > Graded shading을 제외한다.
Plots > Material Location > Opacity를 설정한다.
Cycle 20 에서의 TNT Blast 현상

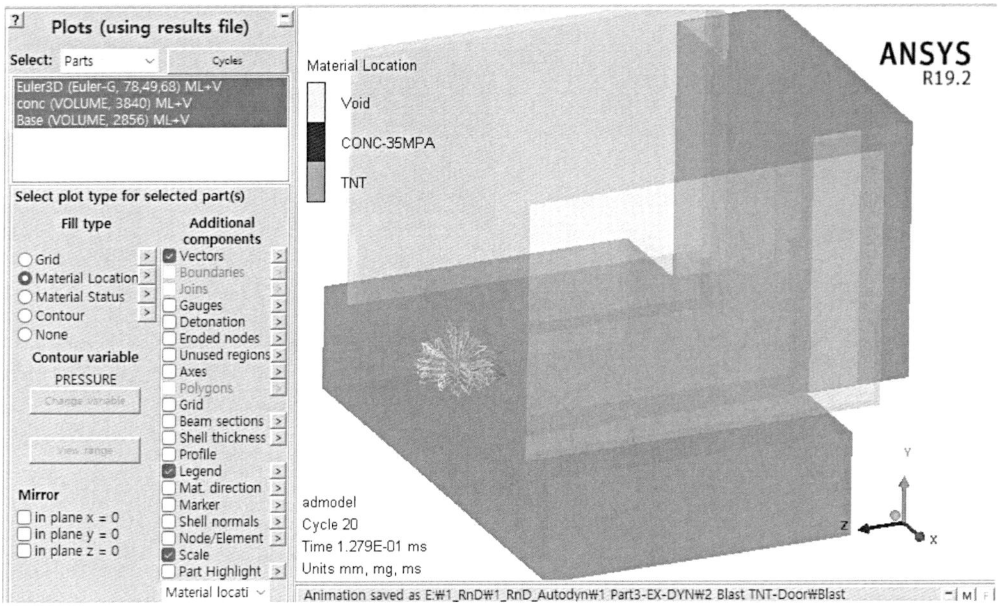

④ TNT의 변화 추이는 다음과 같다.

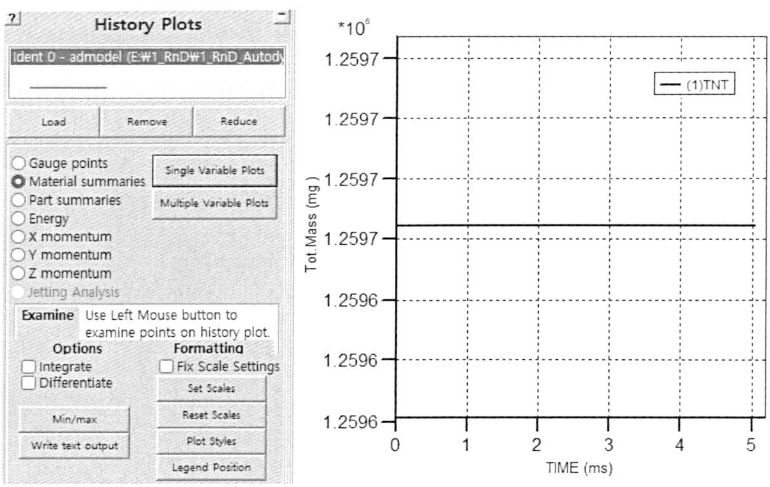

⑤ Generate multiple Slides를 실행하여
Create Merged Animation을 실행한다.
Create Merged Animation의 결과는 다음과 같다.

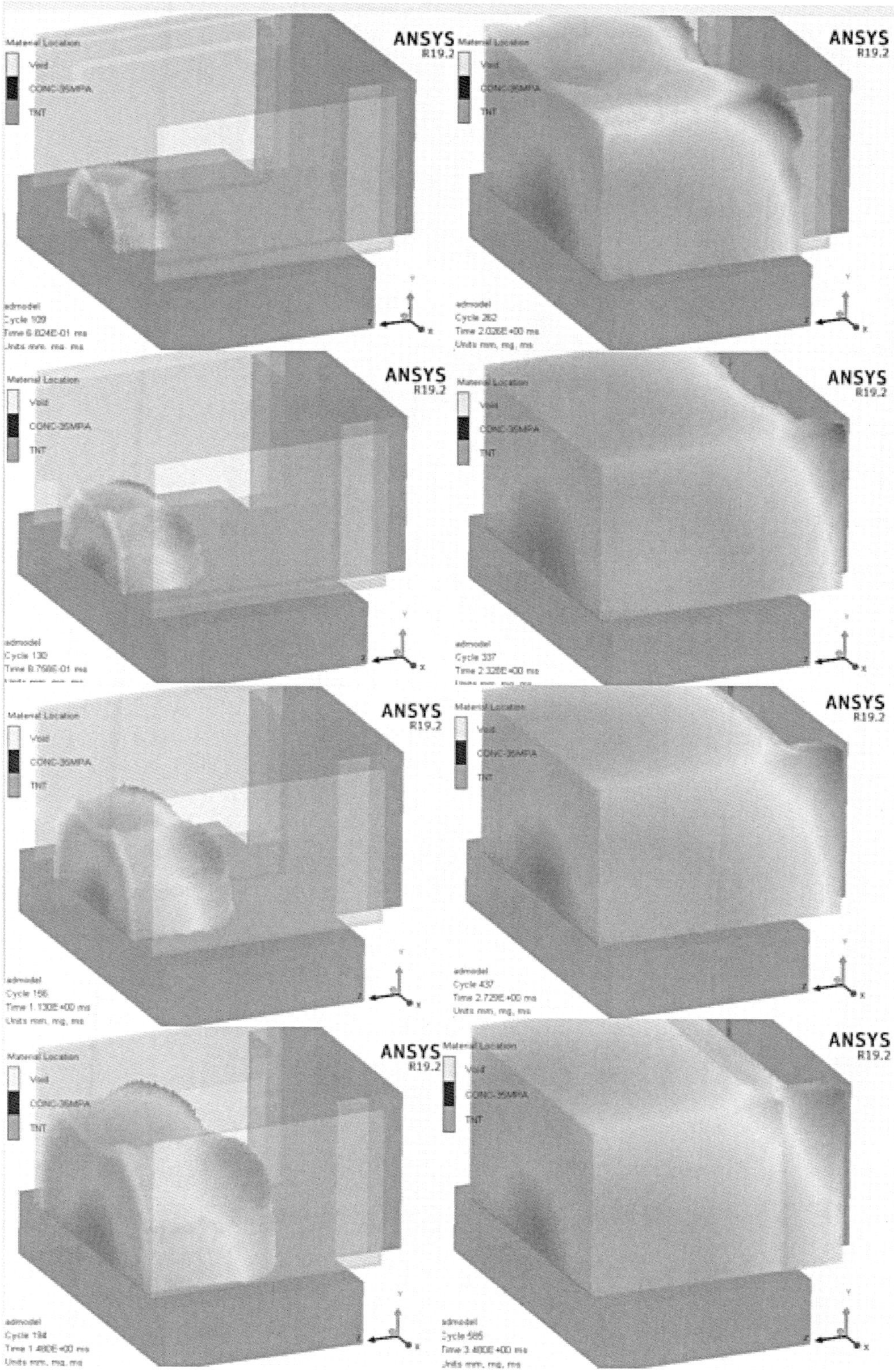
ANSYS
R19.2

3. 라멘 구조물에 대한 TNT 폭발해석 3)

1) 구조 계획

TNT 폭발해석을 Explicit Dynamic에서 수행한다.

TNT는 0.431x0.431x0.315m로 설계한다.

TNT의 밀도가 1630kg/m^3이므로, TNT 무게는 95.3kg이다.

TNT는 공중에서 폭발한다.

TNT가 놓인 무근 콘크리트는 10x2x6m의 크기로 모델링한다.

TNT는 콘크리트 골조에서 5.6m 전방에 설치된다.

콘크리트의 골조 무근 콘크리트로 6x5x2m로 모델링한다.

Case A는 TNT를 Lagrangian 방법으로 해석을 한다.

Case B는 TNT를 Eulerian 방법으로 해석을 한다.

3) https://www.youtube.com/watch?v=86s74Or8SHs

2) 구조해석

Case A. TNT Reference Frame : Lagrangian

(1) 해석 모델을 불러들이거나 모델링을 수행한다. (Geometry)
① 본 문제에 대한 모델을 가져온다.

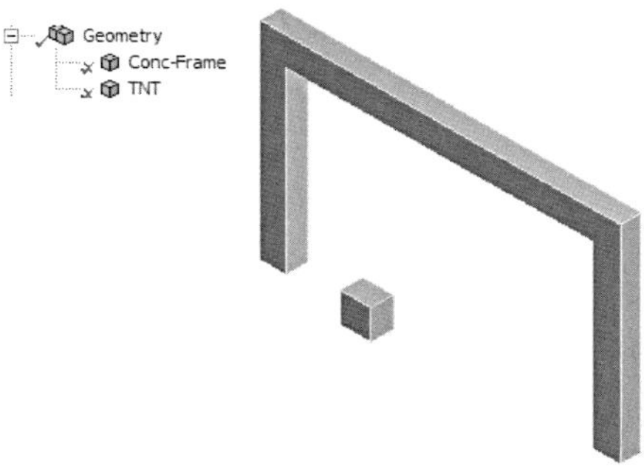

(2) 재료의 물성을 정의한다. (Engineering Data)
① Engineering Data를 불러온다.

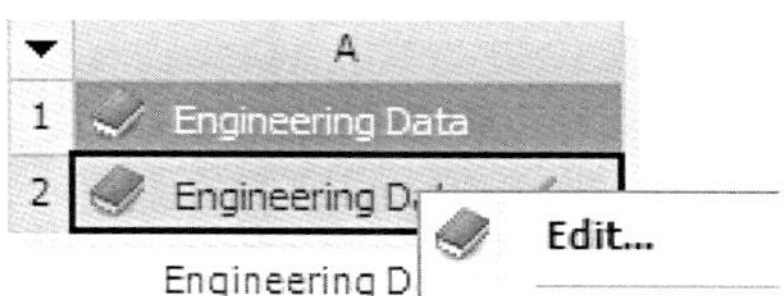

② Explicit Dynamic Data Source에서 TNT, CONC-35MPa를 가져온다.

(3) 해석 시스템을 생성한다.
① Project Schematic에 Explicit Dynamic을 시스템 추가한다.
② Engineering Data와 Geometers를 연결하고 Project 이름을 변경한다.
③ Mechanical 창에서 Units menu를 클릭하고 단위를 설정한다.

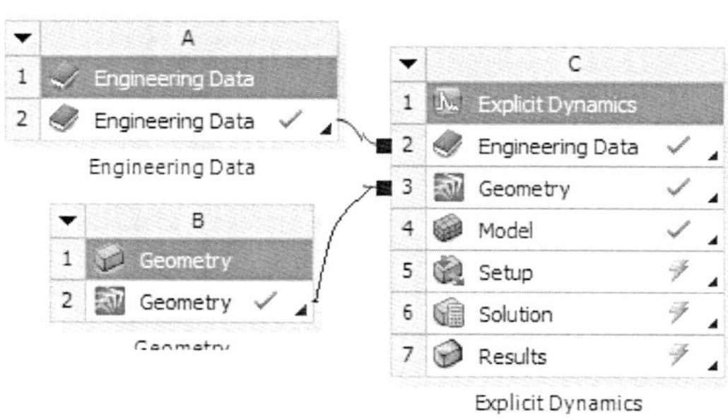

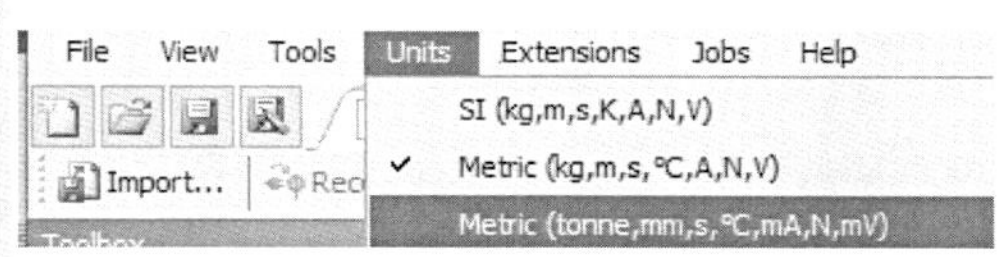

(4) 해석 모델의 환경을 설정한다. (Model)
① Project Schematic에서 Model을 더블클릭하여 Mechanical 창 활성화한다.

② Outline 화면에서 Model > Geometry > Solid를 선택하고 물성을 설정한다.
TNT에는 물성을 TNT로 설정한다.
Reference Frame은 Lagrangian으로 설정한다.
TNT의 질량은 95.318kg이다.
Conc-Frame의 재질은 CONC-35MPa로 설정한다.

Details of "TNT"

Graphics Properties	
Visible	Yes
Transparency	1
Color	
Definition	
Suppressed	No
Stiffness Behavior	Flexible
Coordinate System	Default Coordinate System
Reference Temperature	By Environment
Reference Frame	Lagrangian
Material	
Assignment	TNT
Bounding Box	
Length X	431. mm
Length Y	431. mm
Length Z	314.8 mm

Properties	
Volume	5.8478e+007 mm³
Mass	95.318 kg
Centroid X	2501.5 mm
Centroid Y	-4791.5 mm
Centroid Z	1300. mm
Moment of Inertia I...	2.2627e+006 kg·mm²
Moment of Inertia I...	2.2627e+006 kg·mm²
Moment of Inertia I...	2.9511e+006 kg·mm²
Statistics	
Nodes	180
Elements	100
Mesh Metric	None
CAD Attributes	
PartTolerance:	0.00000001
Color:143.175.143	

(5) 좌표계 설정 (Coordinate Systems)
- Global Coordinate System을 클릭하여 원점 좌표가 어디인지 확인한다.

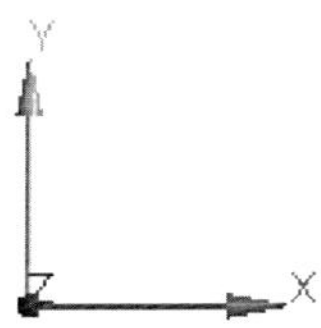

(6) 연결 관계 정의(Connections)
① 연결을 설정하지 않는다.

(7) 격자 모델 생성 (Mesh)
① Outline화면에서 Model > Mesh 를 선택한다.
TNT를 Multizone으로 설정하고, Body Sizing은 100mm로 한다.

② Outline화면에서 Model > Mesh를 선택하고 RMB > Update 실행한다.

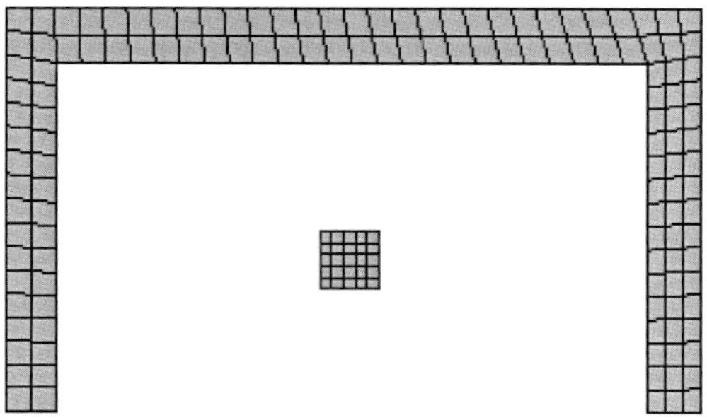

(8) 해석 설정 정의(Analysis Settings)

① End Time을 0.1로 설정한다.

② Euler Domain Control을 Manual로 선택하고 Coordinate와 Dimension을 설정한다.

③ Output Controls를 Equally Spaced Points로 설정하고 Number를 200으로 설정한다.

(9) 초기 조건 정의 : 고려하지 않는다.

(10) 구속조건 정의

ⓐ 고정 지점 설정

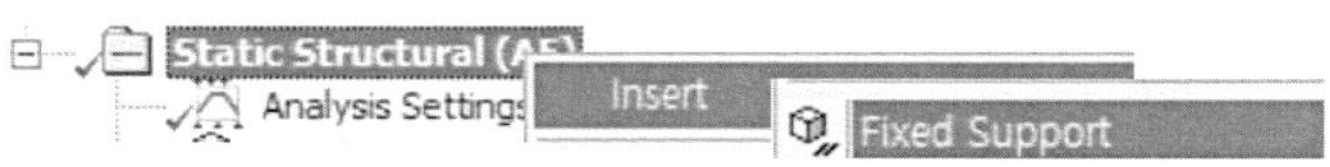

① Outline화면에서 Static structure > RMB > Insert > Fixed Support 선택.

② Outline화면에서 Static structure > RMB > Insert > Displacement Support를 클릭하고, Graphic window에서 선택한다.

(11) Detonation 설정

① TNT 중심에 설정한다.

Details of "Detonation Point"

Definition	
Type	Detonation Point
Suppressed	No
Burn Instantaneously	No
Detonation Time	0. s
Location	
X Coordinate	2.5 m
Y Coordinate	-4.8 m
Z Coordinate	1.3 m
Location	Click to Change

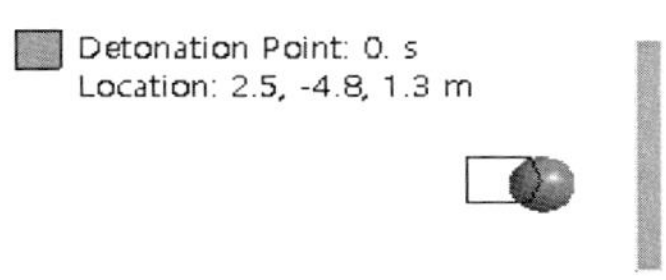

② Detonation을 설정할 때 TNT의 평면을 선택하여 1차 Detonation을 설정하고, 좌표를 확인한 후 Z축 좌표를 수정하여 Detonation 위치를 확정한다.

(12) 해석 결과 설정

① Deformation(변형) 결과 세팅

a. Outline화면에서 Solution >RMB >Insert >Deformation >Directional 항목 선택

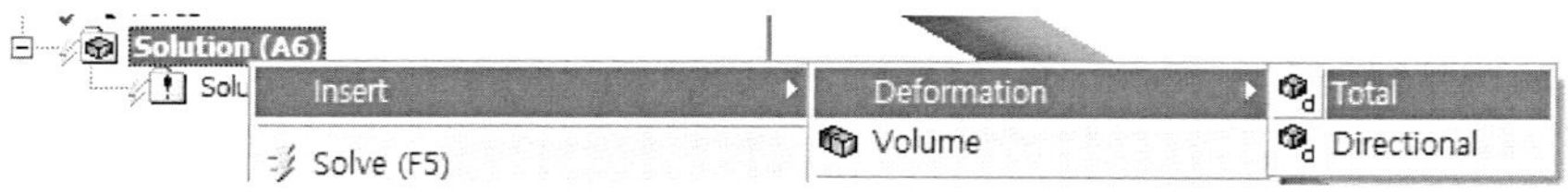

(13) 해석 수행

① Tool bar에서 Solve를 클릭하거나, Solution > RMB > Solve 를 클릭한다.

(14) 해석 결과 확인

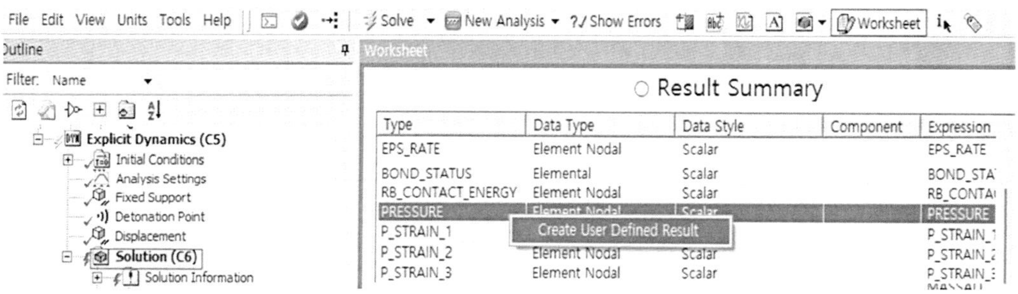

Solution > Worksheet > Result Summary > PRESSURE를 선택하여 Create User Defined Result를 설정한다.

같은 방법으로 Total Velocity도 설정한다.

① Total Deformation을 확인한다.

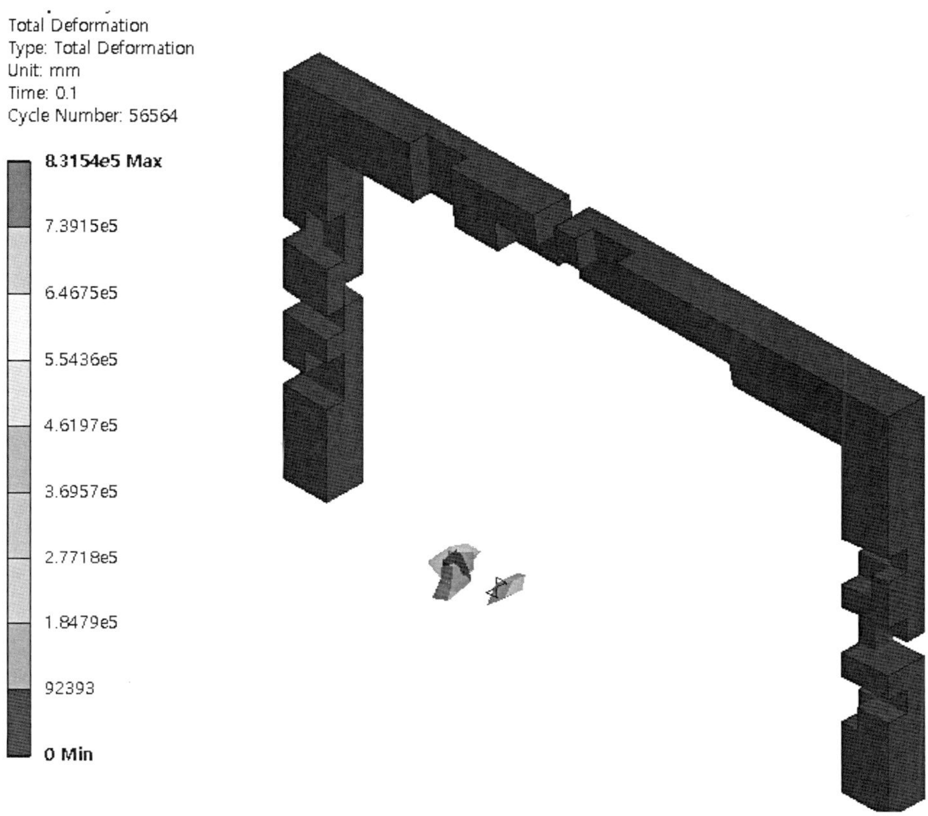

② Equivalent Stress를 확인한다.

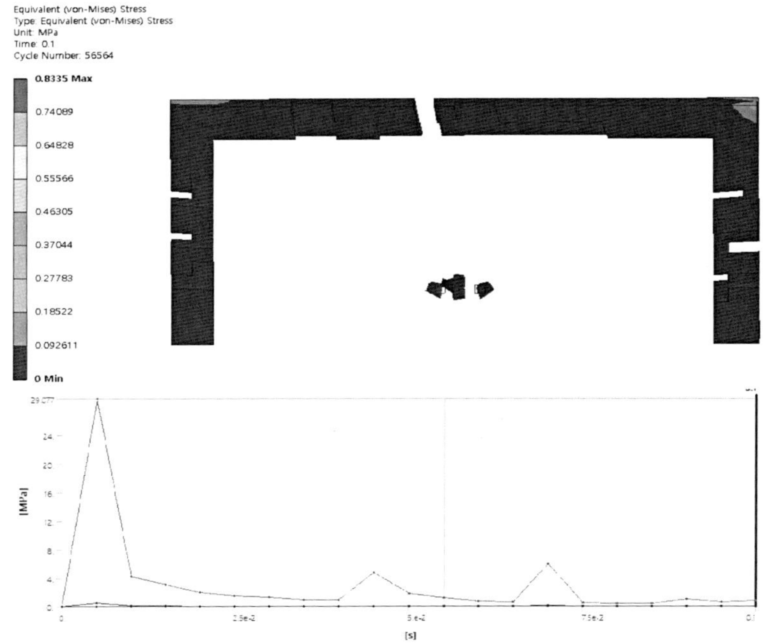

③ 구조물의 보 변위

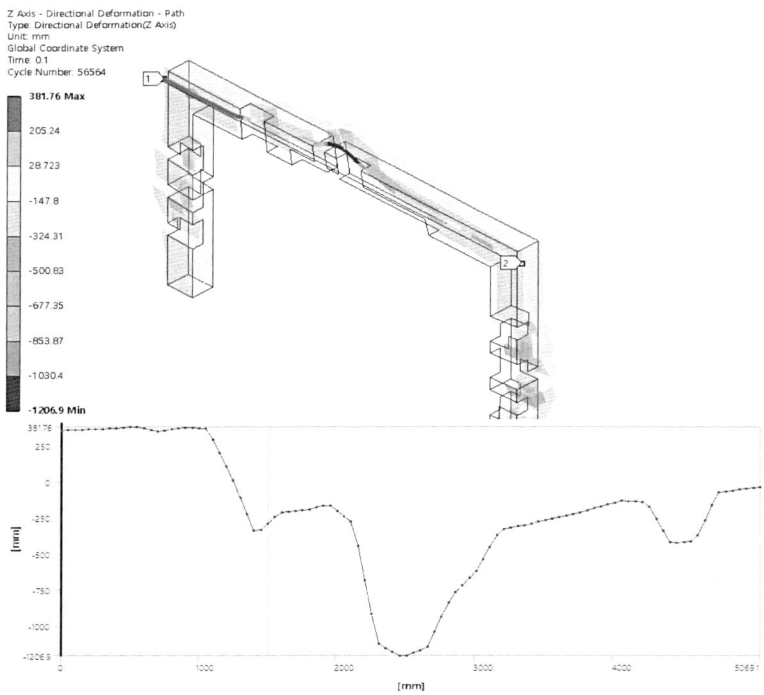

④ Pressure 검토한다.

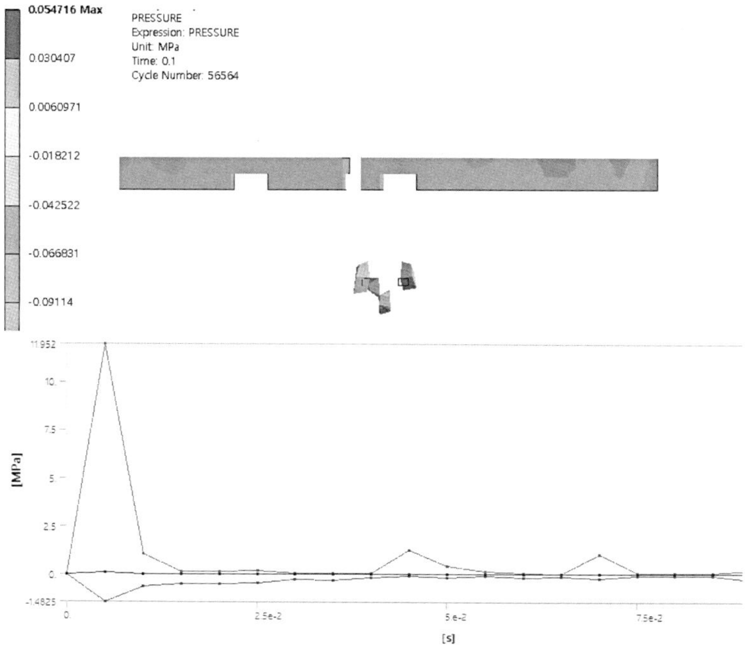

⑤ EROSION

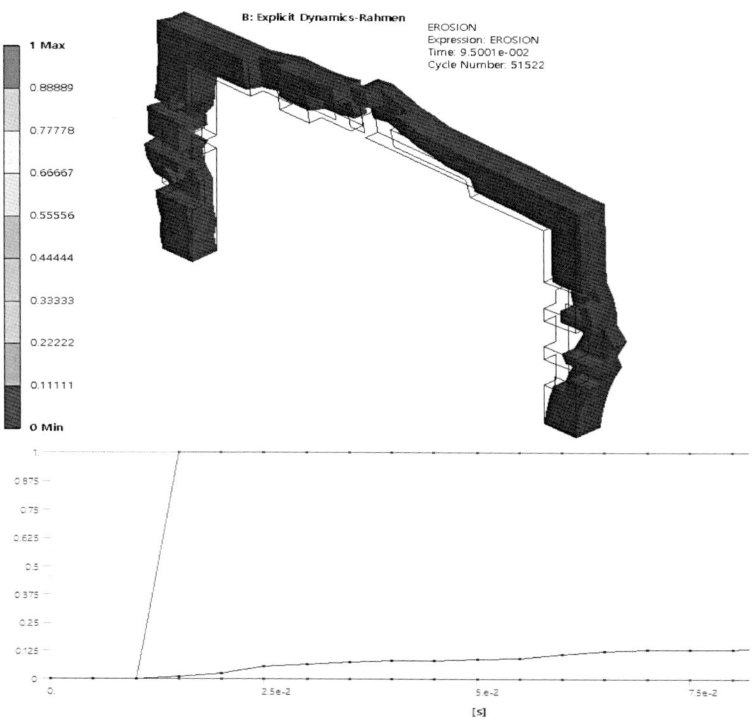

Case B. TNT Reference Frame : Eulerian

Case A에서 변경된 부분만 기술한다.

(3) 해석 시스템을 생성한다.

① Project Schematic에 Explicit Dynamic을 시스템 추가한다.

② Engineering Data와 Geometer를 연결하고 Project 이름을 변경한다.

③ Mechanical 창에서 Units menu를 클릭하고 단위를 설정한다.

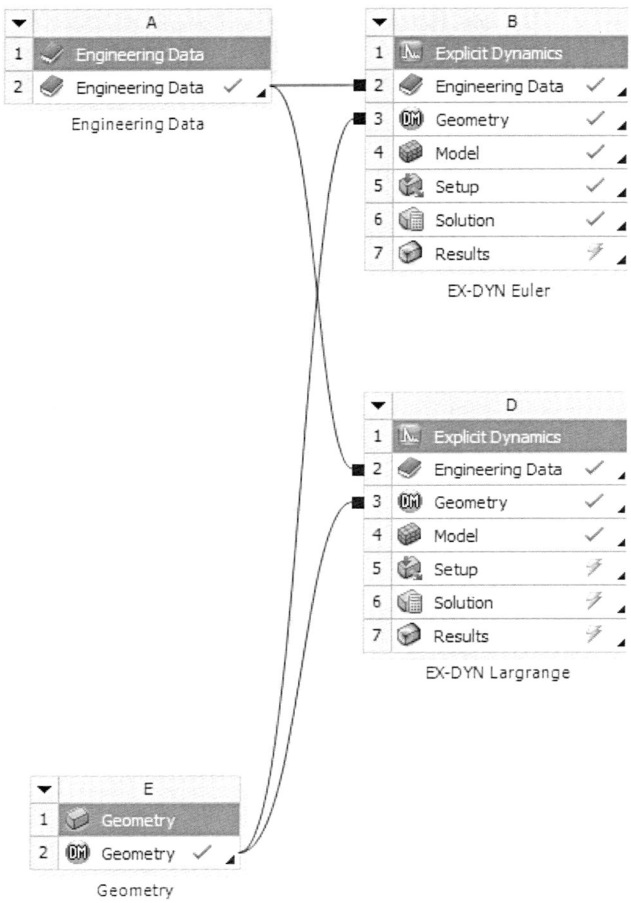

(4) 해석 모델의 환경을 설정한다. (Model)

① Project Schematic에서 Model을 더블클릭하여 Mechanical 창 활성화한다.

② Outline화면에서 Model > Geometry > Solid를 선택하고 물성을 설정한다.
Plate는 Structural steel NL, TNT에는 TNT를 설정한다.
Reference Frame은 Eulerian(Virtual)으로 설정한다.

(6) 연결 관계 정의(Connections)

① Manual Contact Region을 사용하여 Plate와 Bonded를 삭제한다.

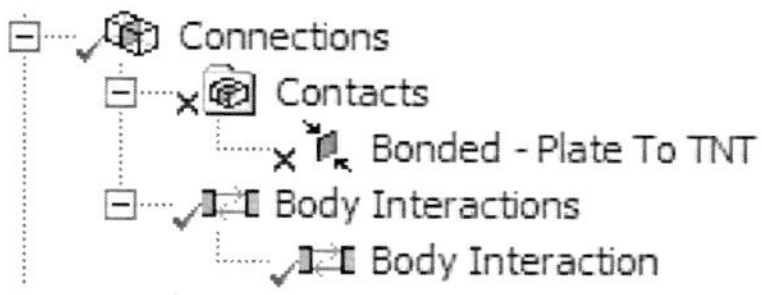

(8) 해석 설정 정의(Analysis Settings)

① End Time을 0.1로 설정한다.

② Euler Domain Control을 Manual로 선택하고 Coordinate와 Dimension을 설정한다.

③ Output Controls를 Equally Spaced Points로 설정하고 Number를 200으로 설정한다.

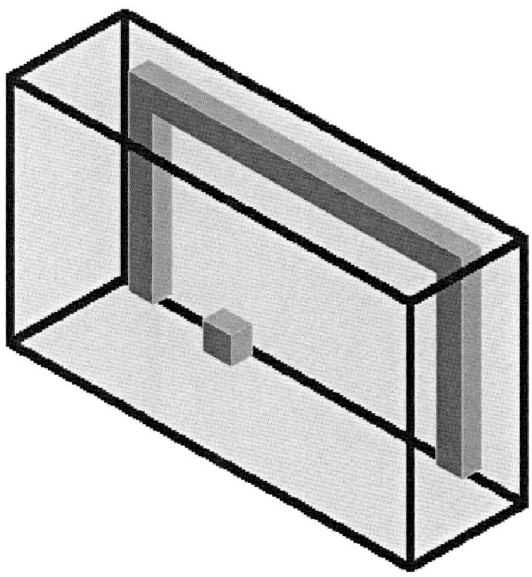

Euler Domain Controls	
Domain Size Definition	Program Controlled
Display Euler Domain	Yes
Scope	All Bodies
X Scale factor	1.2
Y Scale factor	1.2
Z Scale factor	1.2
Domain Resolution Definition	Total Cells
Total Cells	2.5e+05
Lower X Face	Flow Out
Lower Y Face	Flow Out
Lower Z Face	Flow Out
Upper X Face	Flow Out
Upper Y Face	Flow Out
Upper Z Face	Flow Out
Euler Tracking	By Body

(13) 해석 수행

① Tool bar에서 Solve를 클릭하거나, Solution > RMB > Solve를 클릭한다.

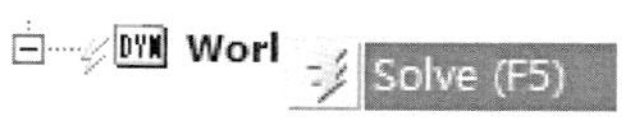

(14) 해석 결과 확인

① Total Deformation을 확인한다.

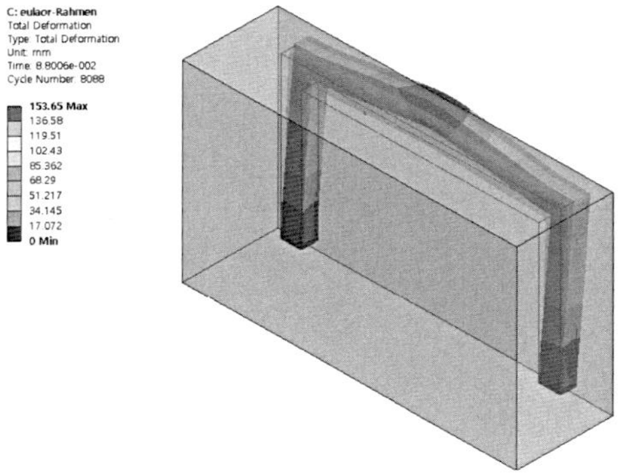

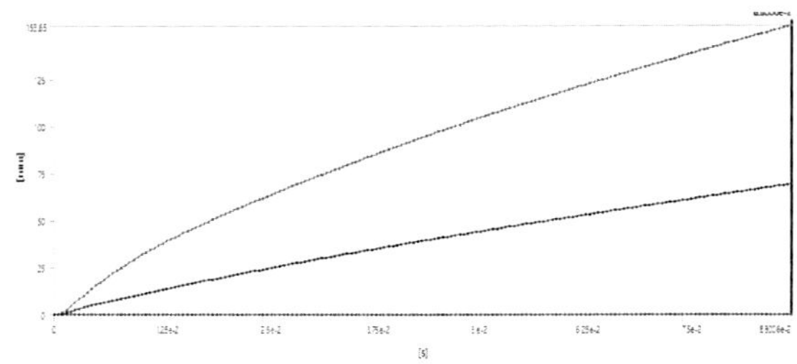

4. Desert Eagle에서 탄두 발사 해석 [4]

1) 구조 계획

Desert Eagle의 Barrel에서 총탄이 발사되는 것을 해석한다.

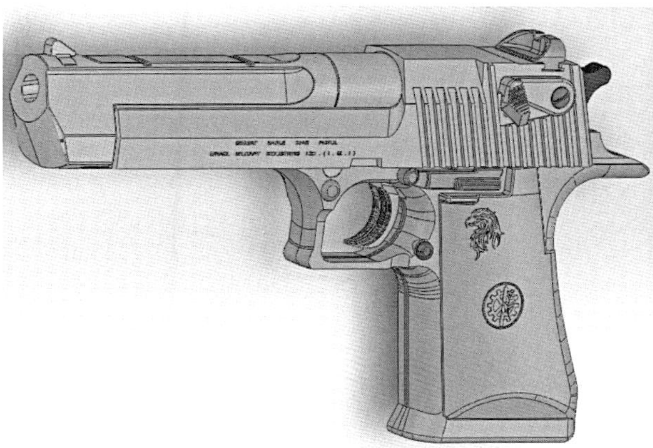

구조해석에 사용할 Barrel의 형상은 다음과 같다.[5]

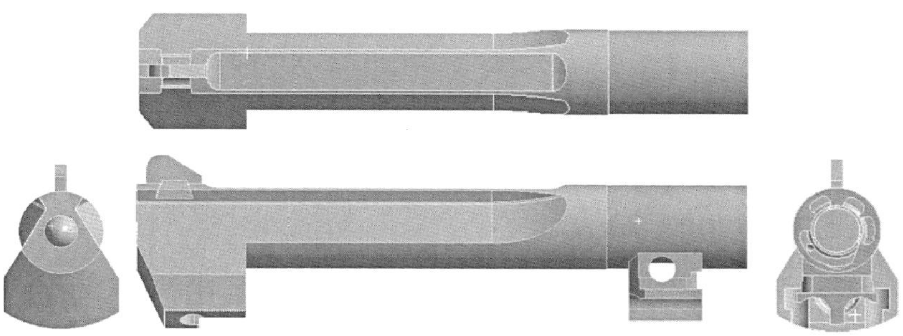

Barrel에 총탄을 모델링하여 해석을 수행한다. 총탄은 탄두는 Copper, 화약은 TNT, Case는 Copper로 한다. Case는 해석을 쉽게 하기 위하며 뒷부분만 모델링한다. TNT의 밀도가 1630kg/m^{3}이므로 해석에 사용하는 TNT량은 1g 정도로 한다. TNT는 오일러 메쉬를 사용하여 해석한다

4) https://www.youtube.com/watch?v=ce2AkazrTks
5) https://www.youtube.com/watch?v=ce2AkazrTks

2) 구조해석

(1) 해석 모델을 불러들이거나 모델링을 수행한다. (Geometry)

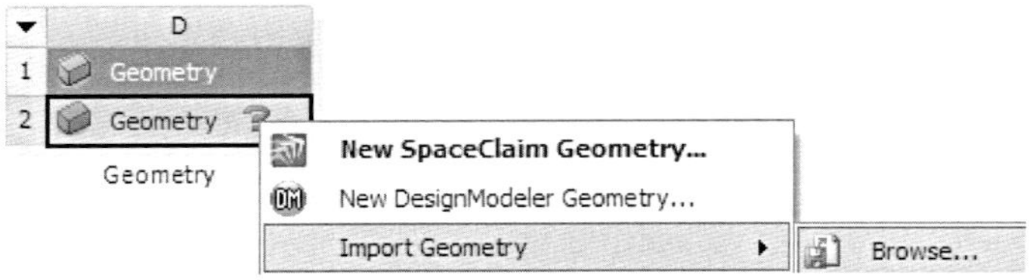

① 본 문제에 대한 모델(Barrel)을 가져온다.

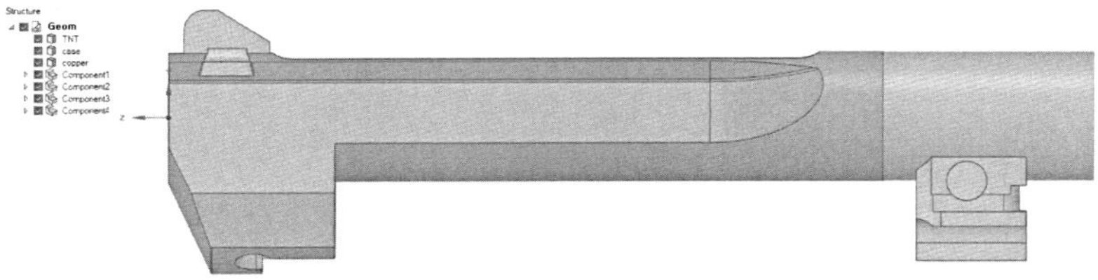

② SpaceClaim에서 아래와 같이 Copper, TNT, Case를 모델링한다.

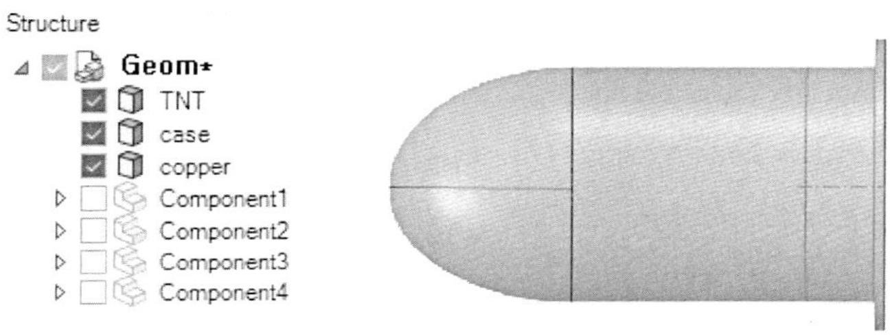

절단면을 보면 다음과 같다.

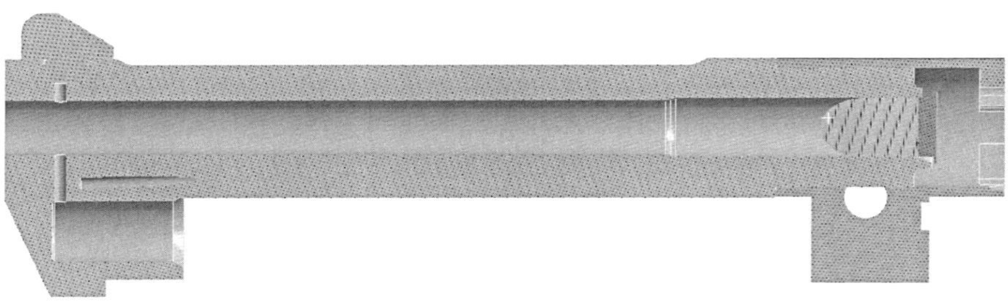

(2) 재료의 물성을 정의한다. (Engineering Data)

① Engineering Data를 불러온다.

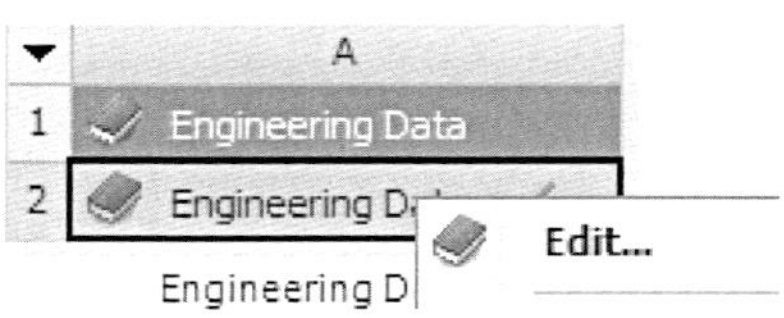

② Explicit Dynamic Data Source에서 TNT를 가져온다.

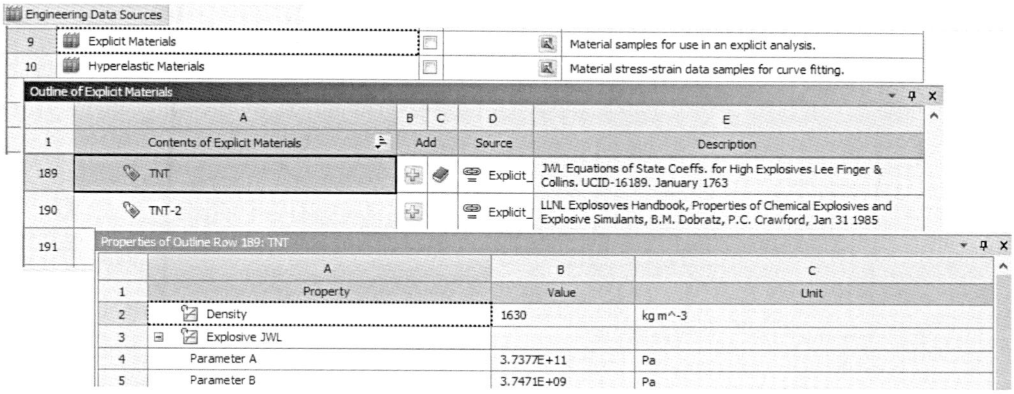

TNT의 +를 클릭하여 북 마크를 활성화한다.

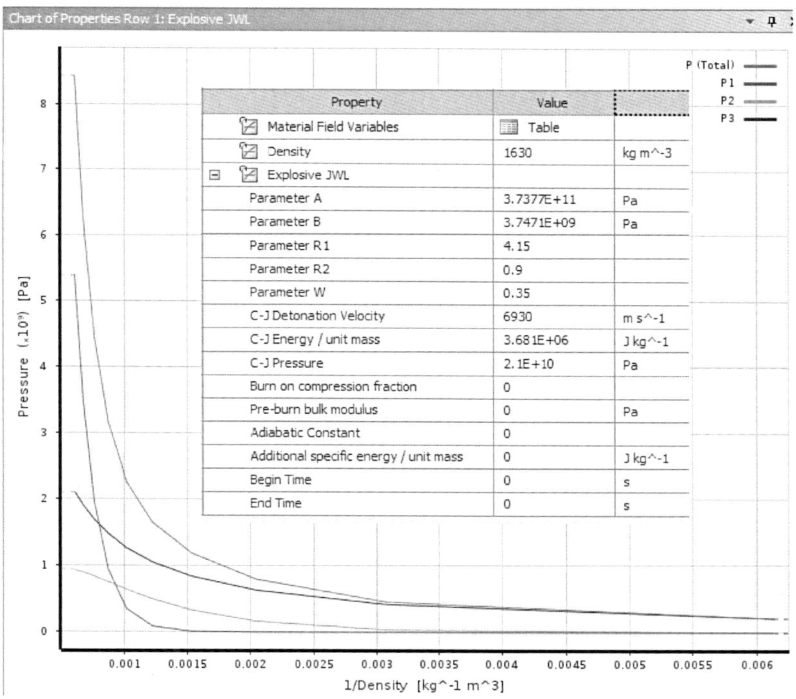

③ General Non-Liner Material에서 Copper Alloy NL을 불러온다.

Plastic Strain Failure를 추가하고 Maximum Equivalent Plastic Strain EPS를 2로 설정한다.

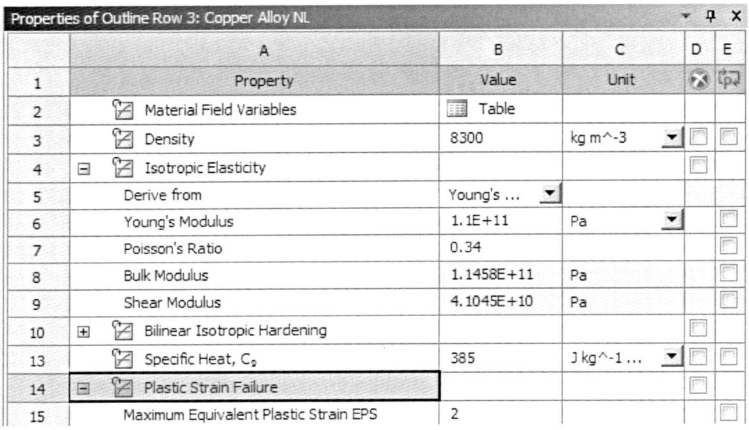

	A	B	C	D	E
1	Property	Value	Unit		
2	Material Field Variables	Table			
3	Density	8300	kg m^-3		
4	Isotropic Elasticity				
5	Derive from	Young's ...			
6	Young's Modulus	1.1E+11	Pa		
7	Poisson's Ratio	0.34			
8	Bulk Modulus	1.1458E+11	Pa		
9	Shear Modulus	4.1045E+10	Pa		
10	Bilinear Isotropic Hardening				
13	Specific Heat, C_p	385	J kg^-1 ...		
14	Plastic Strain Failure				
15	Maximum Equivalent Plastic Strain EPS	2			

(3) 해석 시스템을 생성한다. (Static structural)

① Project Schematic에 Explicit Dynamic을 시스템 추가한다.

② Engineering Data와 Geometers를 연결하고 Project 이름을 변경한다.

③ Mechanical 창에서 Units menu를 클릭하고 단위를 설정한다.

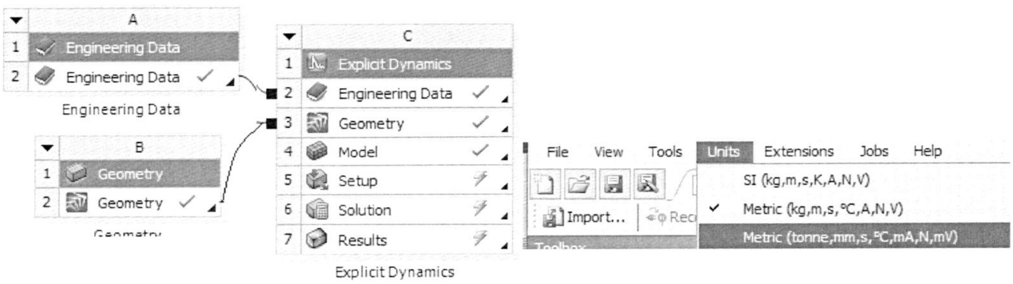

(4) 해석 모델의 환경을 설정한다. (Model)

① Project Schematic에서 Model을 더블클릭하여 Mechanical 창 활성화한다.

② Outline화면에서 Model > Geometry > Solid 를 선택하고 물성을 설정한다.
TNT에는 물성을 TNT로 설정한다.
Reference Frame은 Eulerian으로 설정한다.
TNT의 질량은 1.0953g이다.
Barrel, Guide, Head의 재질은 Structural Steel로 설정하고, Case, Copper의 재질은 Copper Alloy NL로 설정한다.

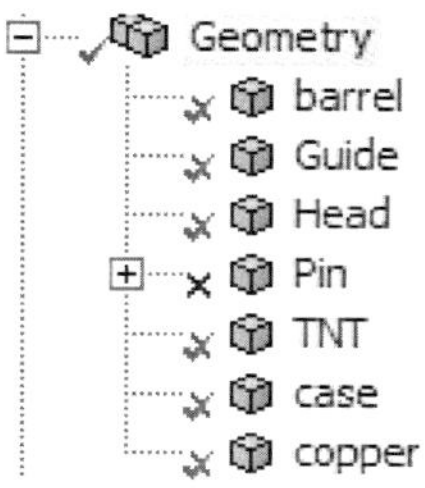

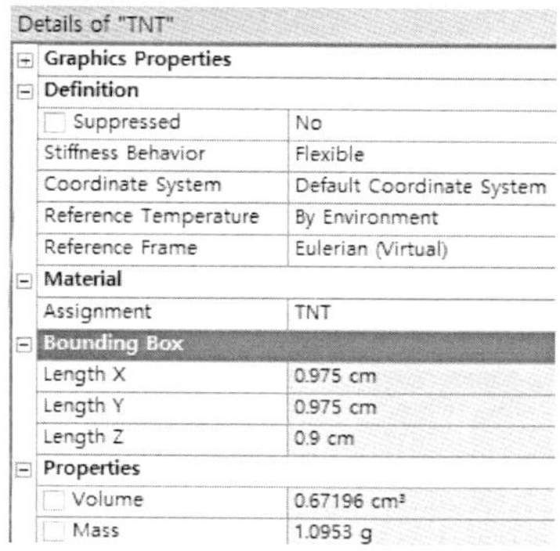

Details of "TNT"

Graphics Properties	
Definition	
Suppressed	No
Stiffness Behavior	Flexible
Coordinate System	Default Coordinate System
Reference Temperature	By Environment
Reference Frame	Eulerian (Virtual)
Material	
Assignment	TNT
Bounding Box	
Length X	0.975 cm
Length Y	0.975 cm
Length Z	0.9 cm
Properties	
Volume	0.67196 cm³
Mass	1.0953 g

(5) 좌표계 설정 (Coordinate Systems)
- Global Coordinate System을 클릭하여 원점 좌표가 어디인지 확인한다.

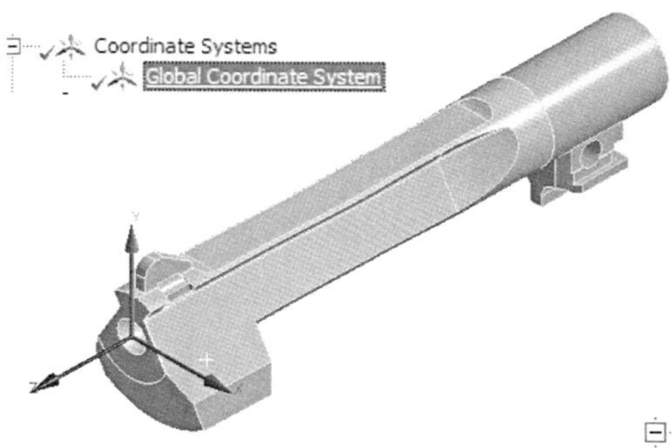

(6) 연결 관계 정의(Connections)
① 연결의 정의를 아래와 같이 한다.

(7) 격자 모델 생성 (Mesh)
① Outline화면에서 Model > Mesh 를 선택한다.
② Outline화면에서 Model > Mesh 를 선택하고 RMB > Update 실행한다.
③ Graphic화면에서 모델에 메시가 생성된 것 을 확인할 수 있다.
   TNT메쉬 사이즈는 5mm이다.

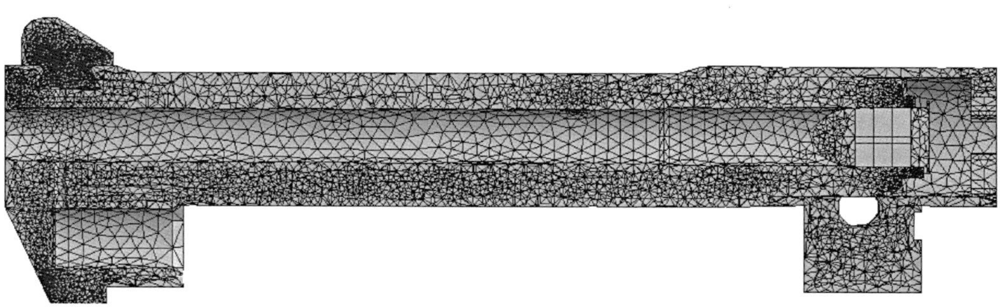

(8) 해석 설정 정의(Analysis Settings)

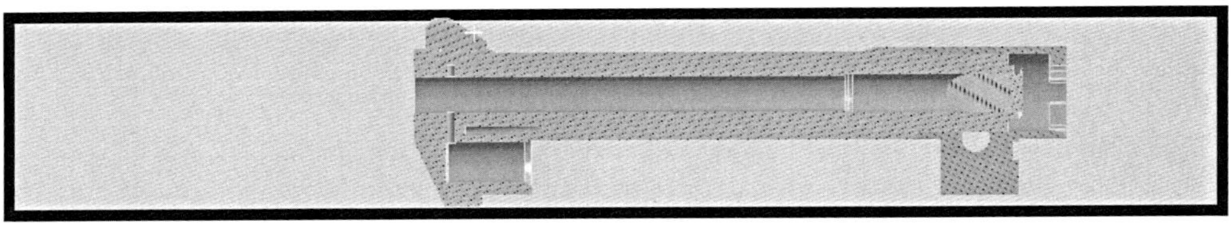

① End Time을 0.002로 설정한다.

② Euler Domain Control을 Manual로 선택하고 Coordinate와 Dimension을 설정한다.

Euler Domain Controls	
Domain Size Definition	Manual
Display Euler Domain	Yes
Minimum X Coordinate	-25. mm
Minimum Y Coordinate	-30. mm
Minimum Z Coordinate	-200. mm
X Dimension	50. mm
Y Dimension	50. mm
Z Dimension	300. mm
Domain Resolution Definition	Total Cells
Total Cells	4e+05
Lower X Face	Flow Out
Lower Y Face	Flow Out
Lower Z Face	Flow Out
Upper X Face	Flow Out
Upper Y Face	Flow Out
Upper Z Face	Flow Out
Euler Tracking	By Body

Output Controls	
Save Results on	Equally Spaced Points
Result Number Of Points	20
Save Restart Files on	Equally Spaced Points
Restart Number Of Points	5
Save Result Tracker Data on	Cycles
Tracker Cycles	1
Output Contact Forces	Off

③ Output Controls를 Equally Spaced Points로 설정하고 Number를 200으로 설정한다.

(9) 초기 조건 정의 : 고려하지 않는다.

(10) 구속조건 정의

ⓐ 고정 지점 설정

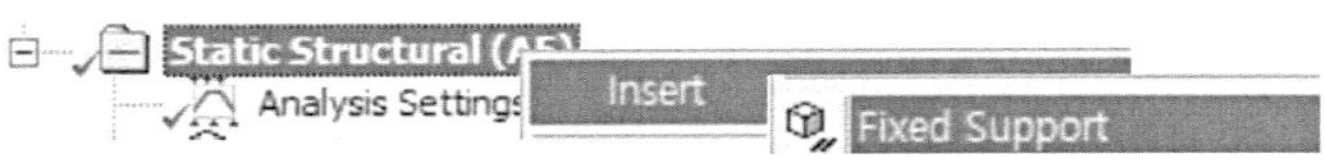

① Outline화면에서 Static structure > RMB > Insert > Fixed Support 선택.

② Outline화면에서 Static structure > RMB > Insert > Displacement Support를 클릭하고, Graphic window에서 선택한다.

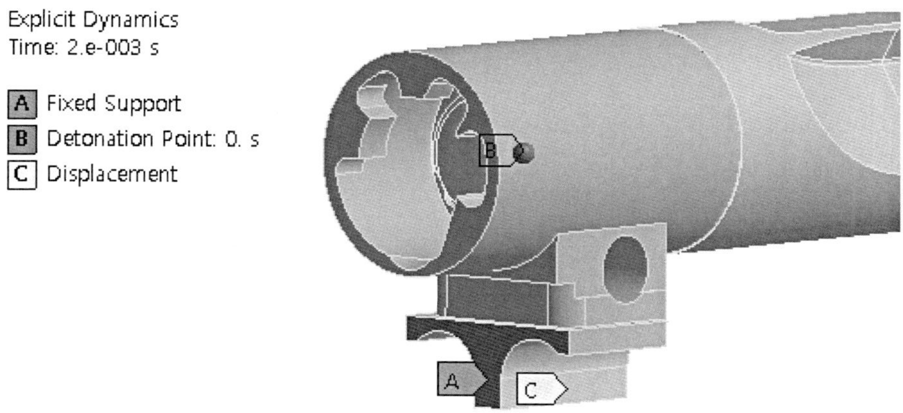

(11) Detonation 설정

① TNT 중심에 설정한다.

Details of "Detonation Point"

Definition	
Type	Detonation Point
Suppressed	No
Burn Instantaneously	No
Detonation Time	0. s
Location	
X Coordinate	4.4276e-018 mm
Y Coordinate	-6.8909e-017 mm
Z Coordinate	-144. mm
Location	Click to Change

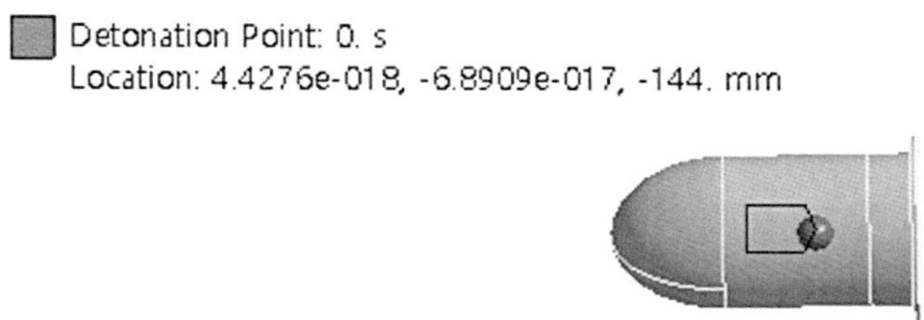

② Detonation을 설정할 때 TNT의 평면을 선택하여 1차 Detonation을 설정하고, 좌표를 확인한 후 Z축 좌표를 수정하여 Detonation 위치를 확정한다.

(12) 해석 결과 설정

① Deformation(변형) 결과 세팅

a. Outline화면에서 Solution >RMB >Insert >Deformation >Directional 항목 선택

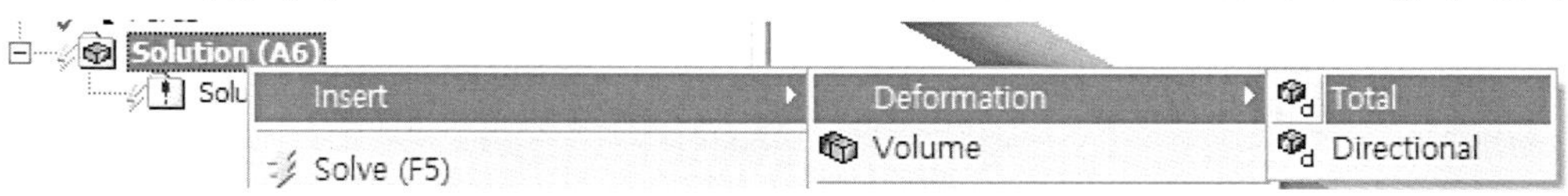

(13) 해석 수행

① Tool bar에서 Solve를 클릭하거나, Solution > RMB > Solve 를 클릭한다.

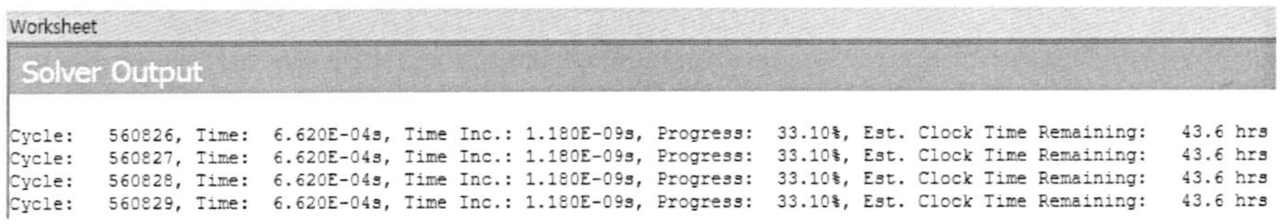

해석시간이 너무 오래 걸려 해석 중간에 강제로 Stop시켰다.

--

(14) 해석 결과 확인

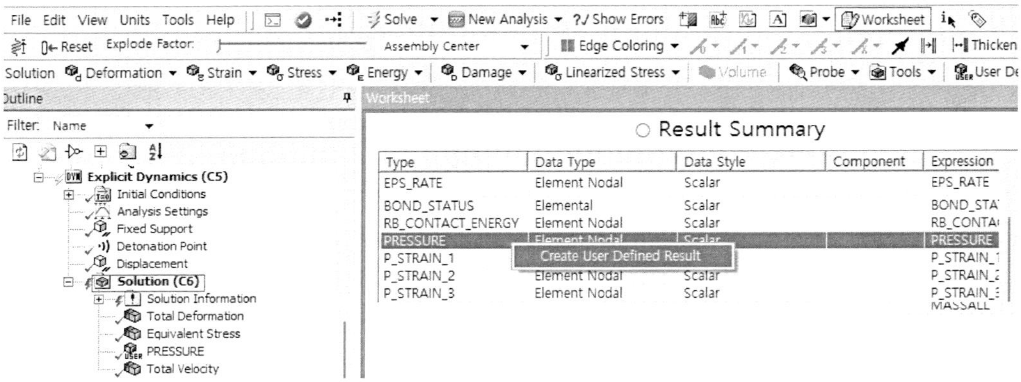

Solution > Worksheet > Result Summary > PRESSURE를 선택하여 Create User Defined Result를 설정한다.

같은 방법으로 Total Velocity도 설정한다.

① Total Deformation을 확인한다.

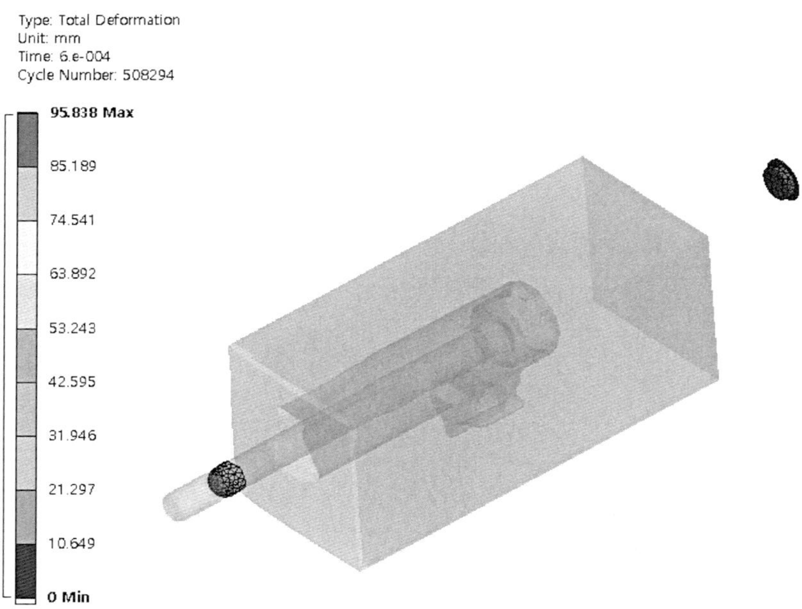

② Equivalent Stress를 확인한다.

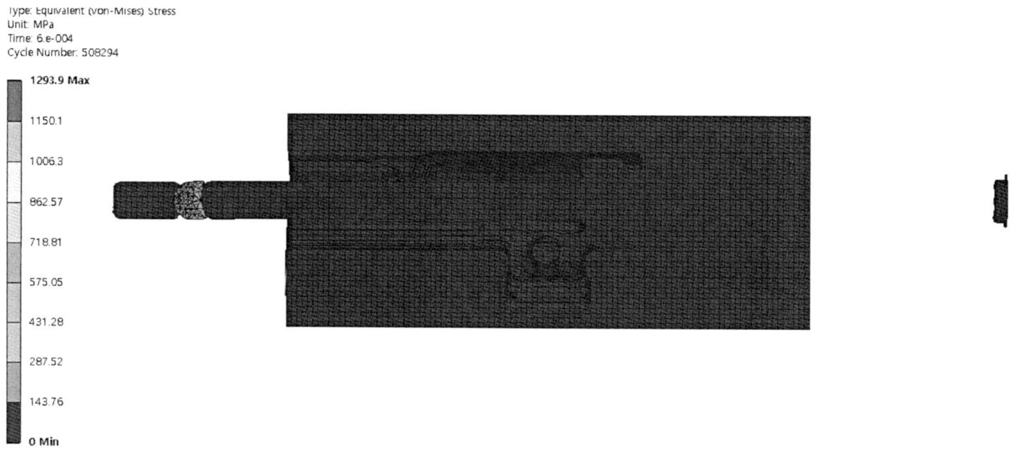

③ Total Velocity를 검토한다.
총탄의 속도는 160m/sec이다.

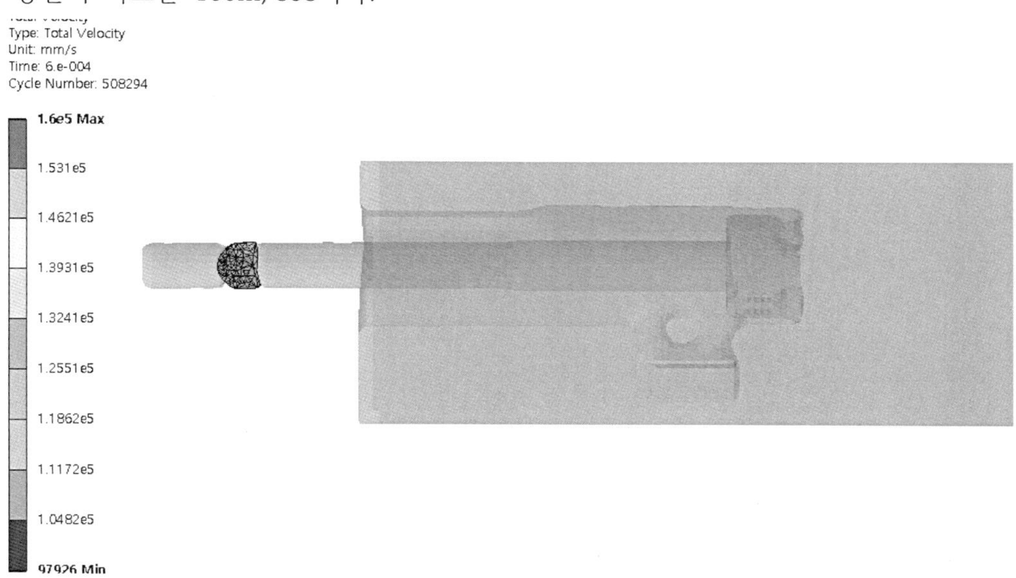

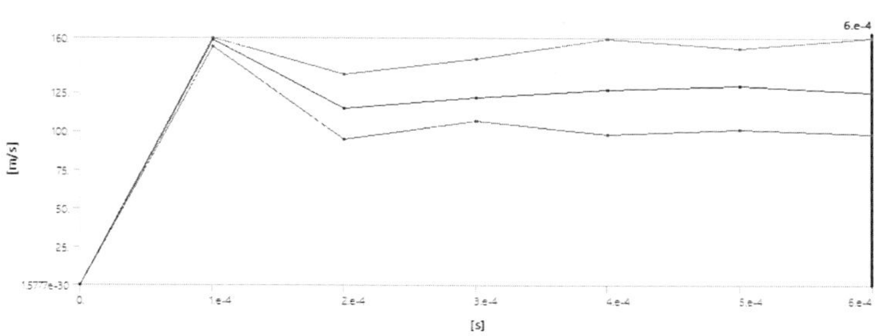

④ Pressure 검토한다.

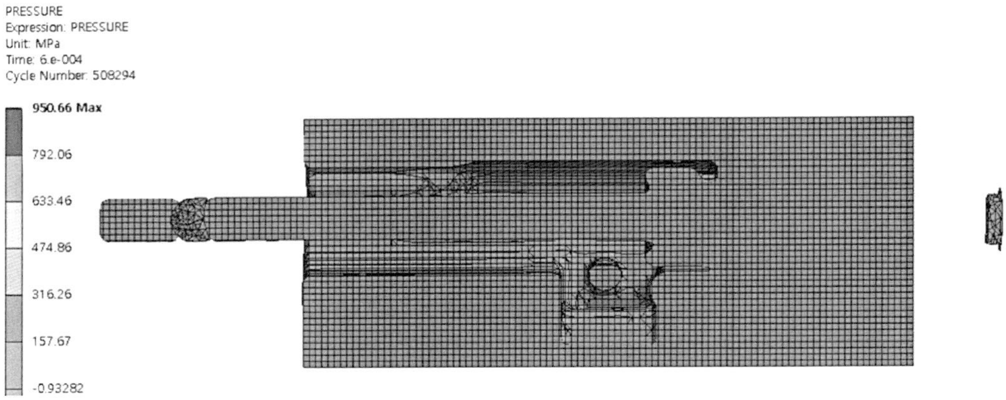

5. 수류탄 폭발 해석 6)

1) 구조 계획

Desert Eagle의 Barrel에서 총탄이 발사되는 것을 해석한다.

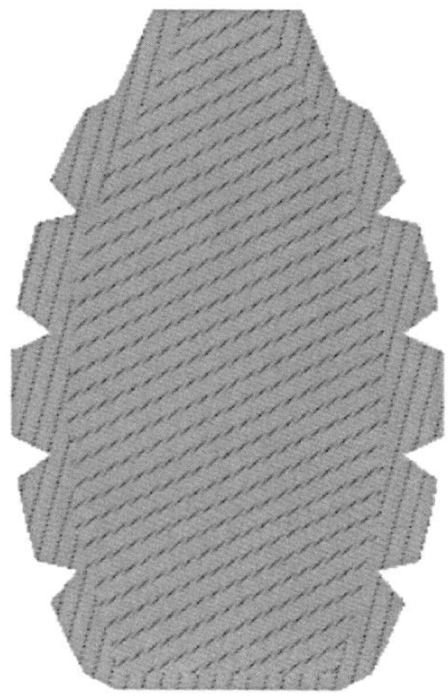

구조해석에 사용할 Barrel의 형상은 다음과 같다.7)

Barrel에 총탄을 모델링하여 해석을 수행한다. 총탄은 탄두는 Copper, 화약은 TNT, Case는 Copper로 한다. Case는 해석을 쉽게하기위하며 뒷부분만 모델링한다. TNT의 밀도가 1630kg/m^{3}이므로 해석에 사용하는 TNT량은 1g 정도로 한다. TNT는 오일러 메쉬를 사용하여 해석한다.

Case A는 TNT를 Lagrangian 방법으로 해석을 한다.
Case B는 TNT를 Eulerian 방법으로 해석을 한다.

---

6) https://www.youtube.com/watch?v=ce2AkazrTks
7) https://www.youtube.com/watch?v=ce2AkazrTks

2) 구조해석

Case A. TNT Reference Frame : Lagrangian

(1) 해석 모델을 불러들이거나 모델링을 수행한다. (Geometry)

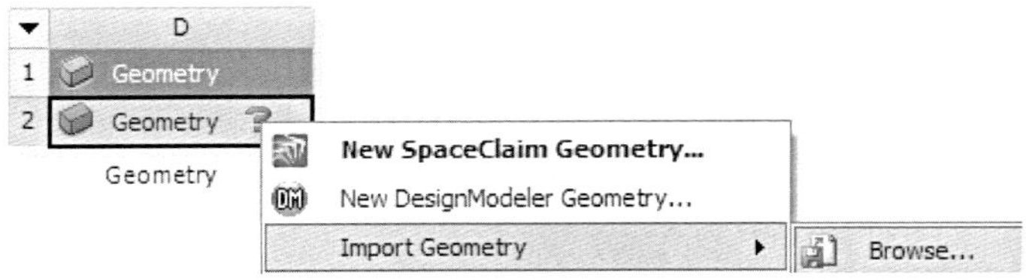

① 본 문제에 대한 모델(Barrel)을 가져온다.

② SpaceClaim에서 아래와 같이 Copper, TNT, Case를 모델링한다. 절단면을 보면 다음과 같다.

(2) 재료의 물성을 정의한다. (Engineering Data)

① Engineering Data를 불러온다.

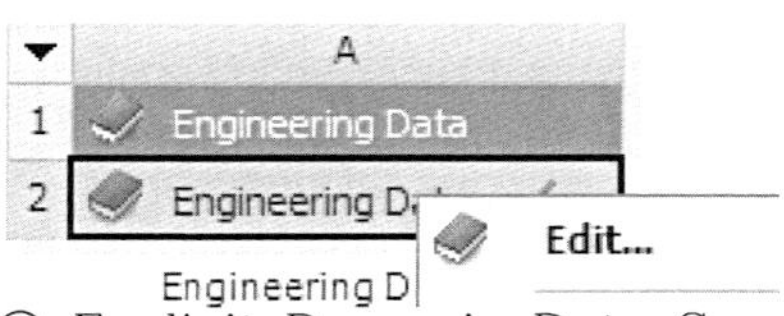

② Explicit Dynamic Data Source에서 TNT를 가져온다.

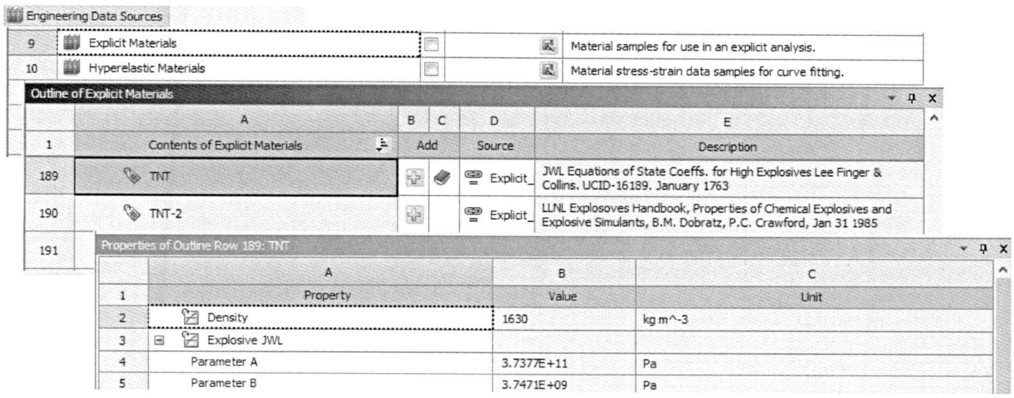

TNT의 +를 클릭하여 북 마크를 활성화한다.

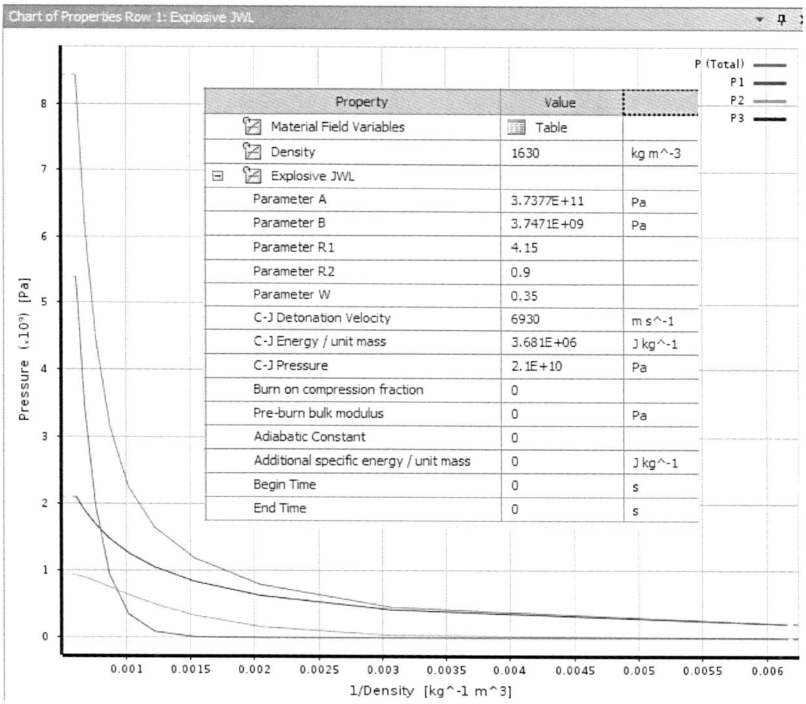

③ Explicit Material에서 STEEL 4340을 불러온다.

Plastic Strain Failure를 추가하고 Maximum Equivalent Plastic Strain EPS를 0.25로 설정한다.

	A	B	
1	Property	Value	
2	Material Field Variables	Table	
3	Density	7830	kg m^-3
4	Specific Heat, C_p	477	J kg^-1 C^-1
5	Johnson Cook Strength		
6	Strain Rate Correction	First-Order	
7	Initial Yield Stress	7.92E+08	Pa
8	Hardening Constant	5.1E+08	Pa
9	Hardening Exponent	0.26	
10	Strain Rate Constant	0.014	
11	Thermal Softening Exponent	1.03	
12	Melting Temperature	1519.9	C
13	Reference Strain Rate (/sec)	1	
14	Bulk Modulus	1.59E+11	Pa
15	Shear Modulus	8.18E+10	Pa
16	Plastic Strain Failure		
17	Maximum Equivalent Plastic Strain EPS	0.25	

(3) 해석 시스템을 생성한다.(Static structural)

① Project Schematic에 Explicit Dynamic을 시스템 추가한다.

② Engineering Data와 Geometers를 연결하고 Project 이름을 변경한다.

③ Mechanical 창에서 Units menu를 클릭하고 단위를 설정한다.

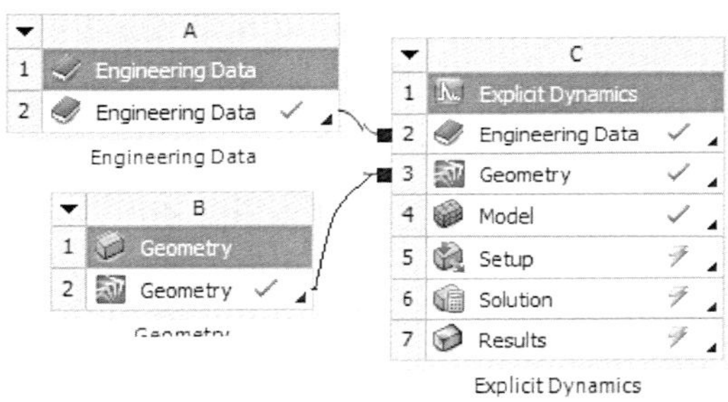

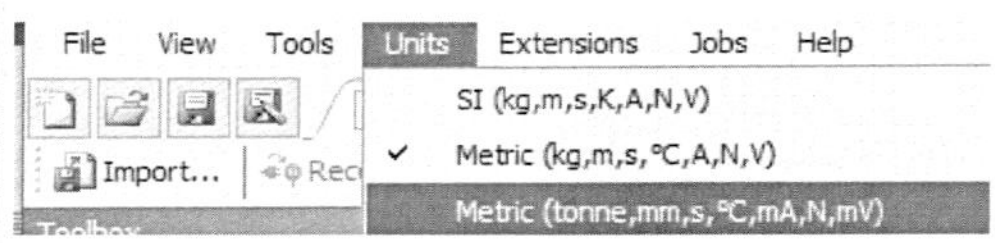

(4) 해석 모델의 환경을 설정한다. (Model)

① Project Schematic에서 Model을 더블클릭하여 Mechanical 창 활성화한다.

② Outline화면에서 Model > Geometry > TNT를 선택하고 물성을 설정한다.

TNT에는 물성을 TNT로 설정한다.

Reference Frame은 Lagrangian으로 설정한다.

TNT의 질량은 0.1634kg이다.

(5) 좌표계 설정 (Coordinate Systems)

- Global Coordinate System을 클릭하여 원점 좌표가 어디인지 확인한다.

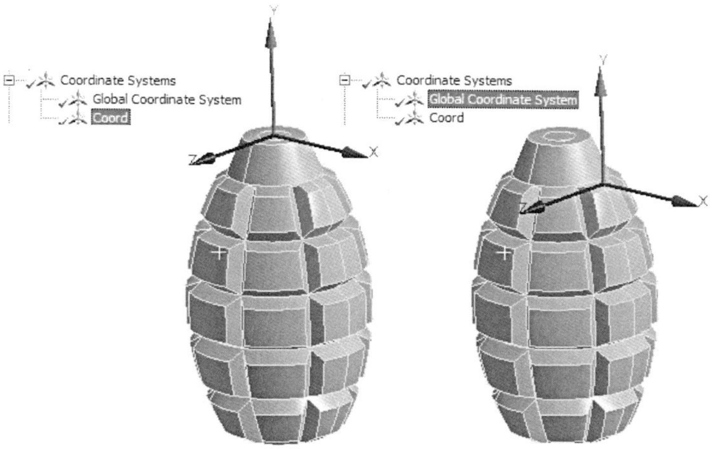

(6) 연결 관계 정의(Connections)

① 연결의 정의를 아래와 같이 한다.

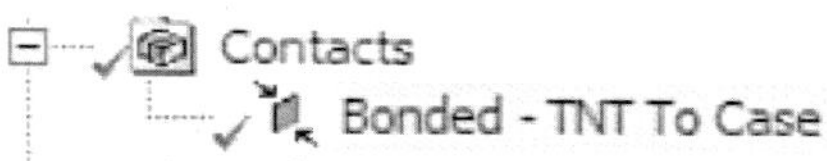

(7) 격자 모델 생성 (Mesh)

① Outline화면에서 Model > Mesh 를 선택한다.

② Outline화면에서 Model > Mesh 를 선택하고 RMB > Update 실행한다.

③ Graphic화면에서 모델에 메시가 생성된 것을 확인할 수 있다.
메쉬 사이즈는 기본 설정으로 한다.

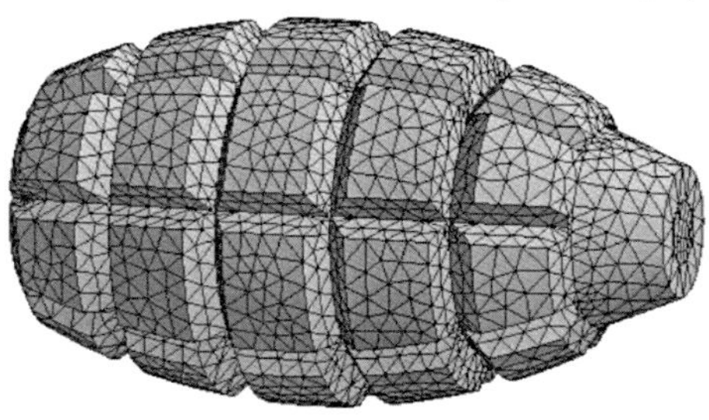

(8) 해석 설정 정의(Analysis Settings)

① End Time을 0.001로 설정한다.
② Euler Domain Control을 Manual로 선택하고 Coordinate와 Dimension을 설정한다.
③ Output Controls를 Equally Spaced Points로 설정하고 Number를 200으로 설정한다.
④ Detonation Point를 설정한다.

(9) 초기 조건 정의 : 고려하지 않는다.

(10) 구속조건 정의

ⓐ 고정 지점 설정

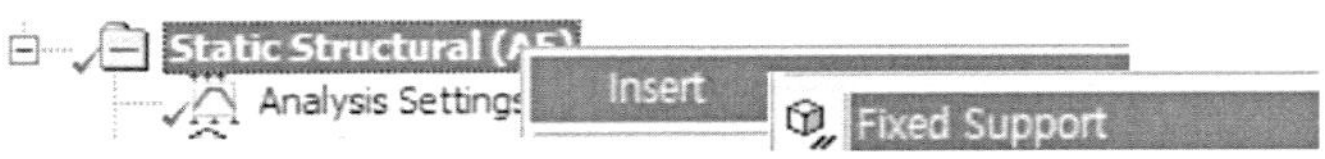

① Outline화면에서 Static structure > RMB > Insert > Fixed Support 선택.

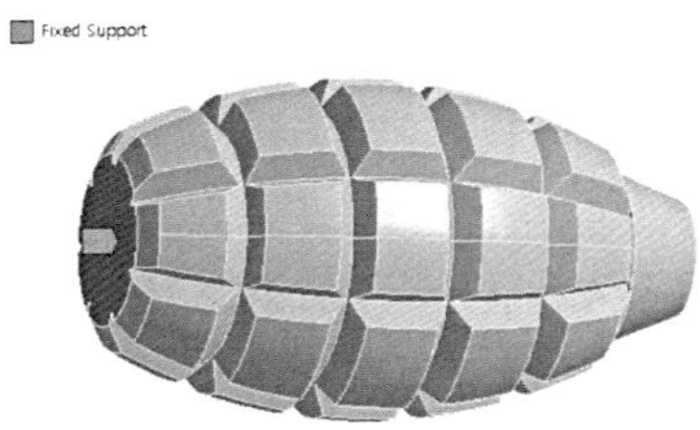

(11) Detonation 설정
① TNT 중심에 설정한다.

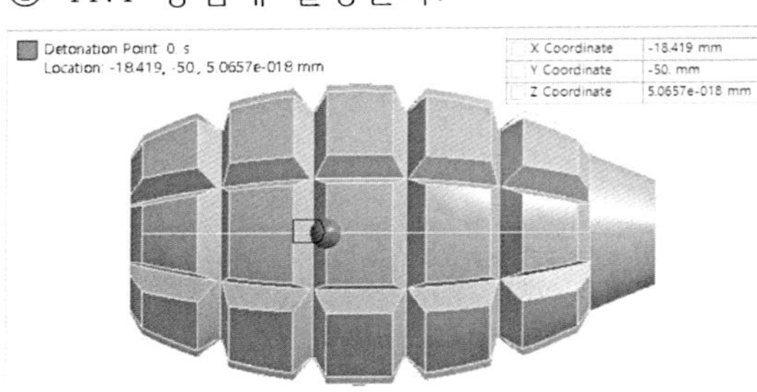

② Detonation을 설정할 때 TNT의 평면을 선택하여 1차 Detonation을 설정하고, 좌표를 확인한 후 Z축 좌표를 수정하여 Detonation 위치를 확정한다.

(12) 해석 결과 설정

① Deformation(변형) 결과 세팅

a. Outline화면에서 Solution >RMB >Insert >Deformation >Directional 항목 선택

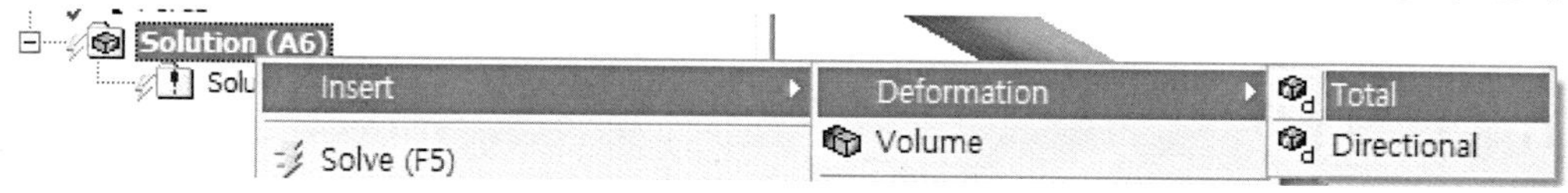

(13) 해석 수행

① Tool bar에서 Solve를 클릭하거나, Solution > RMB > Solve 를 클릭한다.

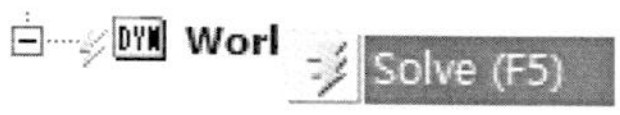

Cycle: 27491,Time: 1.502E-04s, Time Inc.: 1.131E-10s, Progress:15.02%, Est. Clock Time : 28.5 hrs

SIMULATION ELAPSED TIME SUMMARY

EXECUTION FROM CYCLE 1 TO 27491

ELAPSED RUN TIME IN SOLVER = 3.01828E+02 Minutes

TOTAL ELAPSED RUN TIME = 3.02084E+02 Minutes

JOB RAN OVER 8 SLAVES

JOB RAN USING IBM MPI

JOB RAN USING DECOMPOSITION AUTO

Problem terminated .... time step too small

---

(14) 해석 결과 확인

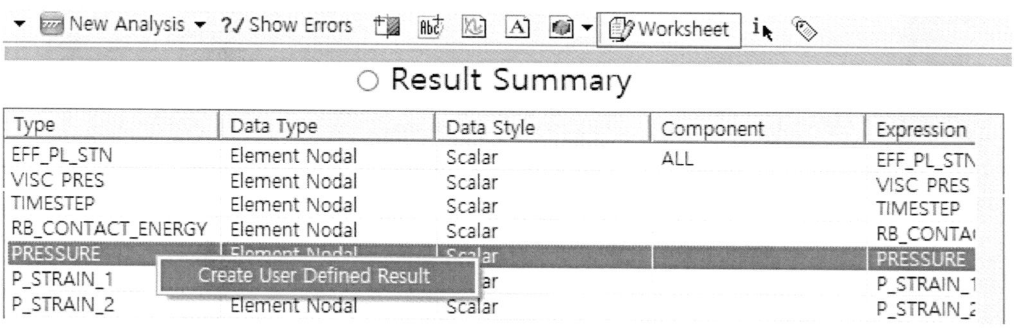

Solution > Worksheet > Result Summary > PRESSURE를 선택하여 Create User Defined Result를 설정한다.

같은 방법으로 Total Velocity도 설정한다.

① Total Deformation을 확인한다.

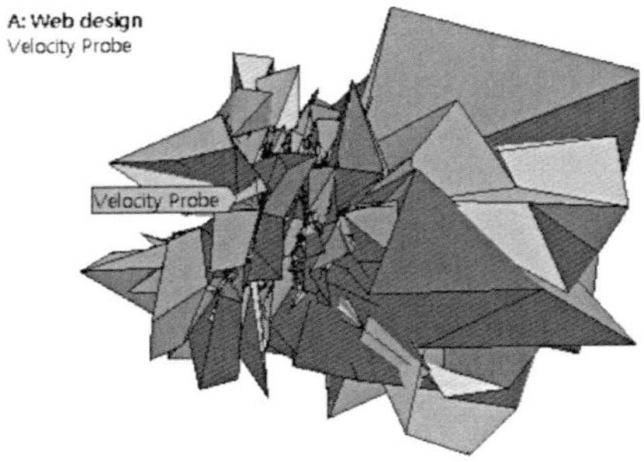

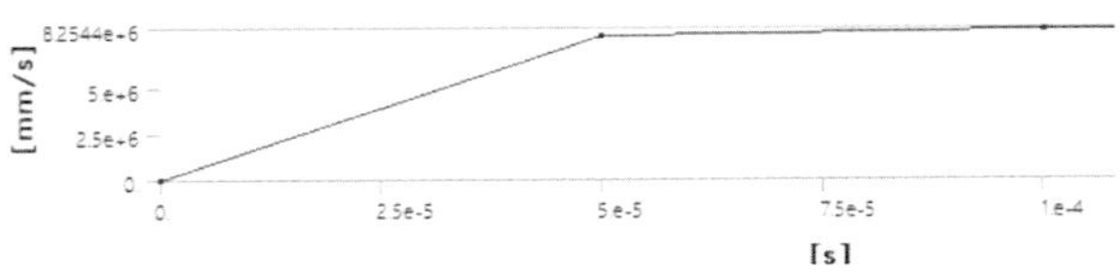

② Total Velocity를 검토한다.

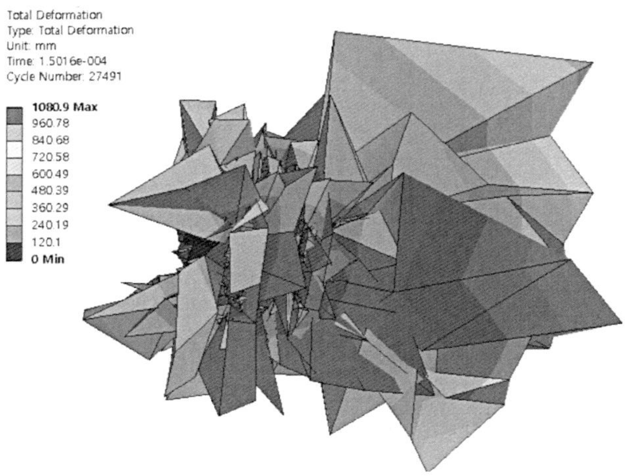

③ Pressure 검토한다.

Case B. TNT Reference Frame : Eulerian (Virtual)

Case A에서 변경된 부분만 기술한다.

(4) 해석 모델의 환경을 설정한다. (Model)

② Outline화면에서 Model > Geometry > TNT를 선택하고 물성을 설정한다.
TNT에는 물성을 TNT로 설정한다.
Reference Frame은 Eulerian으로 설정한다.

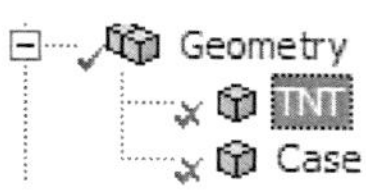

Details of "TNT"	
Graphics Properties	
Definition	
Suppressed	No
Stiffness Behavior	Flexible
Coordinate System	Default Coordinate System
Reference Temperature	By Environment
Reference Frame	Eulerian (Virtual)
Material	
Assignment	TNT

(6) 연결 관계 정의(Connections)

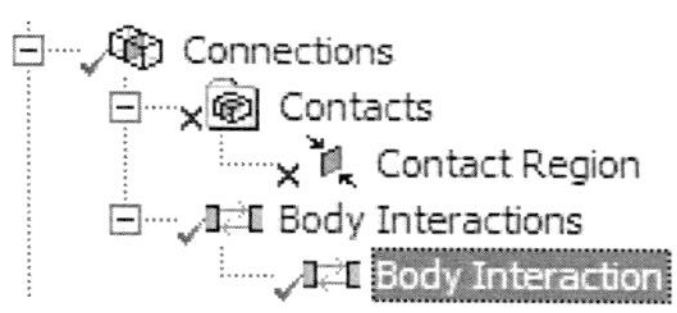

(8) 해석 설정 정의(Analysis Settings)

Euler Domain Controls	
Domain Size Definition	Manual
Display Euler Domain	No
Minimum X Coordinate	-150. mm
Minimum Y Coordinate	-150. mm
Minimum Z Coordinate	-150. mm
X Dimension	300. mm
Y Dimension	300. mm
Z Dimension	300. mm
Domain Resolution Definition	Total Cells
Total Cells	2.5e+05
Lower X Face	Flow Out
Lower Y Face	Flow Out
Lower Z Face	Flow Out
Upper X Face	Flow Out
Upper Y Face	Flow Out
Upper Z Face	Flow Out
Euler Tracking	By Body

(14) 해석 결과 확인

① Total Deformation을 확인한다.

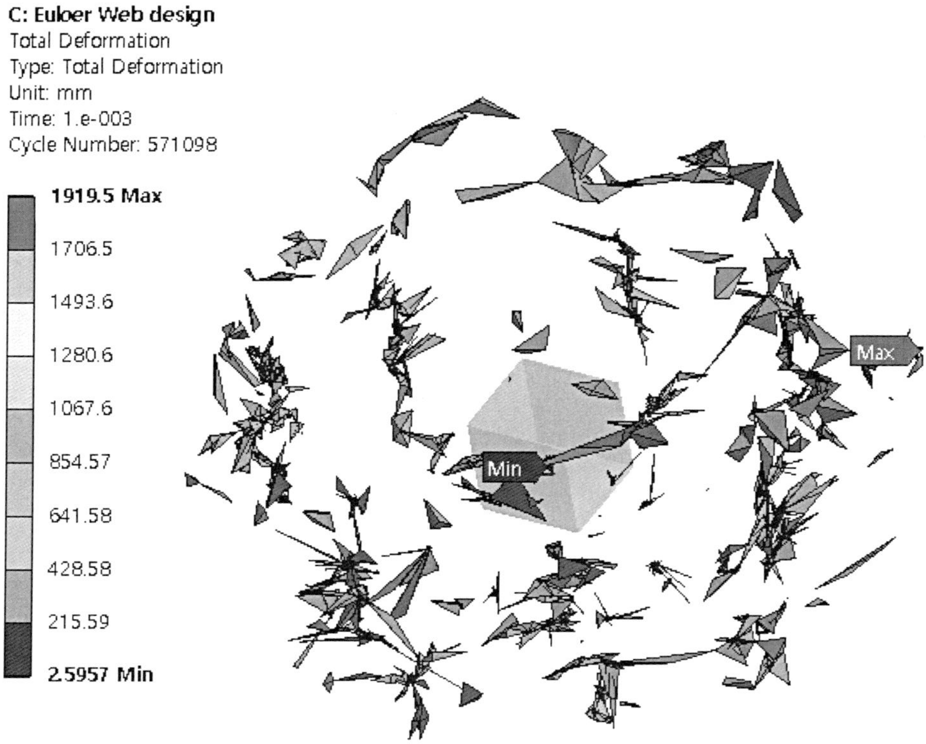

② Total Velocity를 검토한다.

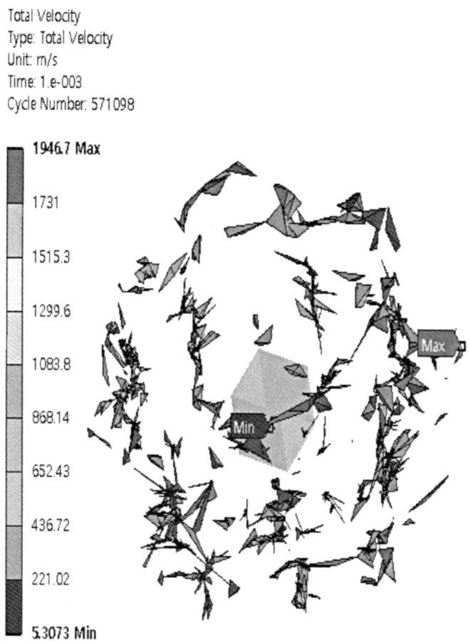
Total Velocity
Type: Total Velocity
Unit: m/s
Time: 1.e-003
Cycle Number: 571098
1946.7 Max
1731
1515.3
1299.6
1083.8
868.14
652.43
436.72
221.02
5.3073 Min
Max
Min

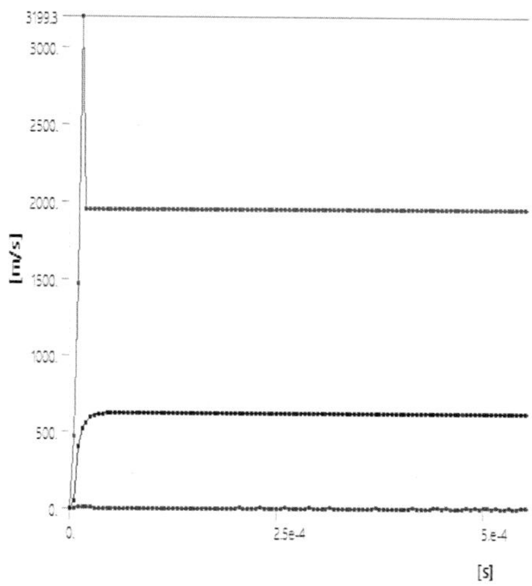
3199.3
3000.
2500.
2000.
1500.
1000.
500.
0.
[m/s]
0.
2.5e-4
5.e-4
[s]

③ Pressure 검토한다.

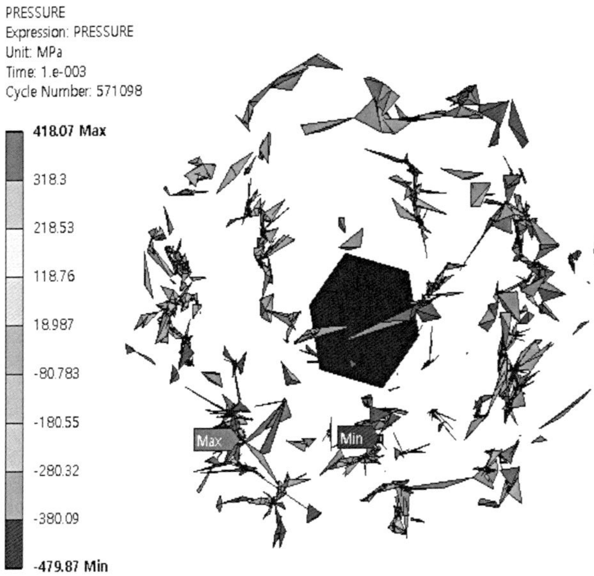

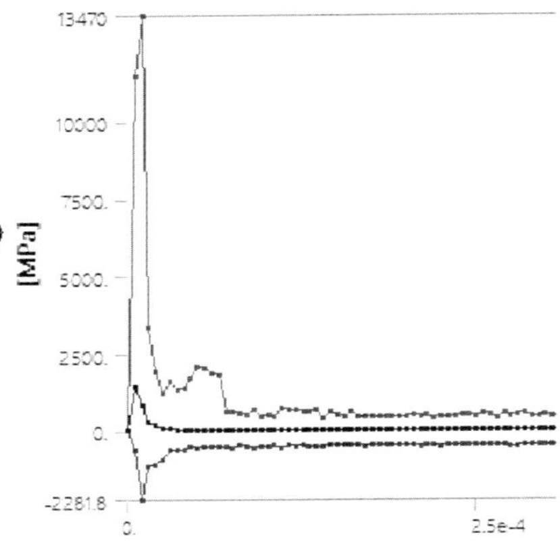

6. 원통 용기 안에서 C4 폭발 [8]

1) 구조 계획

C4가 내부 Case에서 폭발하는 현상을 시뮬레이션한다.

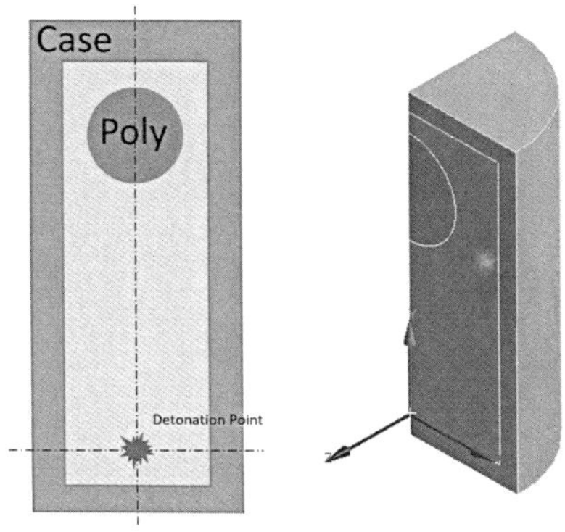

원형모델 해석모델

해석모델은 원형모델의 1/4만 해석하도록 모델을 절단하였으며, 구조해석에서 대칭 조건을 설정한다.

C4(Composition 4)[9]는 군용 플라스틱 폭약이다. C4는 TNT 보다 약 1.34배 강하며, 이 폭약은 또한 베트남전쟁에서도 사용되었다. 한편으로 안정성이 매우 뛰어나 기폭장치(신관)없이 절대 폭발하지 않는다. 심지어 연료로도 사용이 가능하다. 하지만 연소 시 위험한 유독물질이 다량 방출되어 절대 연소시키면 안된다. 또한 가소제라는게 섞여 있어서 형태 변이가 용이하며, 여기에다가 유지나 왁스를 섞어서 원하는 모양을 만들어 낼 수 있다. C4는 composition 4의 약자로 다양한 변형된 폭탄의 종류로 사용될 수 있다. 91%의 RDX로 이루어져 있으며 점토와 비슷한 외형과 형태를 가지고 있기 때문에 여러 가지 변형된 모습으로 활용될 수 있다.

8) https://www.youtube.com/watch?v=n0bQh17NAO4&t=677s
9) https://ko.wikipedia.org/wiki/C-4_(%ED%8F%AD%EC%95%BD)

2) 구조해석

(1) 해석모델을 불러들이거나 모델링을 수행한다. (Geometry)

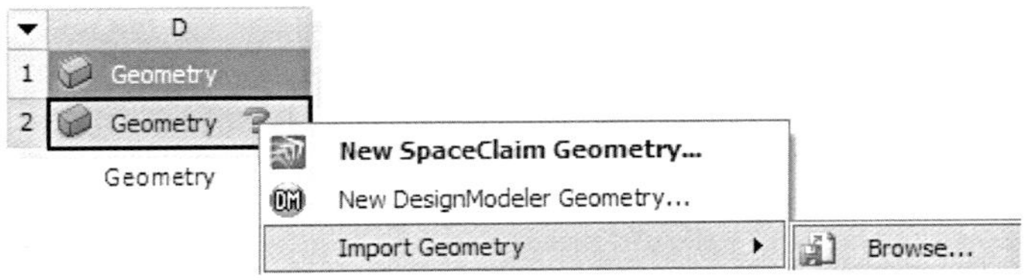

① 본 문제에 대한 모델을 가져온다.

(2) 재료의 물성을 정의한다. (Engineering Data)

① Engineering Data를 불러온다.

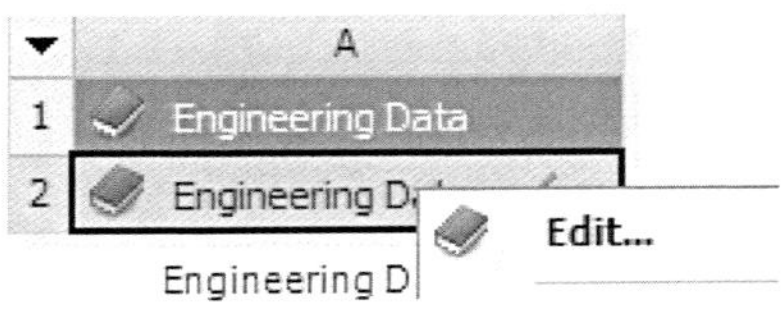

② Explicit Dynamic Data Source에서 C4를 가져온다.

Properties of Outline Row 3: C4

	A	B	
1	Property	Value	
2	Material Field Variables	Tabl	
3	Density	1601	kg m^-3
4	Explosive JWL		
5	Parameter A	6.0977E	Pa
6	Parameter B	1.295E+	Pa
7	Parameter R1	4.5	
8	Parameter R2	1.4	
9	Parameter W	0.25	
10	C-J Detonation Velocity	8193	m s^-1
11	C-J Energy / unit mass	5.621E+	J kg^-1
12	C-J Pressure	2.8E+10	Pa
13	Burn on compression fraction	0	
14	Pre-burn bulk modulus	0	Pa
15	Adiabatic Constant	0	
16	Additional specific energy / unit mass	0	J kg^-1
17	Begin Time	0	s
18	End Time	0	s

③ General Non-linear Material에서 POLYETHYL를 가져온다.
General Non-Liner Material에서 Copper Alloy NL을 불러온다.
Plastic Strain Failure를 추가하고 Maximum Equivalent Plastic Strain EPS를 설정한다.

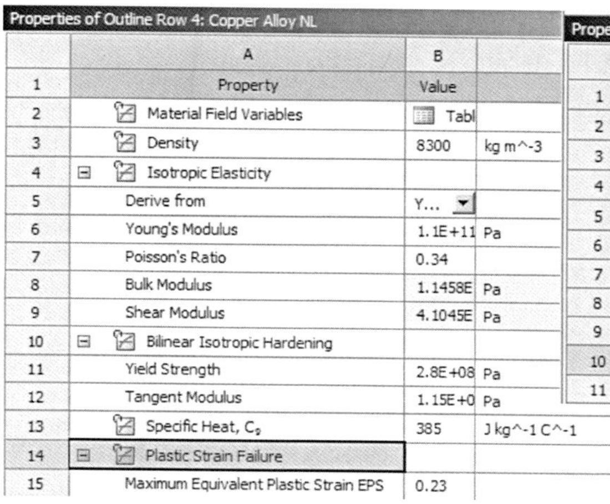

Properties of Outline Row 4: Copper Alloy NL

	A	B	
1	Property	Value	
2	Material Field Variables	Tabl	
3	Density	8300	kg m^-3
4	Isotropic Elasticity		
5	Derive from	Y...	
6	Young's Modulus	1.1E+11	Pa
7	Poisson's Ratio	0.34	
8	Bulk Modulus	1.1458E	Pa
9	Shear Modulus	4.1045E	Pa
10	Bilinear Isotropic Hardening		
11	Yield Strength	2.8E+08	Pa
12	Tangent Modulus	1.15E+0	Pa
13	Specific Heat, C_p	385	J kg^-1 C^-1
14	Plastic Strain Failure		
15	Maximum Equivalent Plastic Strain EPS	0.23	

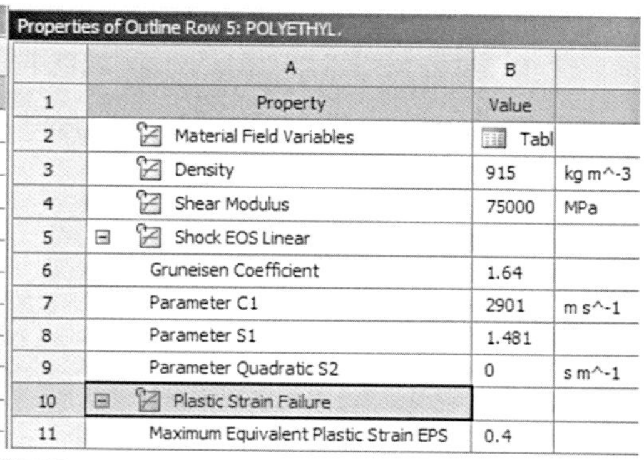

Properties of Outline Row 5: POLYETHYL.

	A	B	
1	Property	Value	
2	Material Field Variables	Tabl	
3	Density	915	kg m^-3
4	Shear Modulus	75000	MPa
5	Shock EOS Linear		
6	Gruneisen Coefficient	1.64	
7	Parameter C1	2901	m s^-1
8	Parameter S1	1.481	
9	Parameter Quadratic S2	0	s m^-1
10	Plastic Strain Failure		
11	Maximum Equivalent Plastic Strain EPS	0.4	

(3) 해석 시스템을 생성한다.(Static structural)

① Project Schematic에 Explicit Dynamic을 시스템 추가한다.

② Engineering Data와 Geometers를 연결하고 Project 이름을 변경한다.

③ Mechanical 창에서 Units menu를 클릭하고 단위를 설정한다.

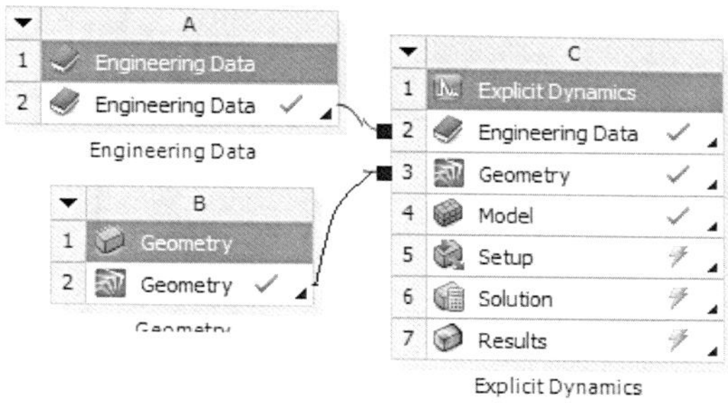

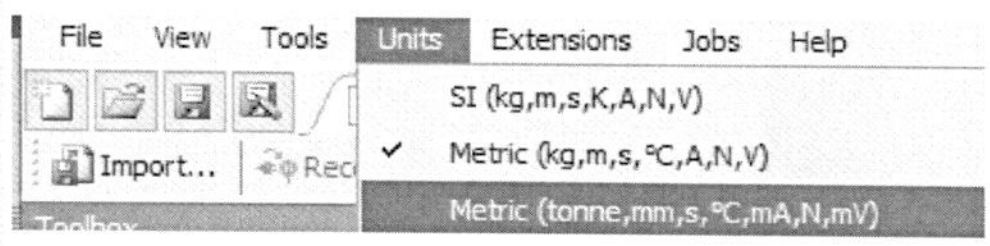

(4) 해석 모델의 환경을 설정한다. (Model)

① Project Schematic에서 Model을 더블클릭하여 Mechanical 창 활성화한다.

② Outline화면에서 Model > Geometry > Solid를 선택하고 물성을 설정한다. C4에는 물성을 C4로 설정한다. Reference Frame은 Eulerian으로 설정한다. Poly 재질은 POLYETHYL로 설정하고, Case 재질은 Copper Alloy NL로 설정한다.

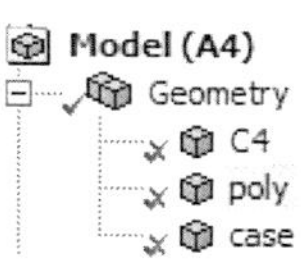

(5) 좌표계 설정 (Coordinate Systems)

- Global Coordinate System을 클릭하여 원점 좌표가 어디인지 확인한다.

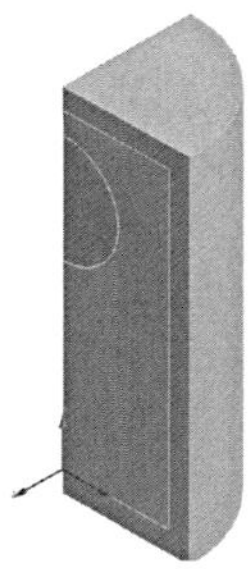

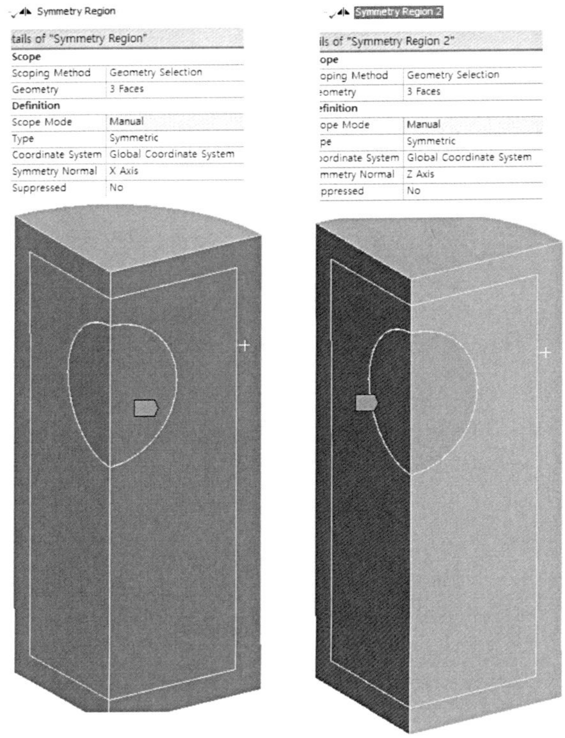

(6) 연결 관계 정의(Connections)

① 연결은 모두 삭제한다.

② 대칭조건을 설정한다.

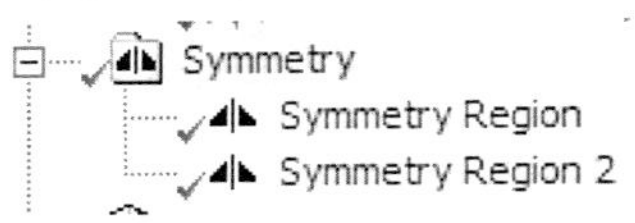

(7) 격자 모델 생성 (Mesh)

① Outline화면에서 Model > Mesh 를 선택한다.

② Outline화면에서 Model > Mesh 를 선택하고 RMB > Update 실행한다.

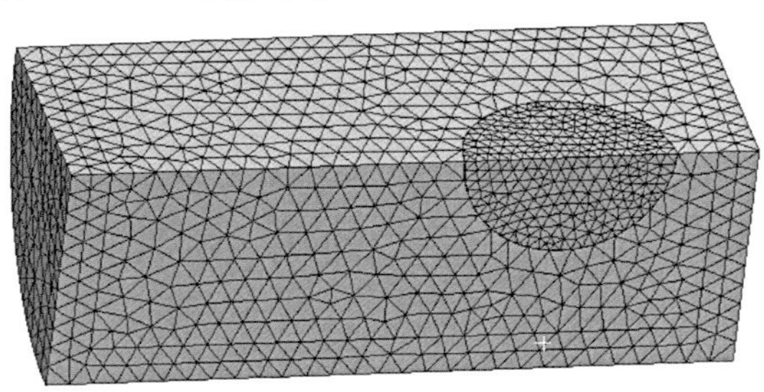

(8) 해석 설정 정의(Analysis Settings)

Analysis Settings Preference	
Type	Program Controlled
Step Controls	
Number Of Steps	1
Current Step Number	1
End Time	1.e-003
Resume From Cycle	0
Maximum Number of Cycles	1e+07
Maximum Energy Error	0.1
Reference Energy Cycle	0
Initial Time Step	Program Controlled
Minimum Time Step	Program Controlled
Maximum Time Step	Program Controlled
Time Step Safety Factor	0.9
Characteristic Dimension	Diagonals
Automatic Mass Scaling	No

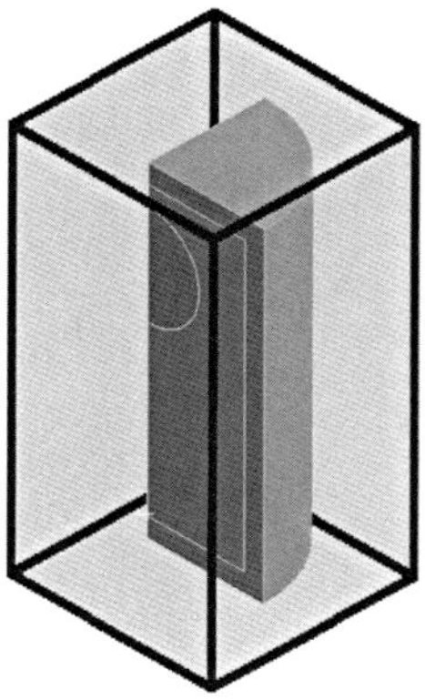

① End Time을 0.003로 설정한다.

② Euler Domain Control을 Manual로 선택하고 Coordinate와 Dimension을 설정한다.

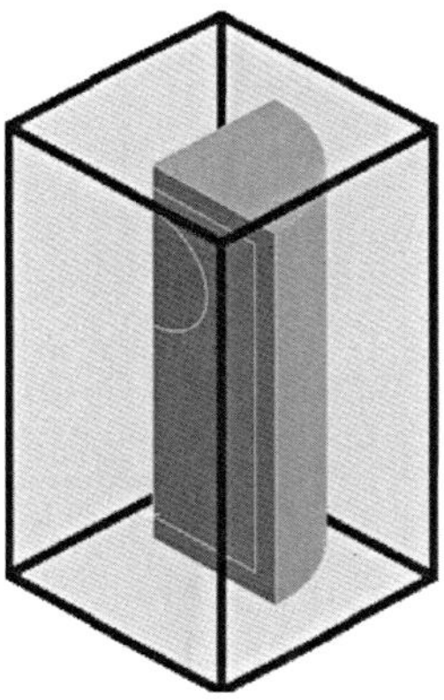

Euler Domain Controls	
Domain Size Definition	Manual
Display Euler Domain	Yes
Minimum X Coordinate	0. mm
Minimum Y Coordinate	0. mm
Minimum Z Coordinate	0. mm
X Dimension	100. mm
Y Dimension	200. mm
Z Dimension	100. mm
Domain Resolution Definition	Total Cells
Total Cells	2.5e+05
Lower X Face	[illegible]
Lower Y Face	[illegible]
Lower Z Face	Flow Out
Upper X Face	Flow Out
Upper Y Face	Flow Out
Upper Z Face	Flow Out
Euler Tracking	By Body

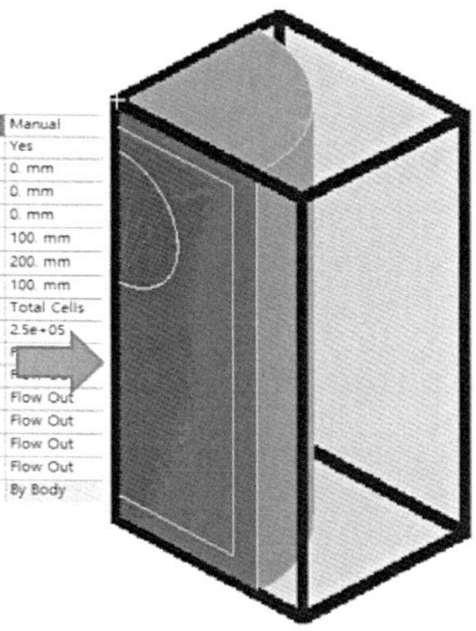

Euler Domain Controls	
Domain Size Definition	Manual
Display Euler Domain	Yes
Minimum X Coordinate	0. mm
Minimum Y Coordinate	-10. mm
Minimum Z Coordinate	-70. mm
X Dimension	80. mm
Y Dimension	170. mm
Z Dimension	70. mm
Domain Resolution Definition	Total Cells
Total Cells	75000
Lower X Face	Rigid
Lower Y Face	Flow Out
Lower Z Face	Flow Out
Upper X Face	Flow Out
Upper Y Face	Flow Out
Upper Z Face	Rigid
Euler Tracking	By Body

좌표 설정 시 Vortex location을 사용하여 자표 값들을 파악하면 설정에 편리하다.

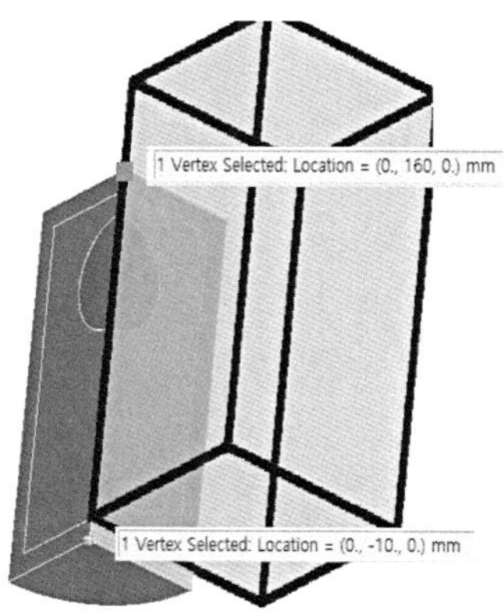

③ Output Controls를 Equally Spaced Points로 설정하고 Number를 200으로 설정한다.

Solver Controls	
Solve Units	mm, mg, ms
Beam Solution Type	Bending
Beam Time Step Safety Factor	0.5
Hex Integration Type	Exact
Shell Sublayers	3
Shell Shear Correction Factor	0.8333
Shell BWC Warp Correction	Yes
Shell Thickness Update	Nodal
Tet Integration	Average Nodal Pressure
Shell Inertia Update	Recompute
Density Update	Program Controlled
Minimum Velocity	1.e-003 mm s^-1
Maximum Velocity	16000. mm s^-1
Radius Cutoff	1.e-003
Minimum Strain Rate Cutoff	1.e-010

Output Controls	
Save Results on	Equally Spaced Points
Result Number Of Points	200
Save Restart Files on	Equally Spaced Points
Restart Number Of Points	5
Save Result Tracker Data on	Cycles
Tracker Cycles	1
Output Contact Forces	Off

(9) 초기 조건 정의 : 고려하지 않는다.

(10) 구속조건 정의

ⓐ 고정 지점 설정

① Outline화면에서 Static structure > RMB > Insert > Fixed Support 선택.

(11) Detonation 설정

① TNT 중심에 설정한다.

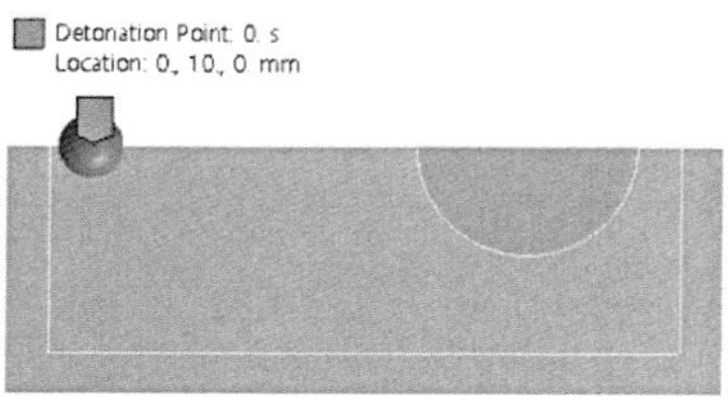

② Detonation을 설정할 때 C4의 평면을 선택하여 1차 Detonation을 설정하고, 좌표를 확인한 위치를 수정하여 Detonation 위치를 확정한다.

(12) 해석 결과 설정

① Deformation(변형) 결과 세팅

a. Outline화면에서 Solution >RMB >Insert >Deformation >Directional 항목 선택

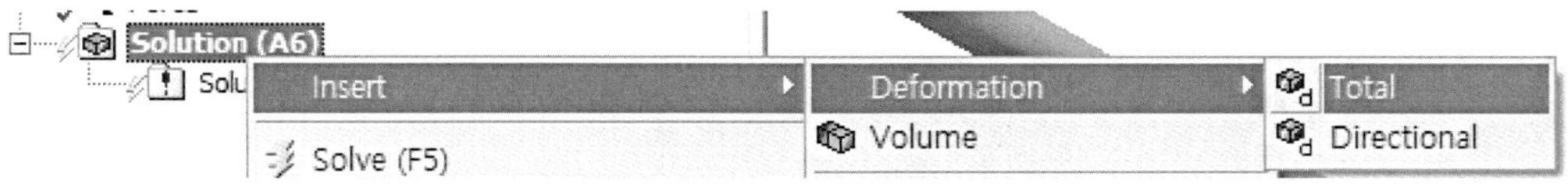

(13) 해석 수행

① Tool bar에서 Solve를 클릭하거나, Solution > RMB > Solve 를 클릭한다.

```
*--------------------------------------------------------------------*
Cycle: 3671, Time:  7.254E-05s, Time Inc.: 1.477E-09s, Progress:  72.54%,
Est. Clock Time Remaining: 24.9 mins
Wrapup timestep controlled by unstructured element: 1861 DT= 1.2183E-06
Cycle:3672, Time:  7.255E-05s, Time Inc.: 1.218E-09s, Progress:  72.55%,
Est. Clock Time Remaining: 24.9 mins
SIMULATION ELAPSED TIME SUMMARY
EXECUTION FROM CYCLE         1 TO      3672
ELAPSED RUN TIME IN SOLVER =       6.42130E+01 Minutes
TOTAL ELAPSED RUN TIME      =       6.61493E+01 Minutes
Problem terminated .... time step too small
*--------------------------------------------------------------------*
```

(14) 해석 결과 확인

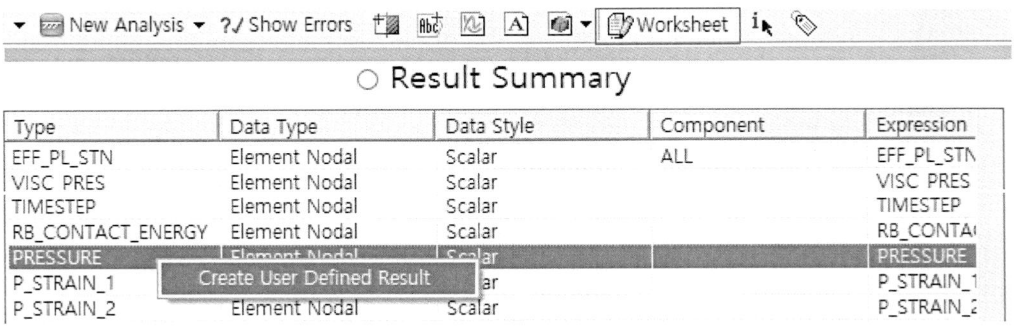

Solution > Worksheet > Result Summary > PRESSURE를 선택하여 Create User Defined Result를 설정한다.

같은 방법으로 Total Velocity도 설정한다.

① Total Deformation을 확인한다.

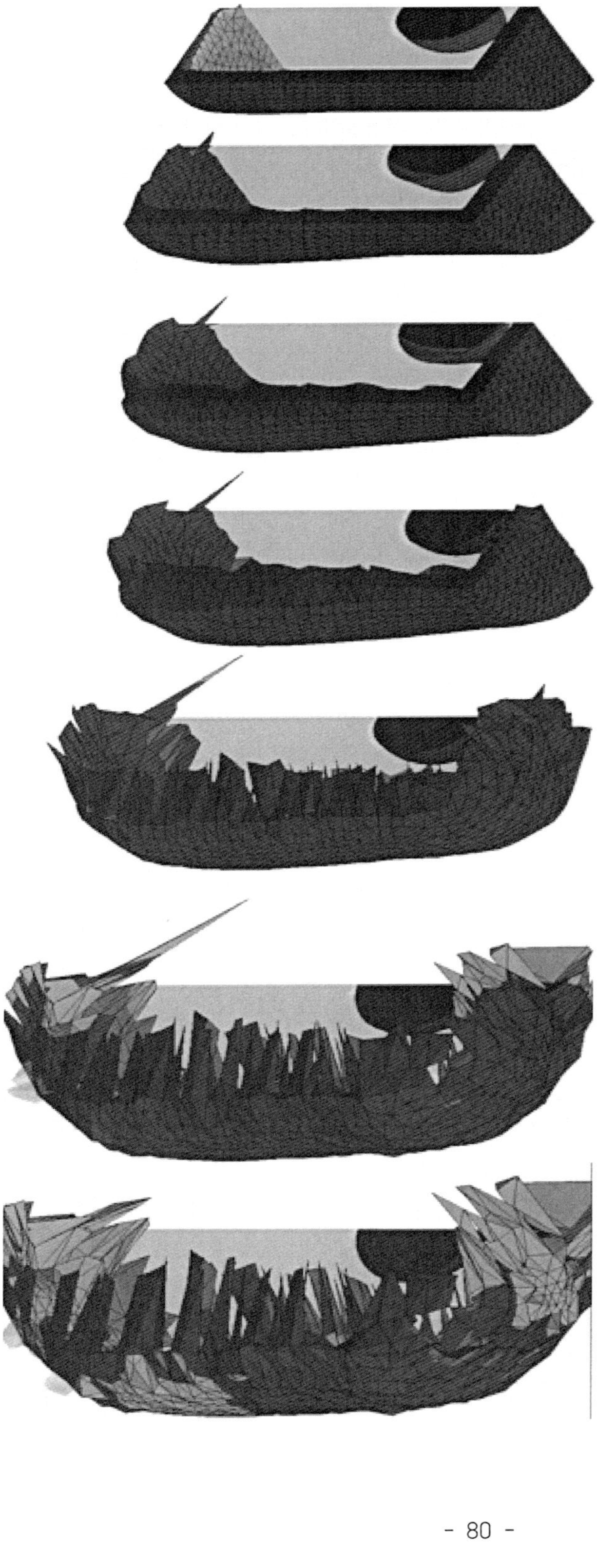

② Equivalent Stress를 확인한다.

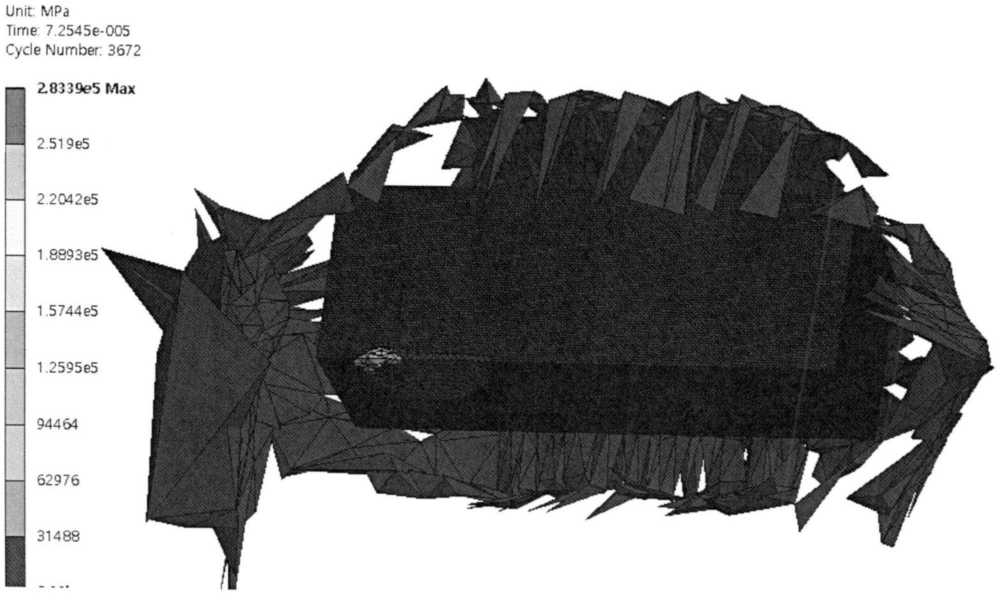

③ Pressure를 검토한다.

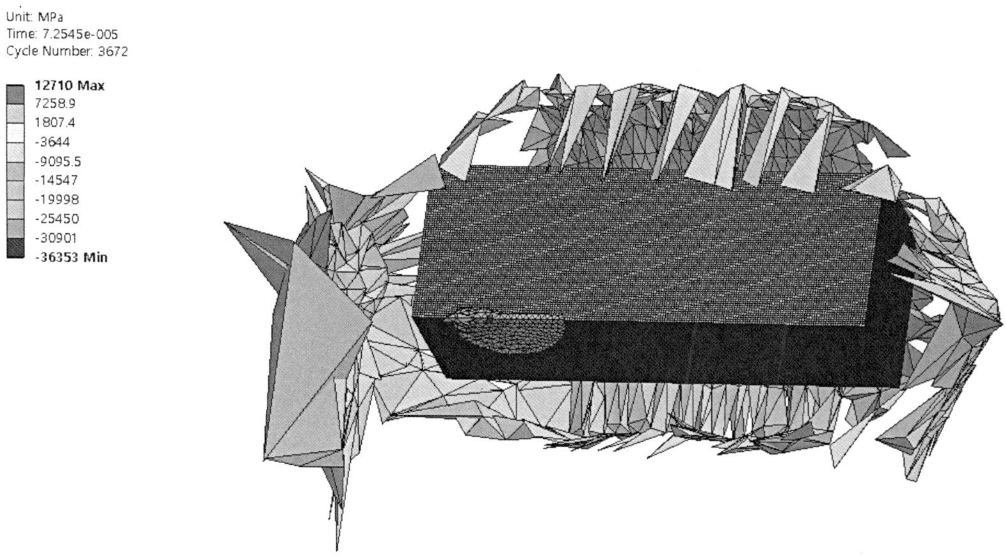

(15) AUTODYN의 Post Process 사용하기

① 해석파일 있는 위치를 확인한다.

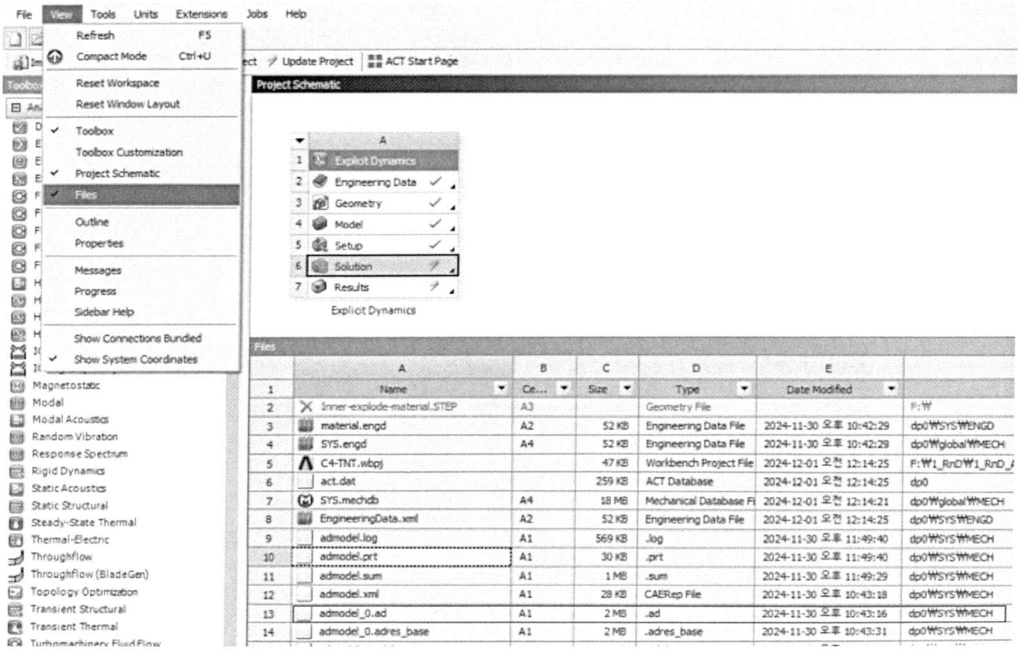

② AUTODYN에서 해석한 파일을 읽어온다.

Autodyn을 실행하여 활성화하고, File 파일 불러오기에서admodel_0.ad를 가져온다.

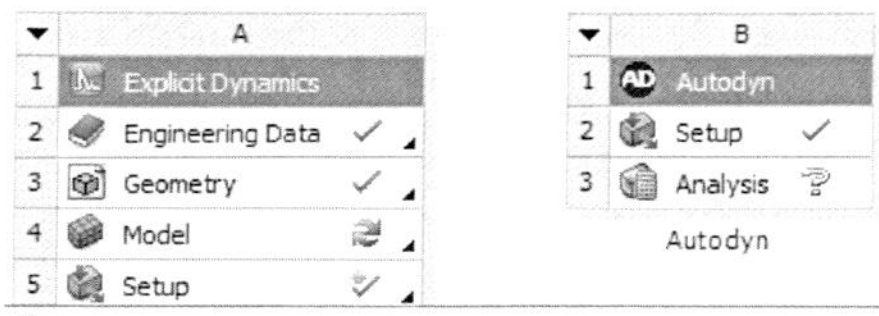

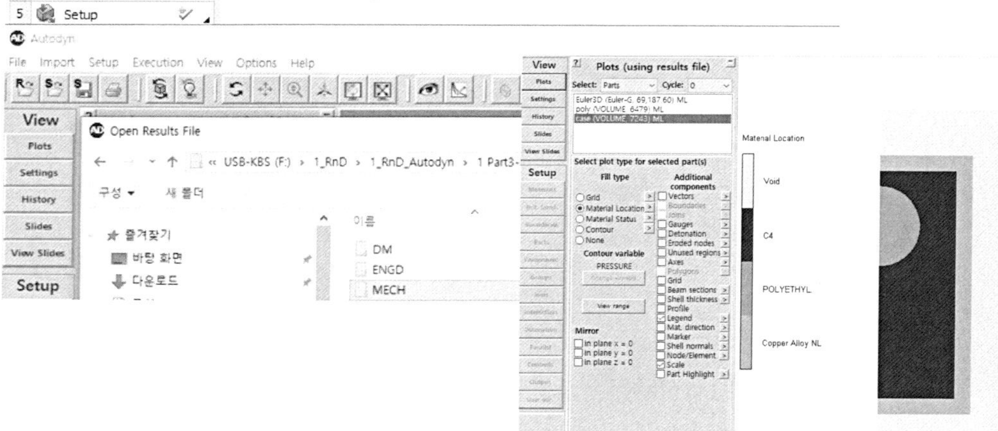

③ Generate multiple slides를 활성화하여 동영상을 만든다.

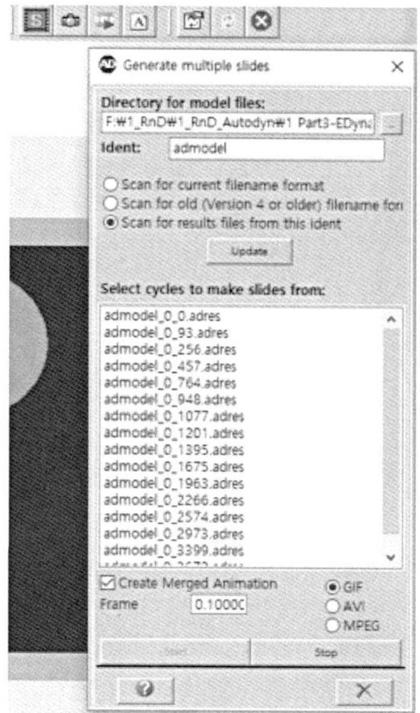

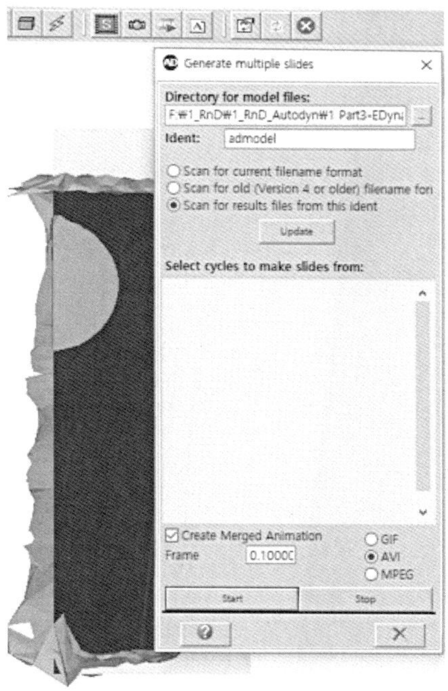

7. 슬라이드 방폭문 전면 강판 200kg TNT폭발

1) 구조 계획

TNT 폭발해석을 Explicit Dynamic에서 수행한다.

TNT가 놓인 방폭문은 2625x4800x284mm의 크기로 모델링한다.

TNT는 콘크리트 골조에서 0.15m 전방에 설치된다

TNT의 밀도가 1630kg/m^3이다.

Case A. TNT를 Eulerian 모델로 구조해석을 한다.

TNT는 0.5x0.5x0.5m로 설계한다. TNT 무게는 203kg이다.

Case B. TNT를 Eulerian 모델로 TNT 100kg에 대하여 해석한다.

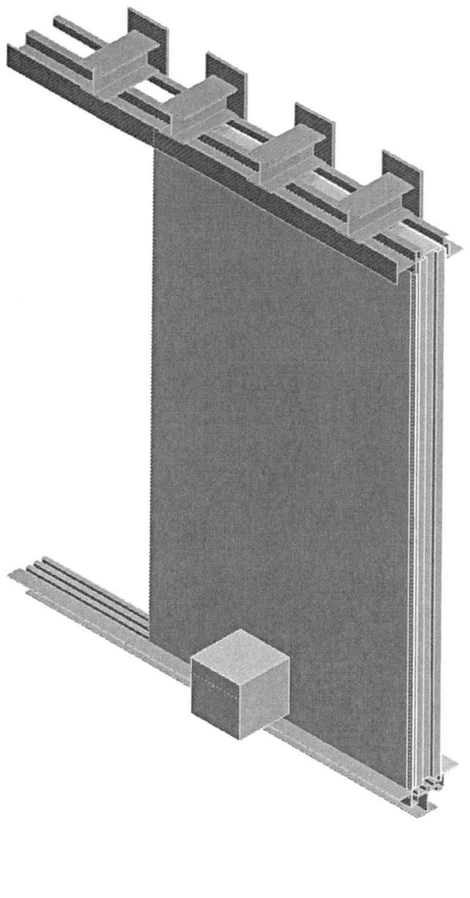

2) 구조해석

Case A. TNT Reference Frame : Eulerian **200kg TNT폭발**

(1) 해석 모델을 불러들이거나 모델링을 수행한다. (Geometry)

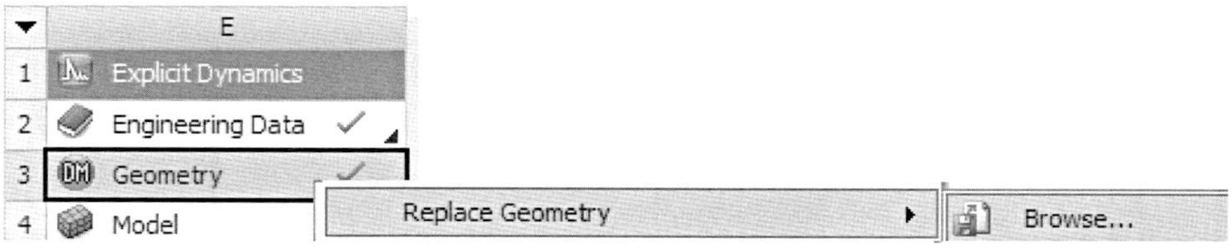

① Geometry에서 파일을 가져온다.

② 아래와 같이 모델을 생성한다.

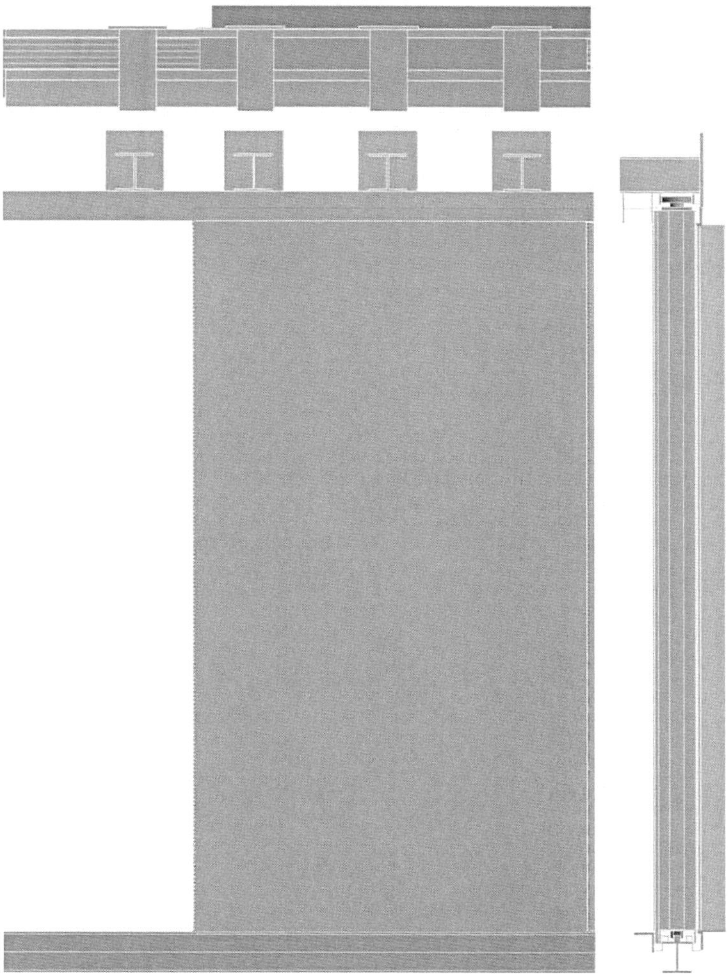

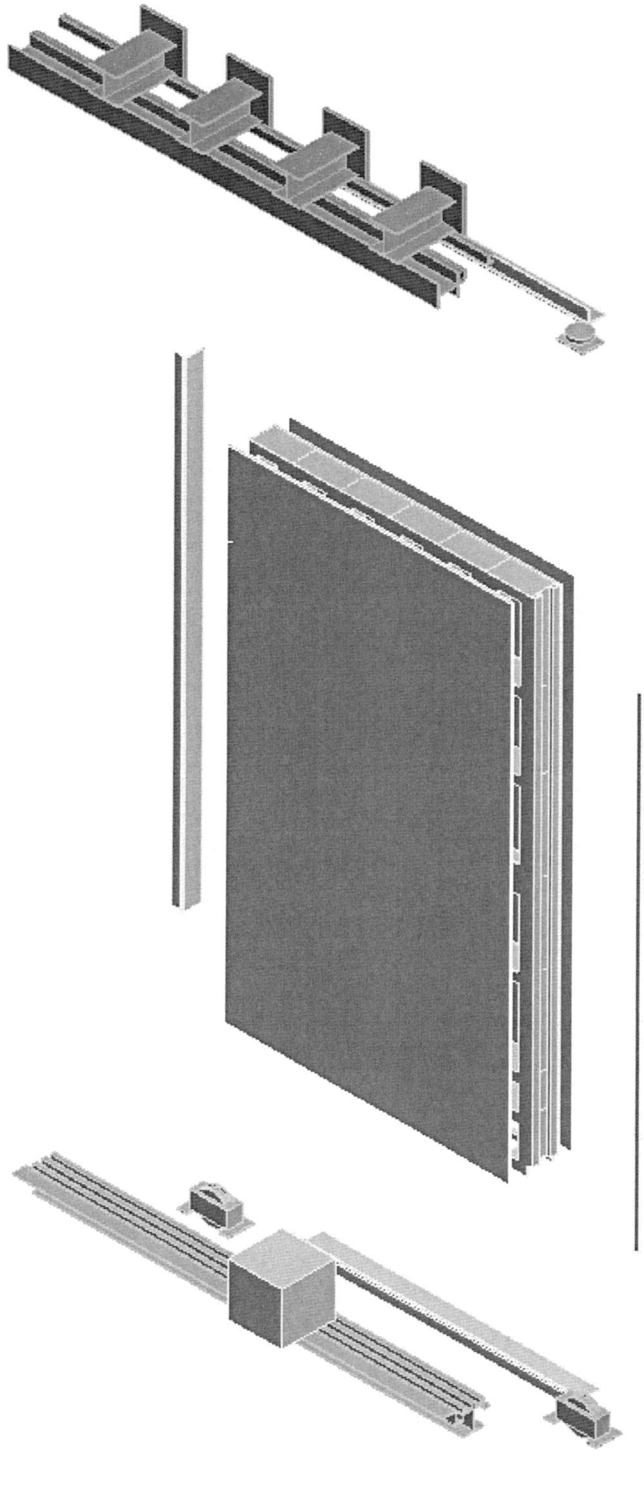

(2) 재료의 물성을 정의한다. (Engineering Data)

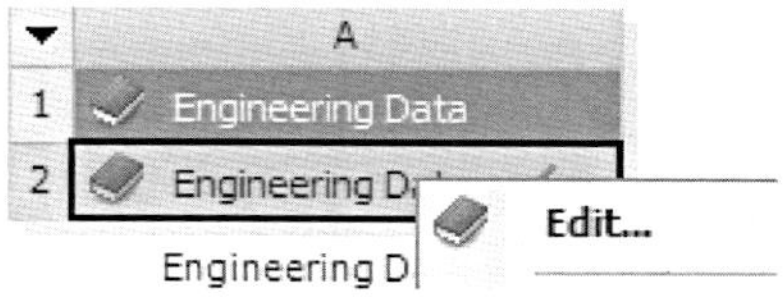

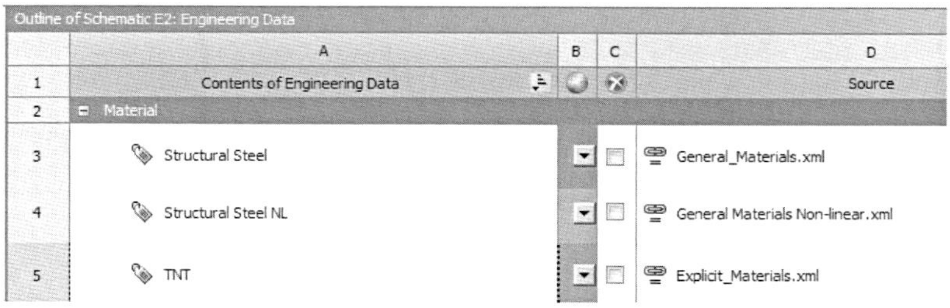
Outline of Schematic E2: Engineering Data

	A	B	C	D
1	Contents of Engineering Data			Source
2	Material			
3	Structural Steel			General_Materials.xml
4	Structural Steel NL			General Materials Non-linear.xml
5	TNT			Explicit_Materials.xml

① Engineering Data를 불러온다.
② Explicit Dynamic Data Source에서 TNT, General Nonlinear Material에서 Structural steel NL를 가져온다.

(3) 해석 시스템을 생성한다.
① Project Schematic에 Explicit Dynamic을 시스템 추가한다.
② Engineering Data와 Geometry를 연결하고 Project 이름을 변경한다.
③ Mechanical 창에서 Units menu를 클릭하고 단위를 설정한다.

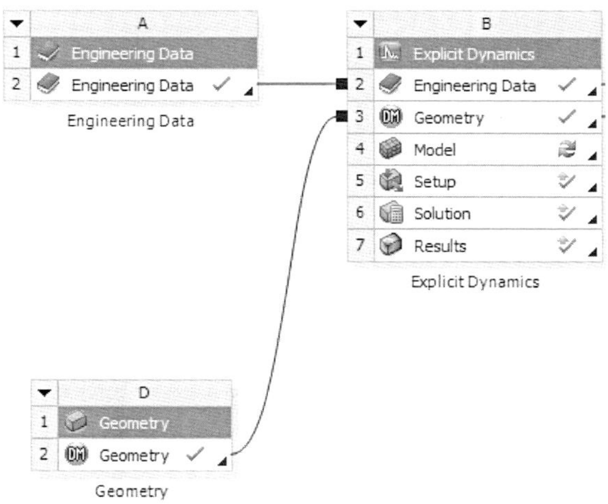

(4) 해석 모델의 환경을 설정한다. (Model)
① Project Schematic에서 Model을 더블클릭하여 Mechanical 창 활성화한다.

② Outline 화면에서 Model > Geometry > Solid를 선택하고 물성을 설정한다.
부품들의 이름을 아래와 같이 변경한다.

모든 구조물에는 Structural Steel NL을 설정한다.
TNT에는 TNT를 설정하고, Reference Frame은 Eulerian으로 설정한다.
TNT의 질량은 203.7kg이다.

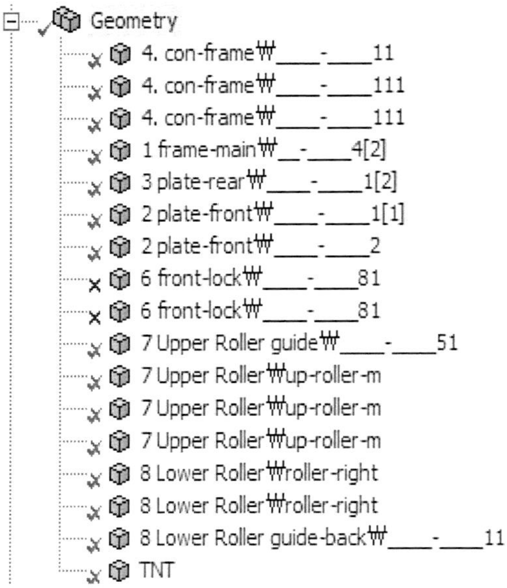

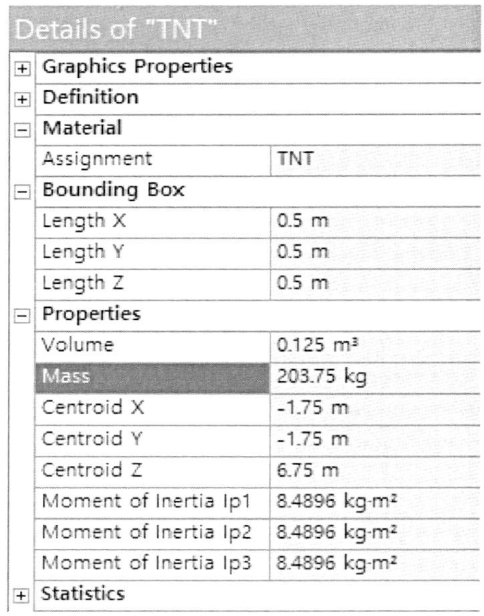

(5) 좌표계 설정 (Coordinate Systems) :
① 원점 좌표를 확인한다.

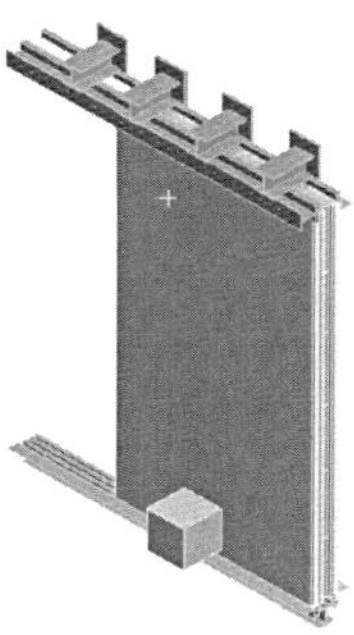

(6) 연결 관계 정의(Connections)
① 연결을 다음과 같이 정의한다.
Conc-frame과 to plate-front의 Bonded는 삭제한다.

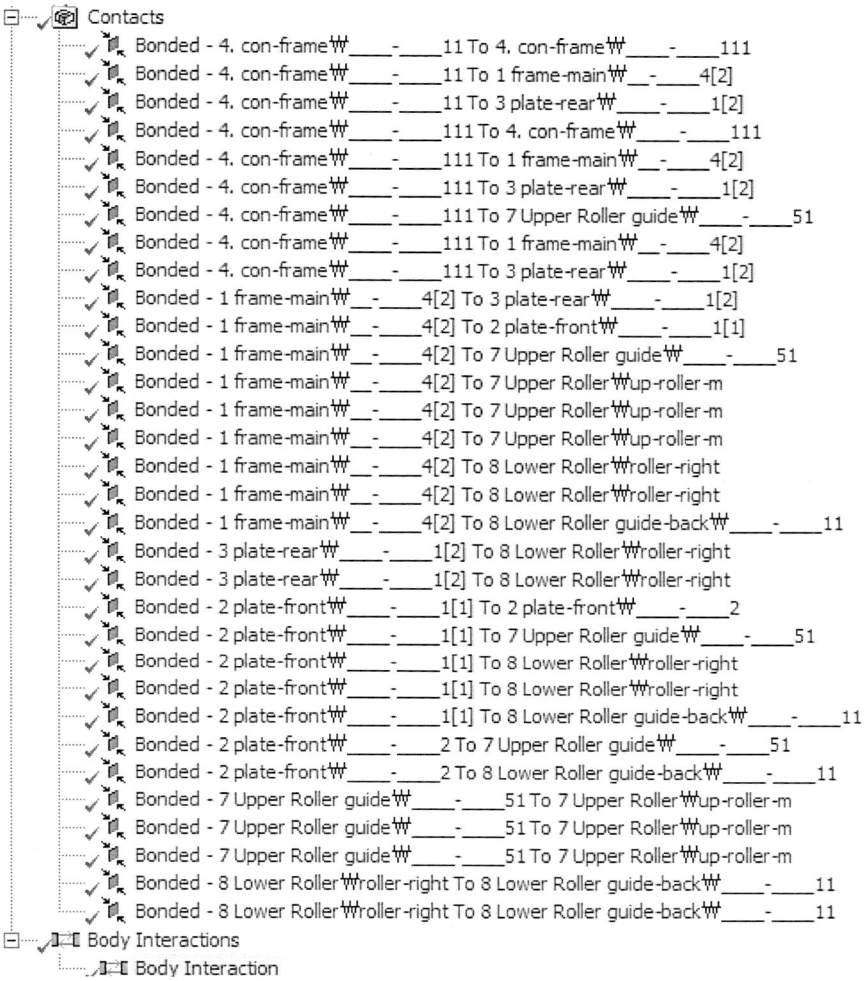

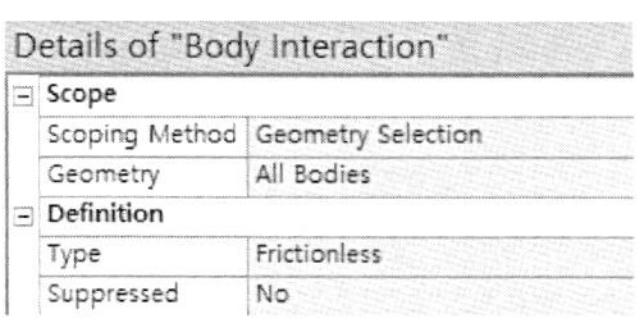

(7) 격자 모델 생성 (Mesh)

아래와 같이 메쉬를 설정한다.

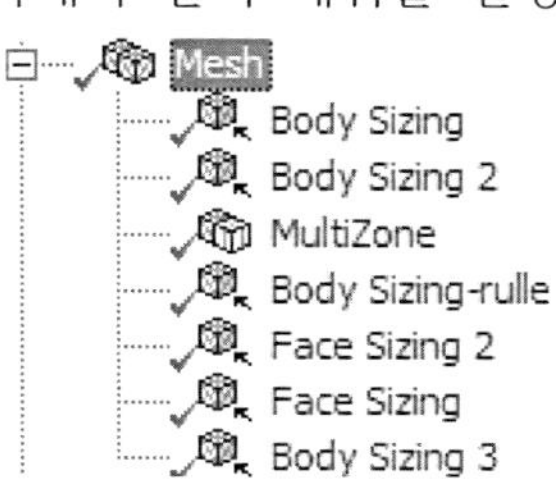

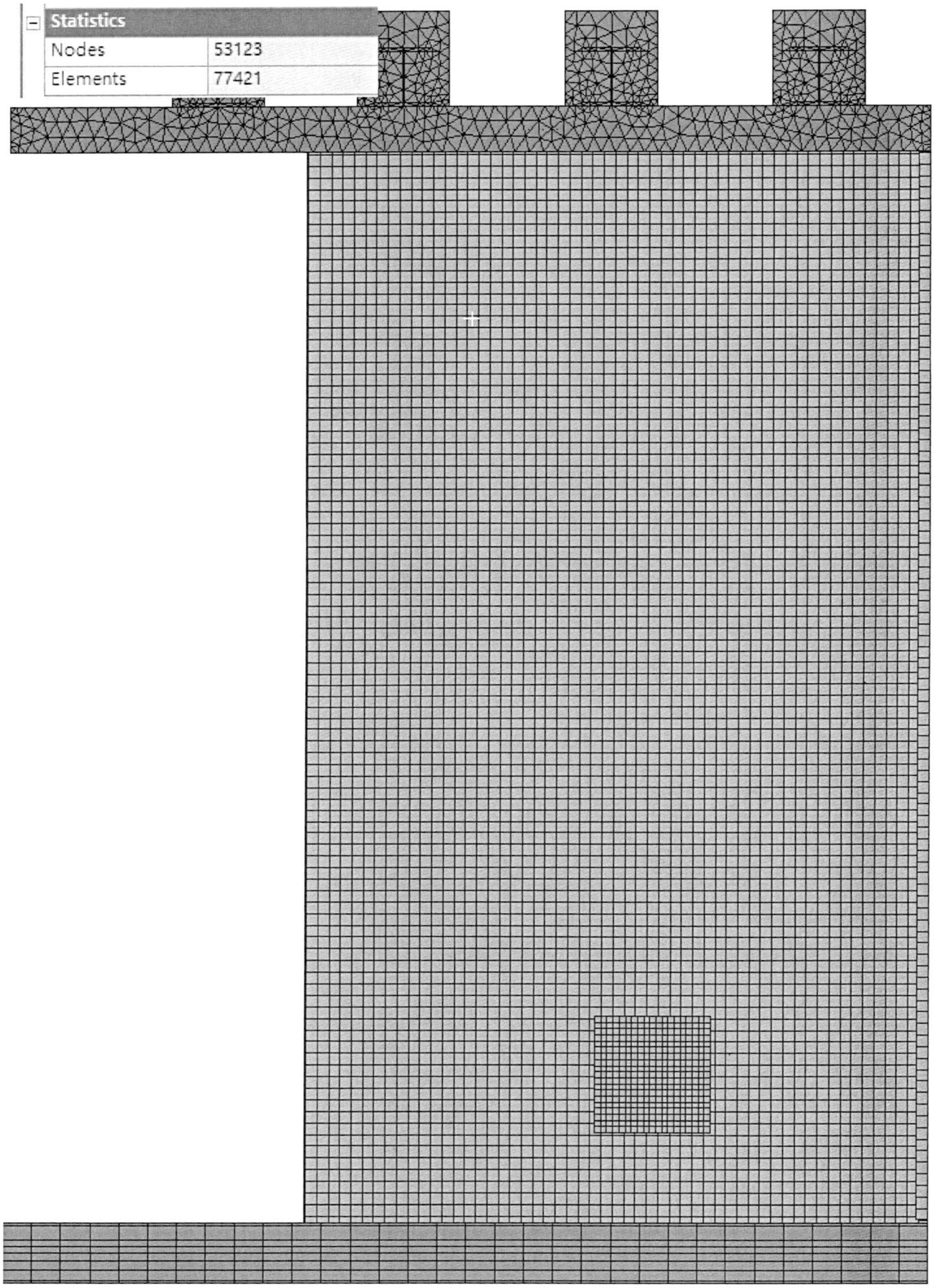
Statistics
Nodes 53123
Elements 77421

(8) 해석 설정 정의(Analysis Settings)

① End Time을 0.006으로 설정한다.

② Output Controls를 Equally Spaced Points로 설정한다. 200으로 설정한다.

Output Controls	
Save Results on	Equally Spaced Points
Result Number Of Points	200

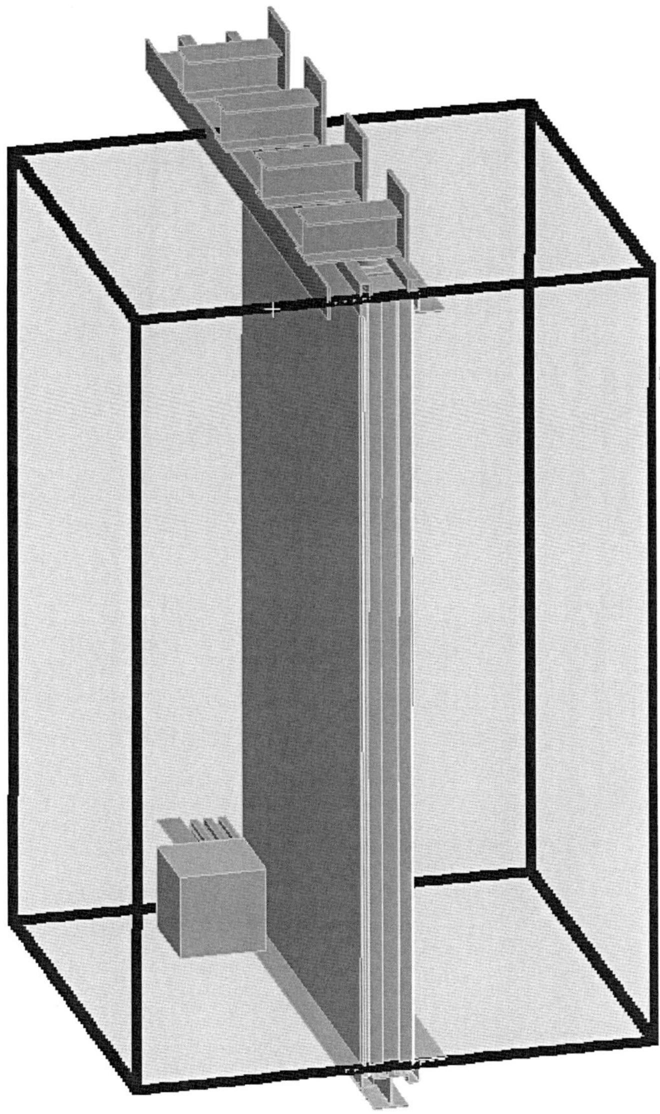

Euler Domain Controls	
Domain Size Definition	Manual
Display Euler Domain	Yes
Minimum X Coordinate	-3.25 m
Minimum Y Coordinate	-2.39 m
Minimum Z Coordinate	4.5 m
X Dimension	2.695 m
Y Dimension	4.75 m
Z Dimension	3. m
Domain Resolution Definition	Total Cells
Total Cells	2.5e+05
Lower X Face	Rigid
Lower Y Face	Rigid
Lower Z Face	Flow Out
Upper X Face	Rigid
Upper Y Face	Rigid
Upper Z Face	Flow Out
Euler Tracking	By Body

(9) 초기 조건 정의 : 고려하지 않는다.

(10) 구속조건 정의

ⓐ 고정 지점 설정

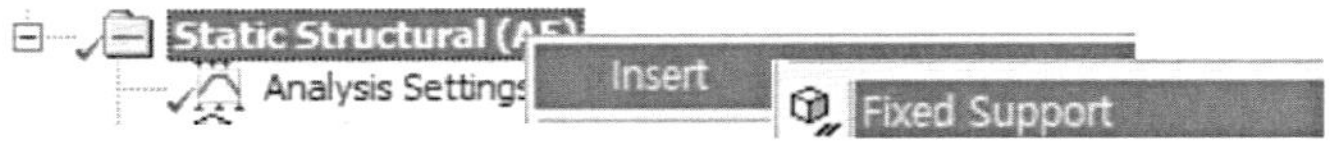

① Outline 화면에서 Static structure > RMB > Insert > Fixed Support를 설정한다.

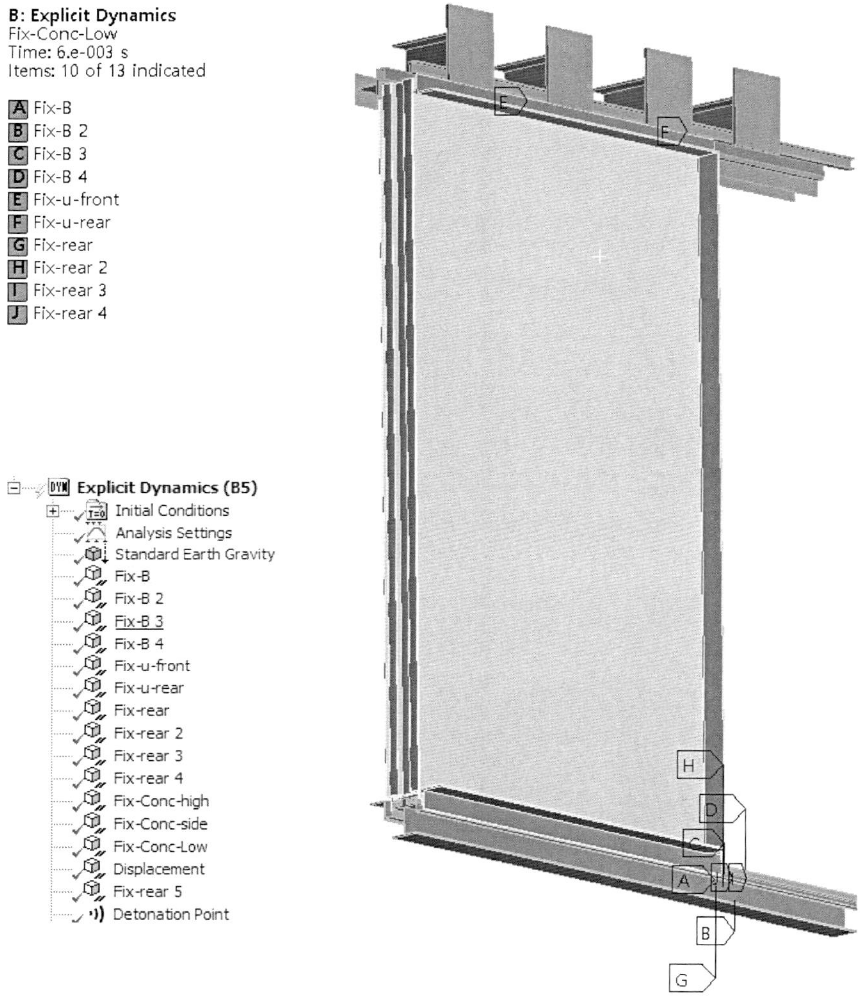

(11) Detonation 설정

① Detonation 설정한다.

② TNT 중심에 설정한다.

Details of "Detonation Point"

Definition	
Type	Detonation Point
Suppressed	No
Burn Instantaneously	No
Detonation Time	0. s
Location	
X Coordinate	-1.75 m
Y Coordinate	-1.75 m
Z Coordinate	7.25 m
Location	Click to Change

(12) 해석 결과 설정

① Deformation(변형) 결과 세팅

a. Outline 화면에서 Solution>RMB >Insert >Deformation >Directional 항목 선택

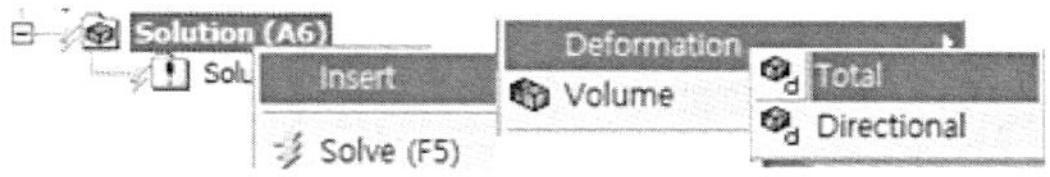

(13) 해석 수행

① Tool bar에서 Solve를 클릭하거나, Solution > RMB > Solve 를 클릭한다.

(14) 해석 결과 확인

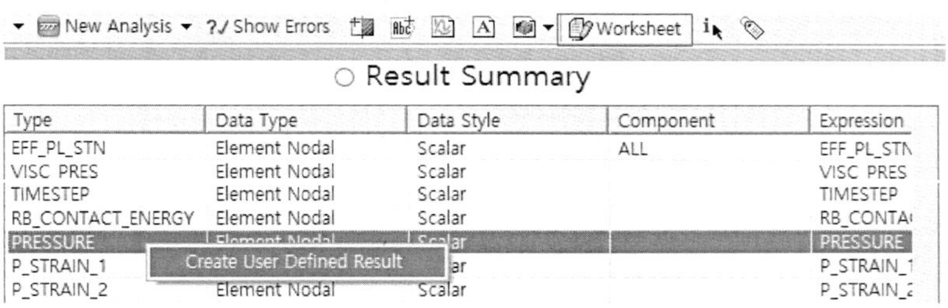

Type	Data Type	Data Style	Component	Expression
EFF_PL_STN	Element Nodal	Scalar	ALL	EFF_PL_STN
VISC PRES	Element Nodal	Scalar		VISC PRES
TIMESTEP	Element Nodal	Scalar		TIMESTEP
RB_CONTACT_ENERGY	Element Nodal	Scalar		RB_CONTA
PRESSURE	Element Nodal	Scalar		PRESSURE
P_STRAIN_1		ar		P_STRAIN_1
P_STRAIN_2	Element Nodal	Scalar		P_STRAIN_2

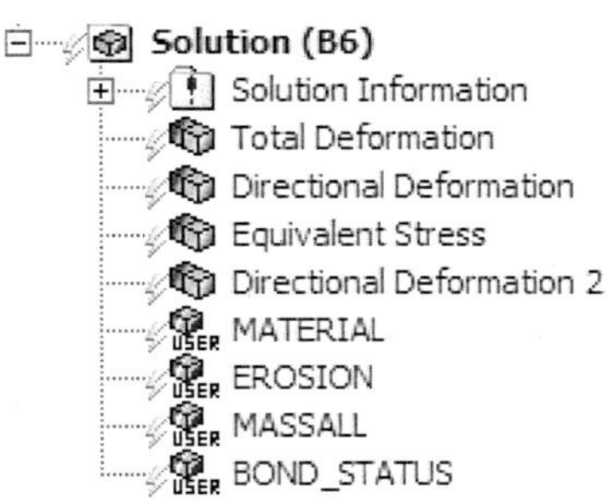

(14) 해석 결과 확인

① Total Deformation을 확인한다.

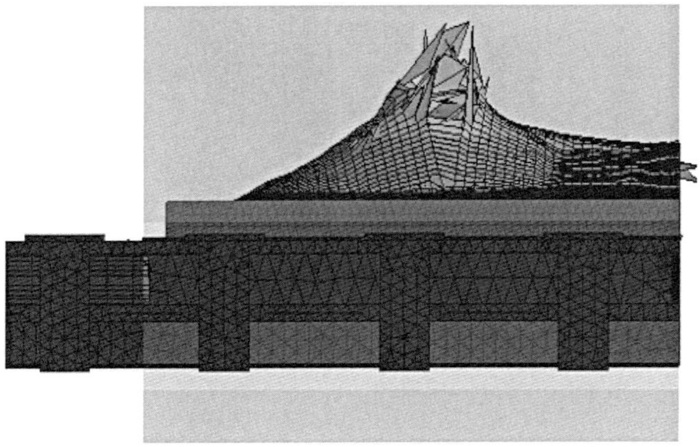

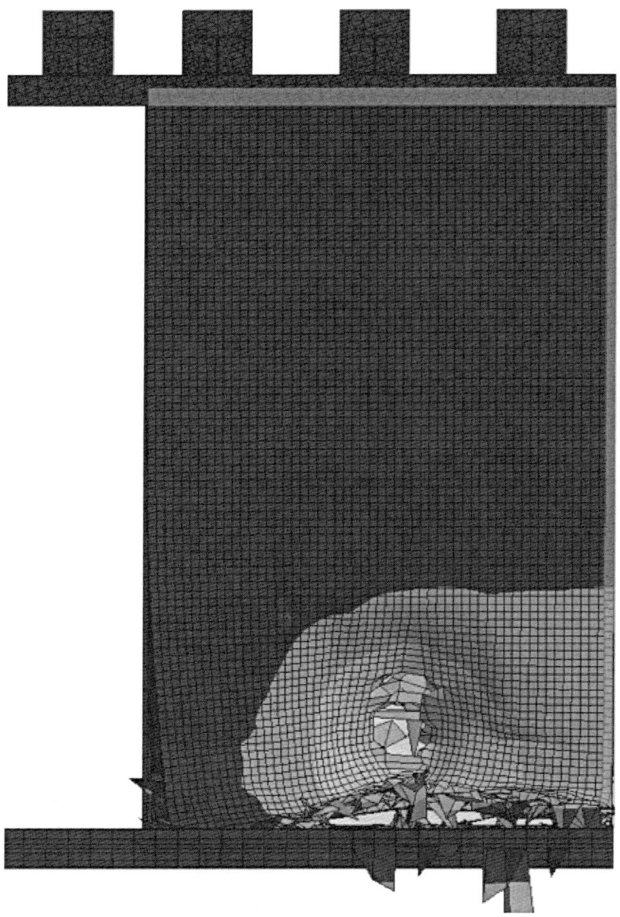

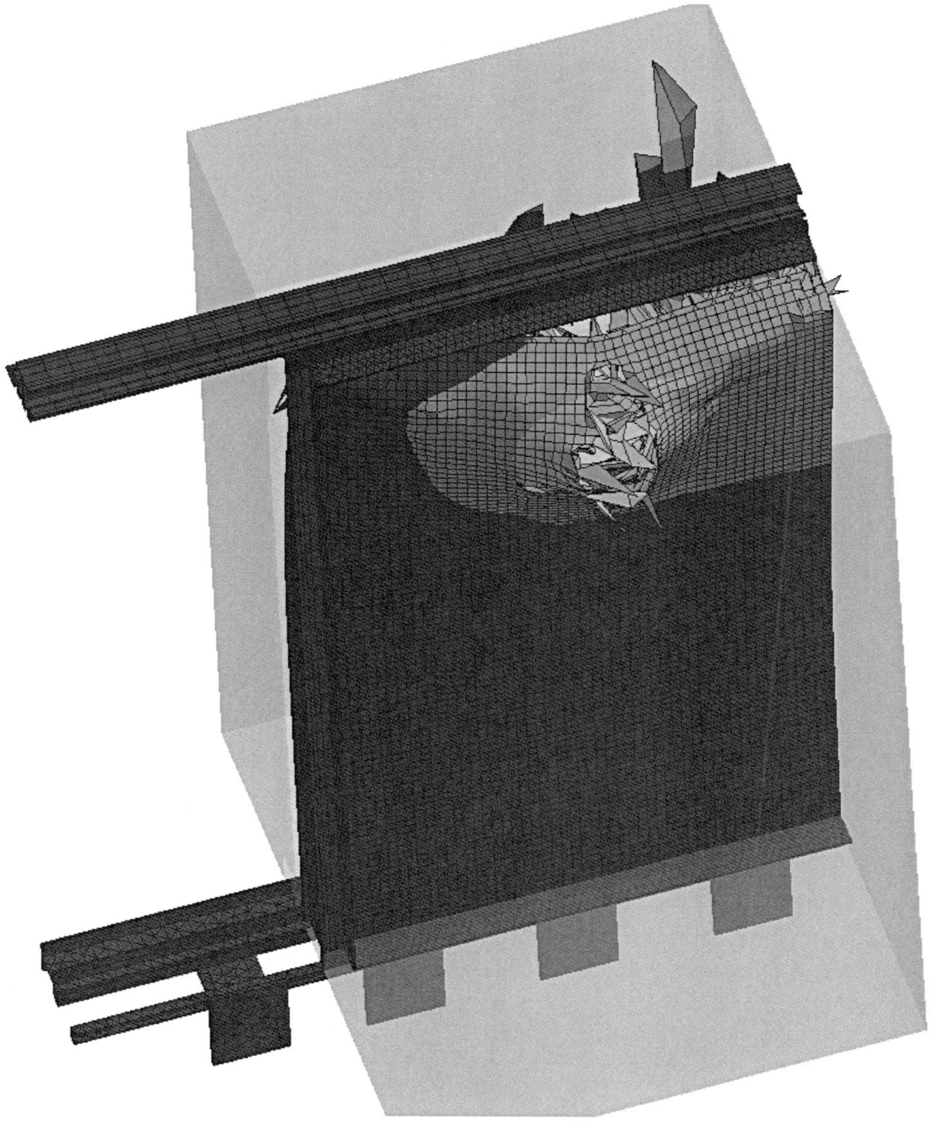

② Equivalent Stress을 확인한다.

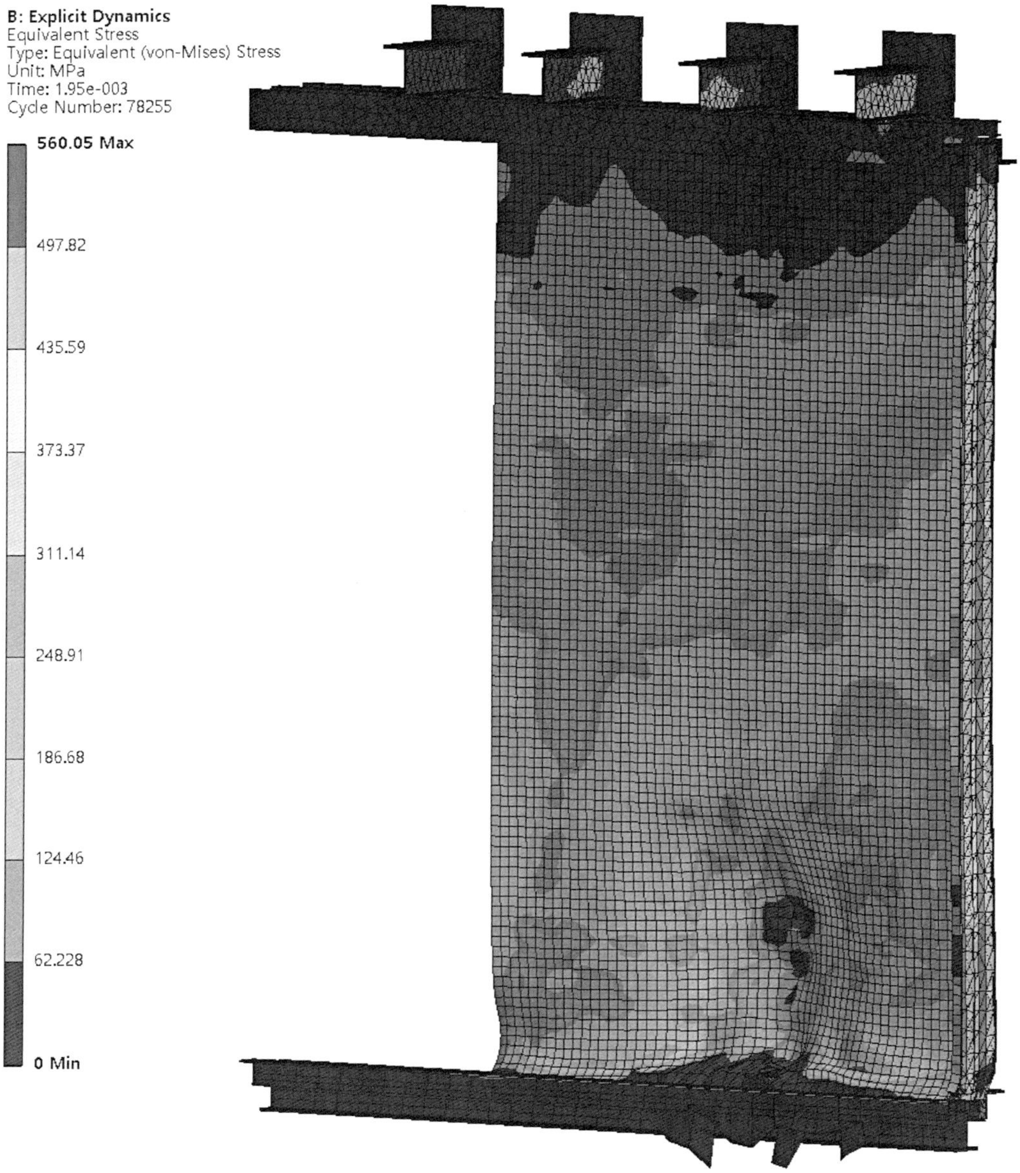

Case B. TNT Reference Frame : Eulerian 100kg TNT폭발

Case A와 다른 부분만 기술한다.

(4) 해석 모델의 환경을 설정한다. (Model)

① Project Schematic에서 Model을 더블클릭하여 Mechanical 창 활성화한다.

② Outline 화면에서 Model > Geometry > Solid를 선택하고 물성을 설정한다.
부품들의 이름을 아래와 같이 변경한다.
모든 구조물에는 Structural Steel NL을 설정한다.
TNT에는 TNT를 설정하고, Reference Frame은 Eulerian으로 설정한다.
TNT의 질량은 101.8kg이다.

Details of "TNT"

+ Graphics Properties	
− Definition	
Suppressed	No
Stiffness Behavior	Flexible
Coordinate System	Default Coordinate System
Reference Temperature	By Environment
Reference Frame	Eulerian (Virtual)
− Material	
Assignment	TNT
− Bounding Box	
Length X	250. mm
Length Y	500. mm
Length Z	500. mm
− Properties	
Volume	6.25e+007 mm³
Mass	101.87 kg
Centroid X	-1875. mm
Centroid Y	-1750. mm
Centroid Z	6750. mm
Moment of Inertia Ip1	4.2448e+006 kg·mm²
Moment of Inertia Ip2	2.653e+006 kg·mm²
Moment of Inertia Ip3	2.653e+006 kg·mm²

(8) 해석 설정 정의(Analysis Settings)

① End Time을 0.006으로 설정한다.

② Output Controls를 Equally Spaced Points로 설정한다. 200으로 설정한다.

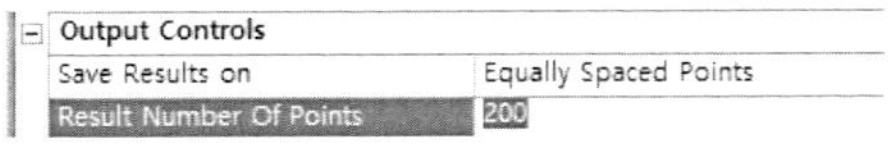

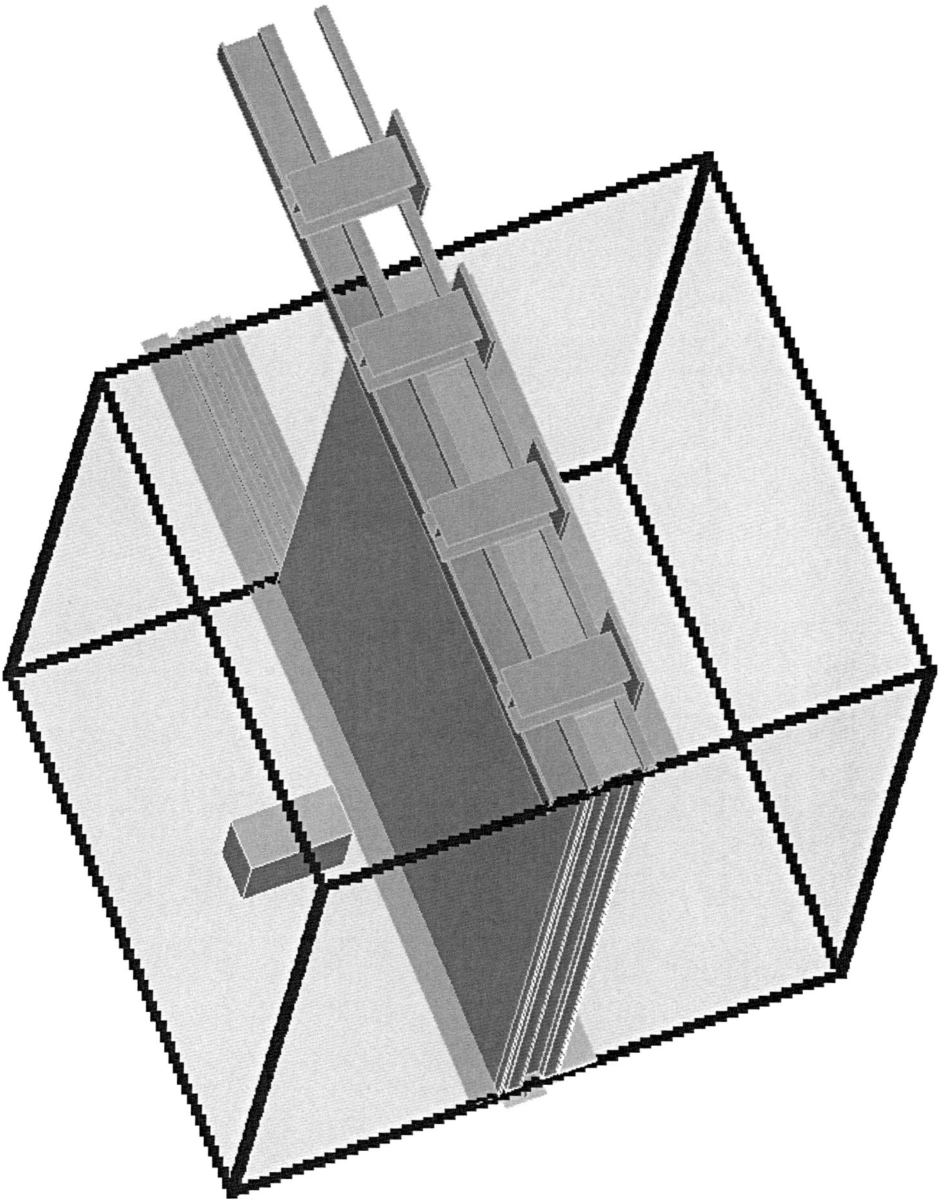

(11) Detonation 설정

① Detonation 설정한다.

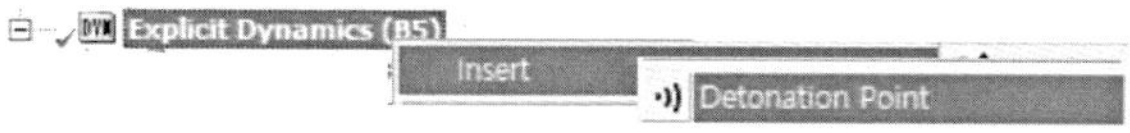

② TNT 중심에 설정한다.

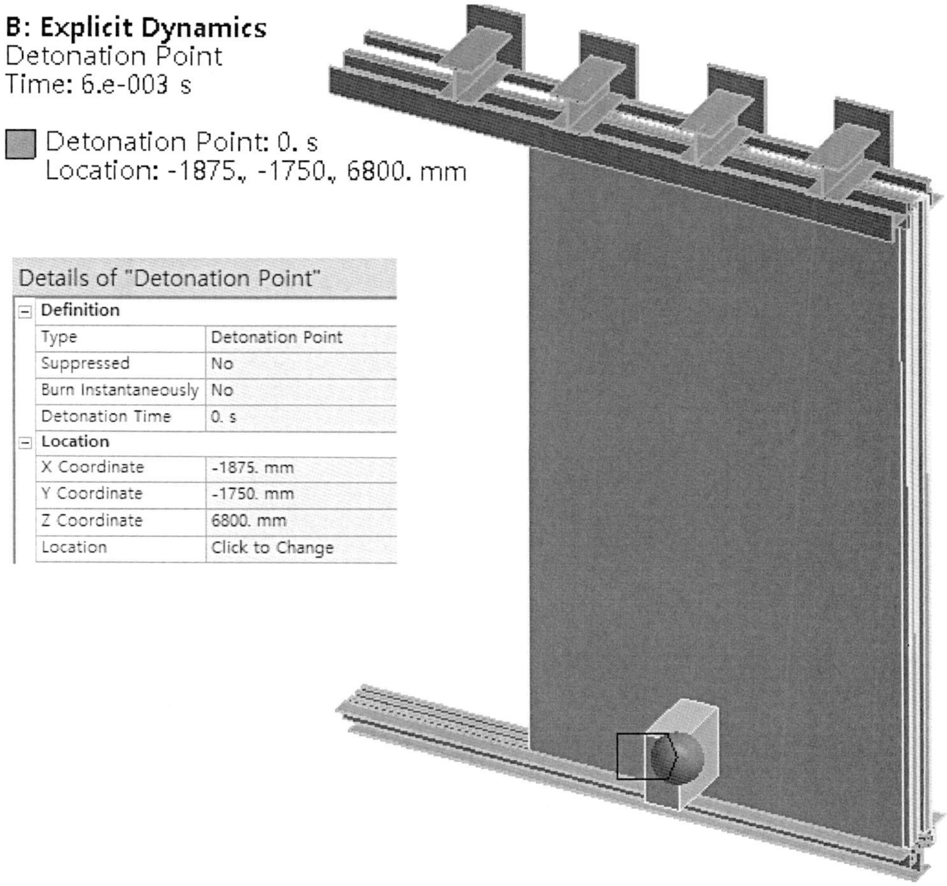

Details of "Detonation Point"

Definition	
Type	Detonation Point
Suppressed	No
Burn Instantaneously	No
Detonation Time	0. s
Location	
X Coordinate	-1875. mm
Y Coordinate	-1750. mm
Z Coordinate	6800. mm
Location	Click to Change

(14) 해석 결과 확인

① Total Deformation을 확인한다.　(Time : 0.00165)

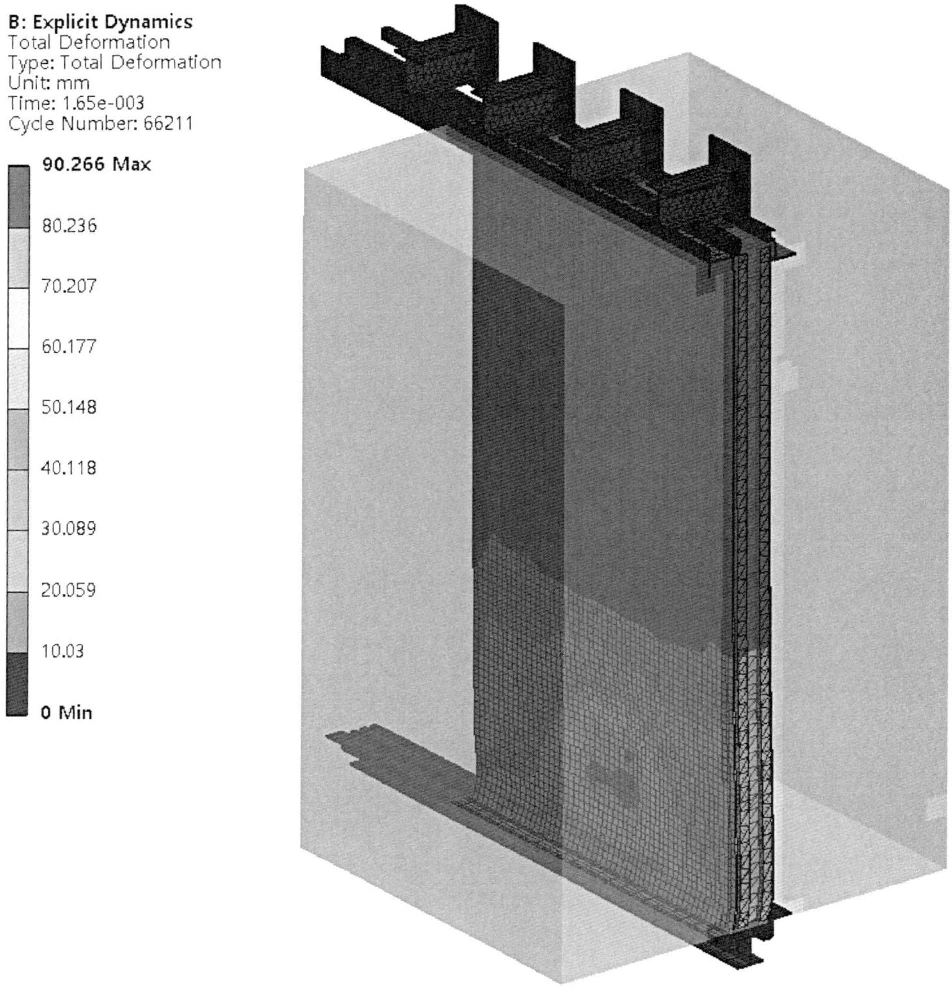

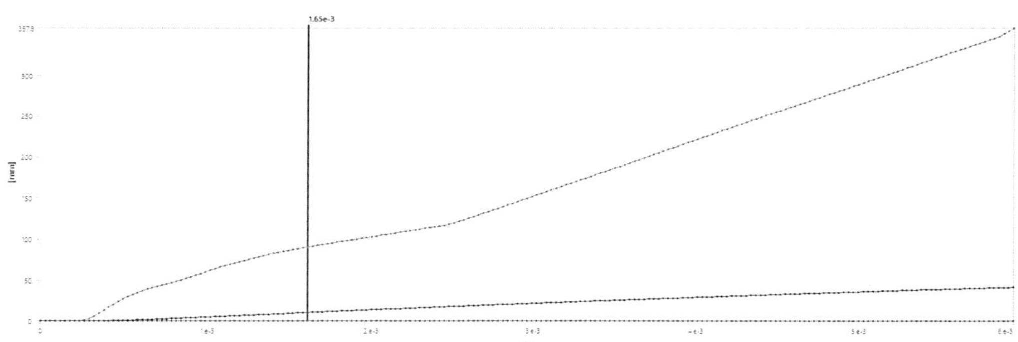

(Time : 0.006)

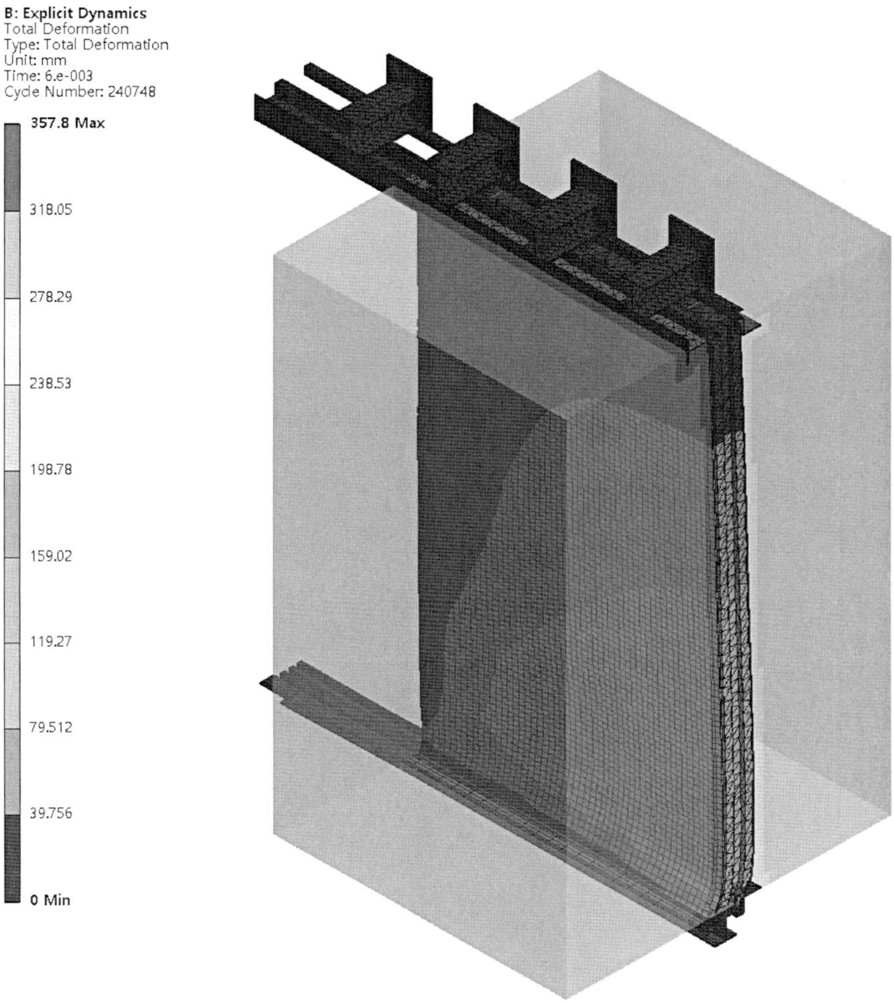

B: Explicit Dynamics
Total Deformation
Type: Total Deformation
Unit: mm
Time: 6.e-003
Cycle Number: 240748
357.8 Max
318.05
278.29
238.53
198.78
159.02
119.27
79.512
39.756
0 Min

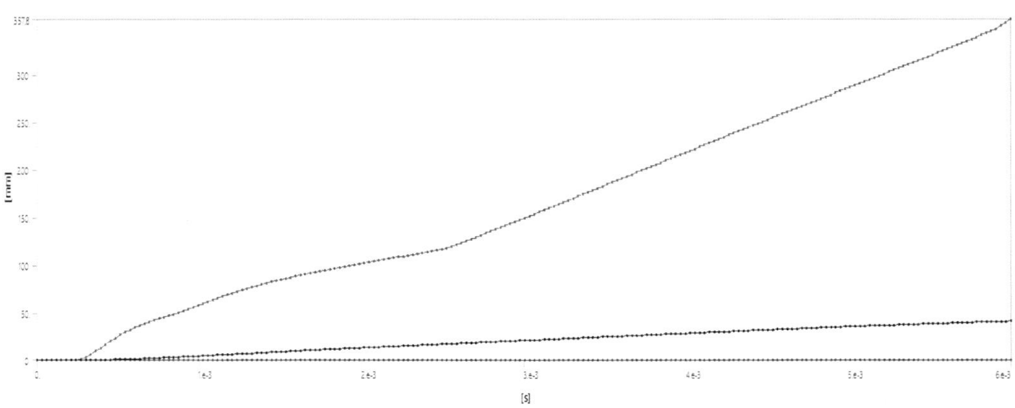

[mm]
[s]

(Time : 0.006)

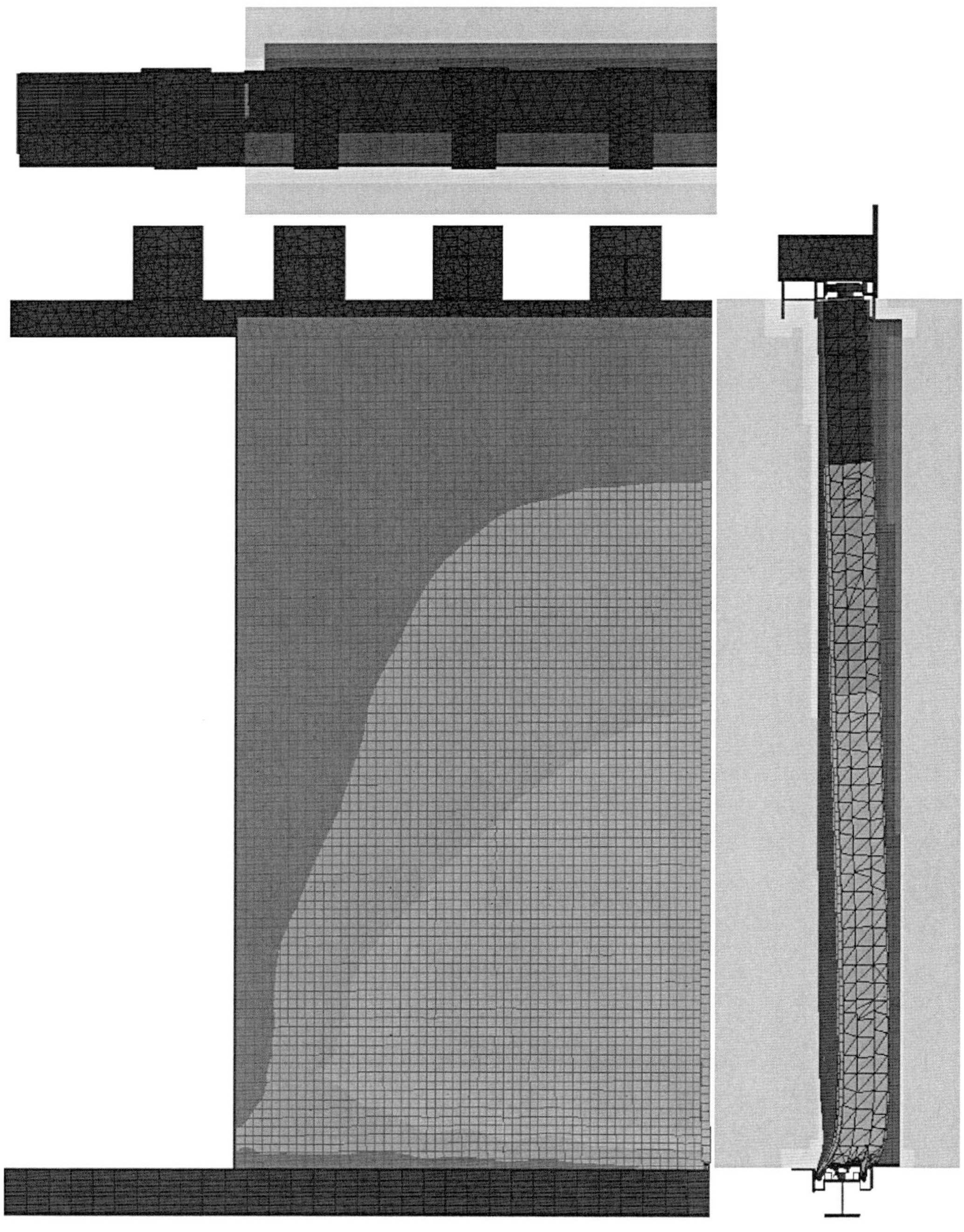

② Equivalent Stress을 확인한다.

(Time : 0.006)

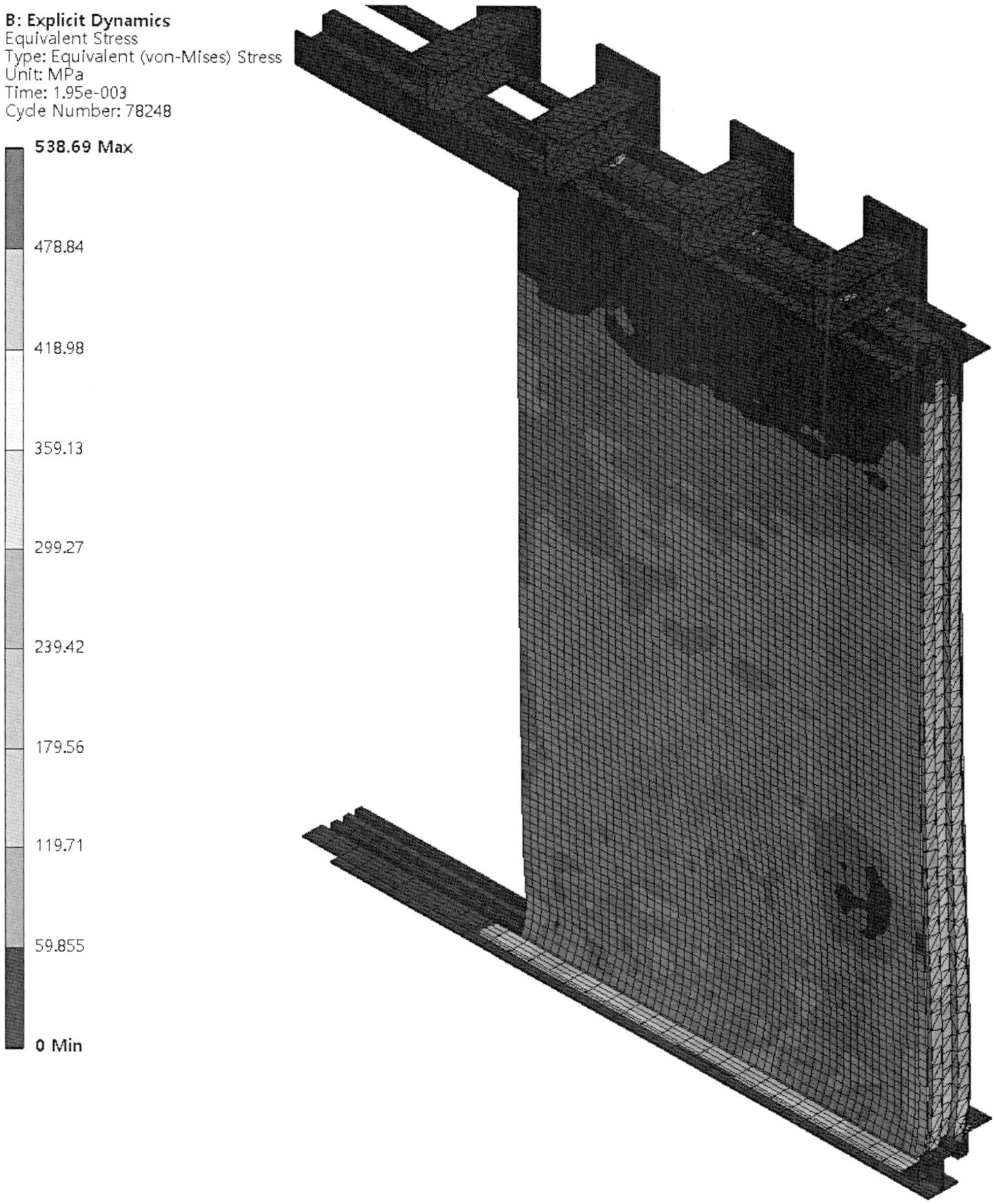

(Time : 0.006)

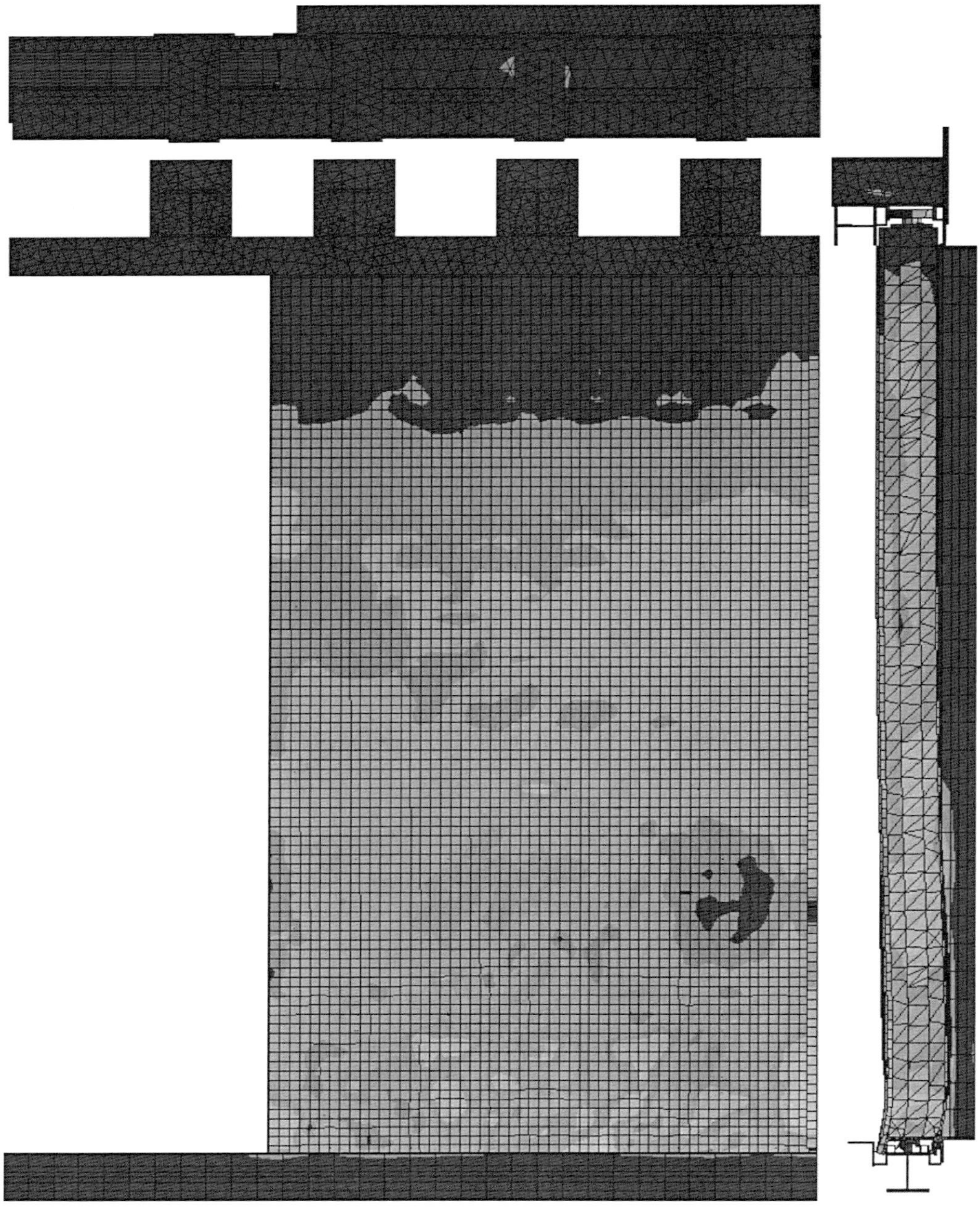

8. 슬라이드 방폭문 전면 강판에 폭발압력 인가 모델

1) 구조 계획

TNT 폭발해석을 Explicit Dynamic에서 수행한다.

슬라이딩 방폭문은 2700x4800x290mm의 크기로 모델링한다.

TNT의 밀도가 1630kg/m^3, TNT 무게는 126kg이다.

TNT의 이격거리는 5.6m로 한다.

TNT는 모델링하지 않고 전면 강판에 작용하는 폭발압력을 산정하여 적용한다.

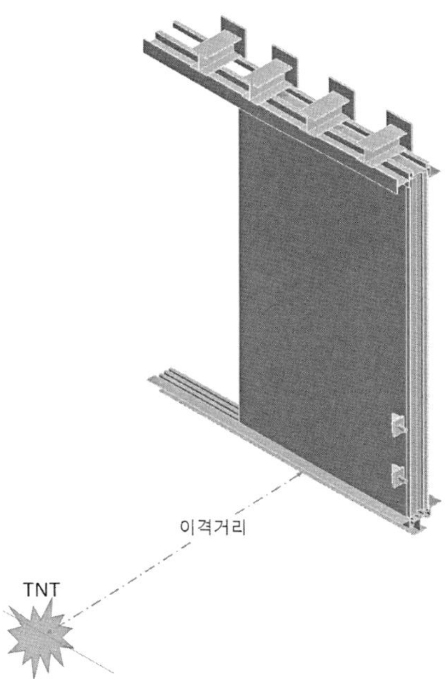

Case A. TNT의 이격거리 5.6m 조건의 압력에서 구조해석

Case B. TNT의 이격거리 3m 조건의 압력에서 구조해석

Case C. TNT의 이격거리 2m 조건의 압력에서 구조해석

Case D. TNT의 이격거리 1m 조건의 압력에서 구조해석

Case E. TNT의 이격거리 0.9m 조건의 압력에서 구조해석

2) 구조해석

Case A. TNT Reference Frame

(1) 해석 모델을 불러들이거나 모델링을 수행한다. (Geometry)

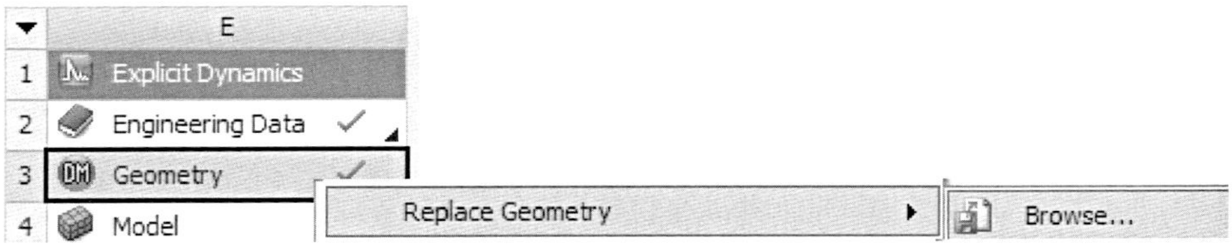

① Geometry에서 파일을 가져온다.

② 아래와 같이 모델을 생성한다.

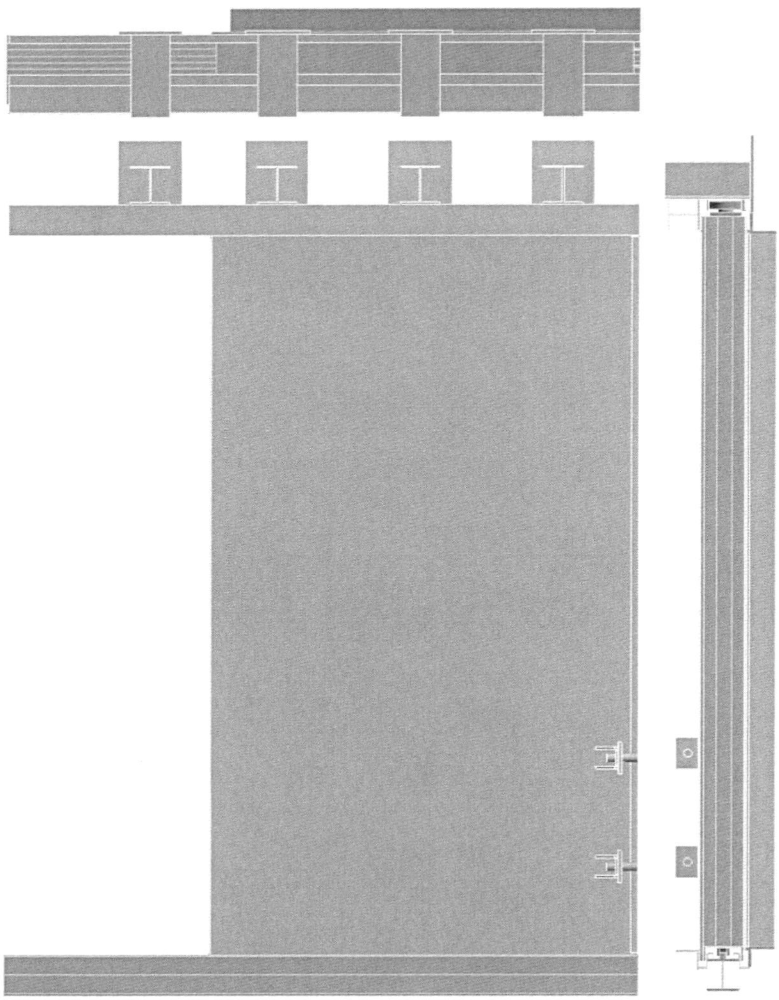

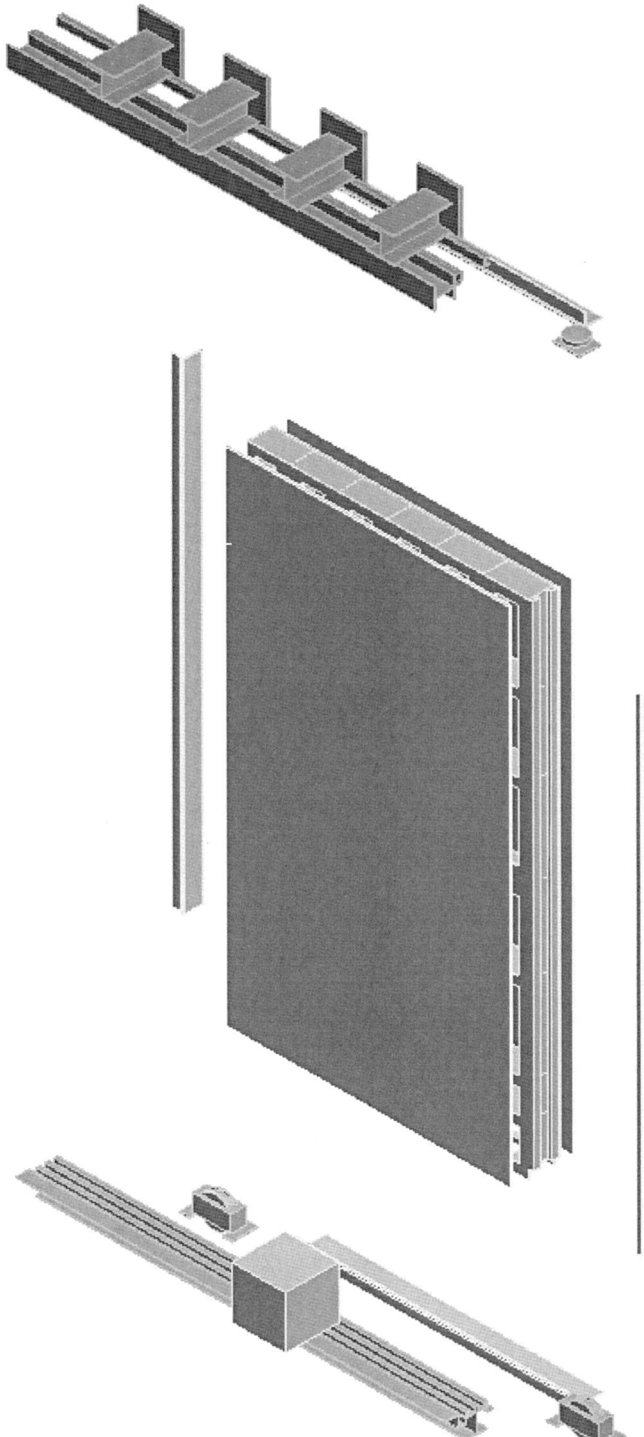

(2) 재료의 물성을 정의한다. (Engineering Data)

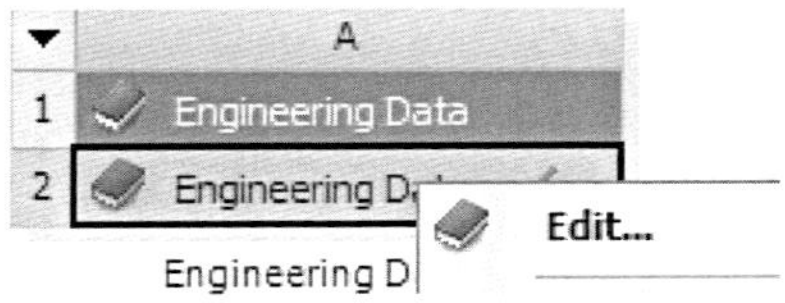

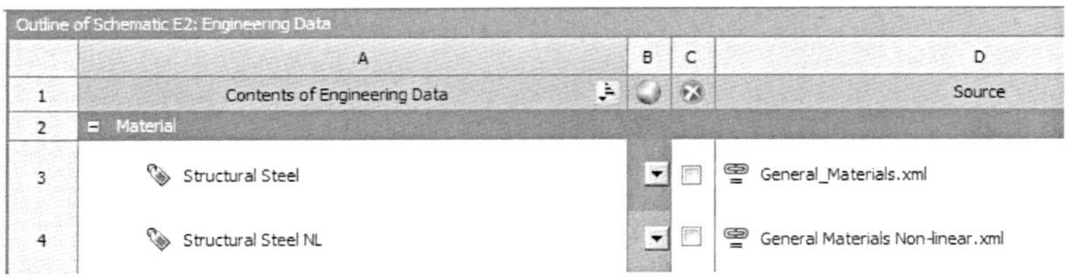

Outline of Schematic E2: Engineering Data

	A	B	C	D
1	Contents of Engineering Data			Source
2	Material			
3	Structural Steel			General_Materials.xml
4	Structural Steel NL			General Materials Non-linear.xml

① Engineering Data를 불러온다.

② Explicit Dynamic Data Source에서 TNT, General Nonlinear Material에서 Structural steel NL를 가져온다.

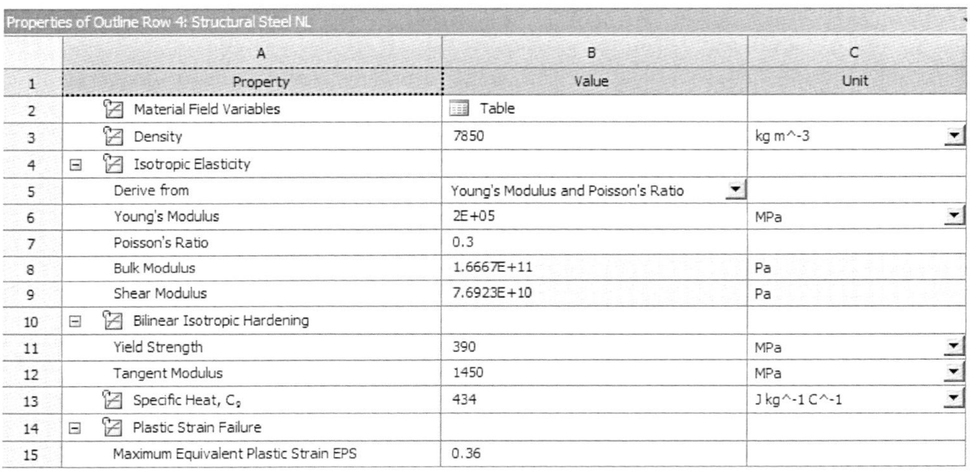

Properties of Outline Row 4: Structural Steel NL

	A	B	C
1	Property	Value	Unit
2	Material Field Variables	Table	
3	Density	7850	kg m^-3
4	Isotropic Elasticity		
5	Derive from	Young's Modulus and Poisson's Ratio	
6	Young's Modulus	2E+05	MPa
7	Poisson's Ratio	0.3	
8	Bulk Modulus	1.6667E+11	Pa
9	Shear Modulus	7.6923E+10	Pa
10	Bilinear Isotropic Hardening		
11	Yield Strength	390	MPa
12	Tangent Modulus	1450	MPa
13	Specific Heat, C_p	434	J kg^-1 C^-1
14	Plastic Strain Failure		
15	Maximum Equivalent Plastic Strain EPS	0.36	

Failure에서 Plastic Strain Faluire를 선택하고 Maxmum Equivalent Stress EPS를 0.36으로 설정한다.

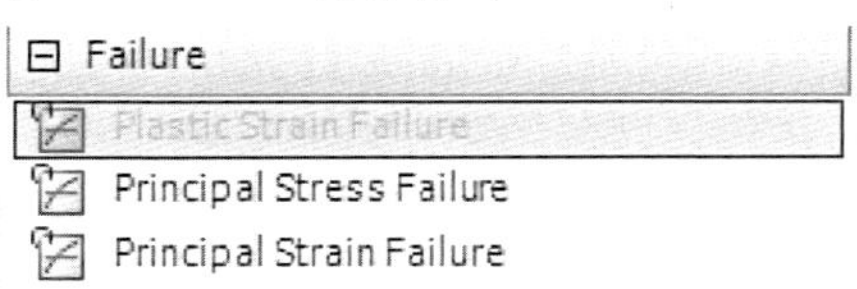

(3) 해석 시스템을 생성한다.

① Project Schematic에 Explicit Dynamic을 시스템 추가한다.

② Engineering Data와 Geometry를 연결하고 Project 이름을 변경한다.

③ Mechanical 창에서 Units menu를 클릭하고 단위를 설정한다.

(4) 해석 모델의 환경을 설정한다. (Model)

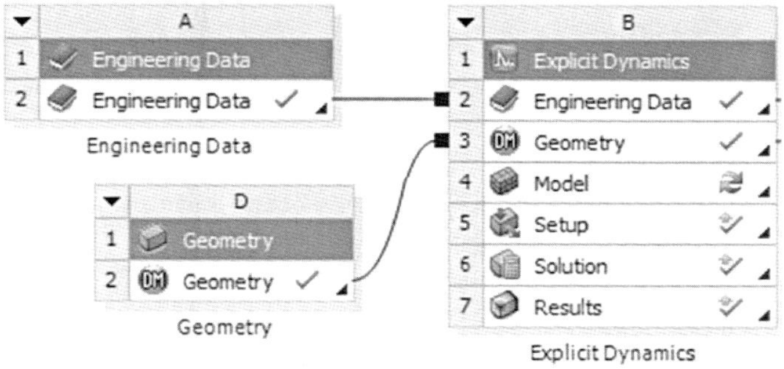

① Project Schematic에서 Model을 더블클릭하여 Mechanical 창 활성화한다.

② Outline 화면에서 Model > Geometry > Solid를 선택하고 물성을 설정한다.
부품들의 이름을 아래와 같이 변경한다.
모든 구조물에는 Structural Steel NL을 설정한다.

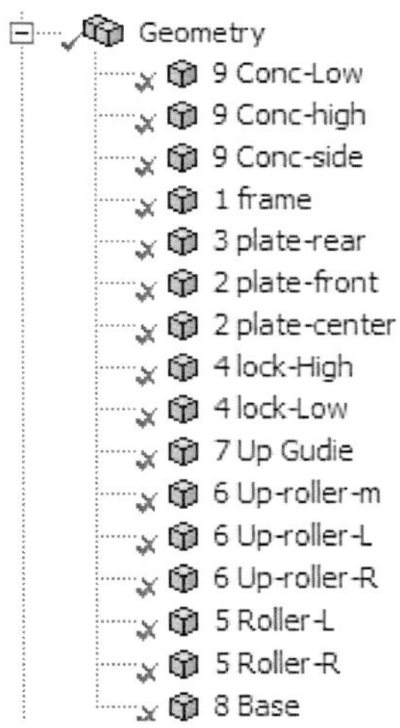

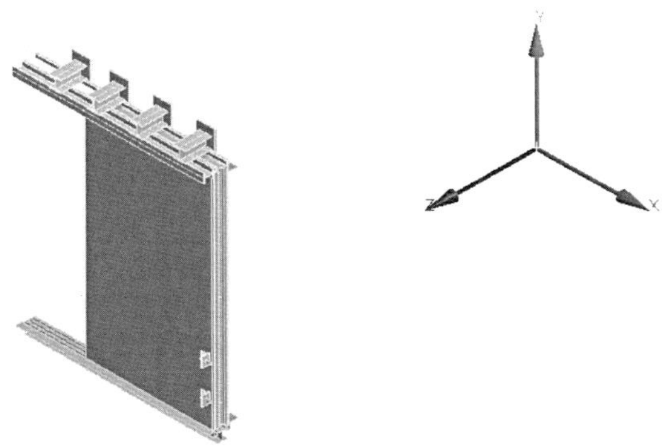

(5) 좌표계 설정 (Coordinate Systems) :
① 원점 좌표를 확인한다.

(6) 연결 관계 정의(Connections)
① 연결을 다음과 같이 정의한다.
모든 부재는 자동으로 Bonded로 연결된다. 그중에서
9 Conc-Low, 9 Conc-high, 9 Conc-side 와 연결된 부재는 Connection에서 삭제한다.

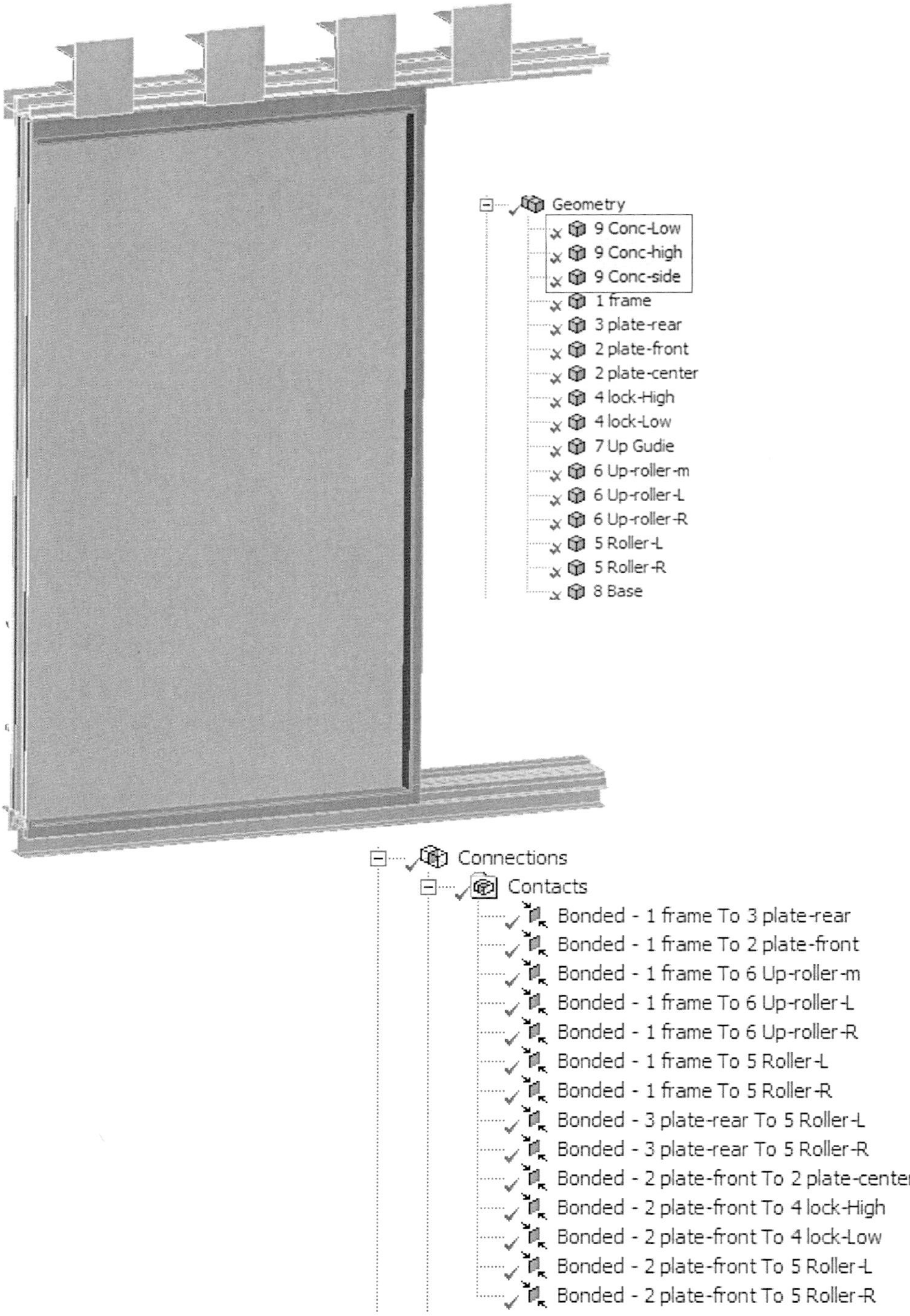
Geometry
9 Conc-Low
9 Conc-high
9 Conc-side
1 frame
3 plate-rear
2 plate-front
2 plate-center
4 lock-High
4 lock-Low
7 Up Gudie
6 Up-roller-m
6 Up-roller-L
6 Up-roller-R
5 Roller-L
5 Roller-R
8 Base
Connections
Contacts
Bonded - 1 frame To 3 plate-rear
Bonded - 1 frame To 2 plate-front
Bonded - 1 frame To 6 Up-roller-m
Bonded - 1 frame To 6 Up-roller-L
Bonded - 1 frame To 6 Up-roller-R
Bonded - 1 frame To 5 Roller-L
Bonded - 1 frame To 5 Roller-R
Bonded - 3 plate-rear To 5 Roller-L
Bonded - 3 plate-rear To 5 Roller-R
Bonded - 2 plate-front To 2 plate-center
Bonded - 2 plate-front To 4 lock-High
Bonded - 2 plate-front To 4 lock-Low
Bonded - 2 plate-front To 5 Roller-L
Bonded - 2 plate-front To 5 Roller-R

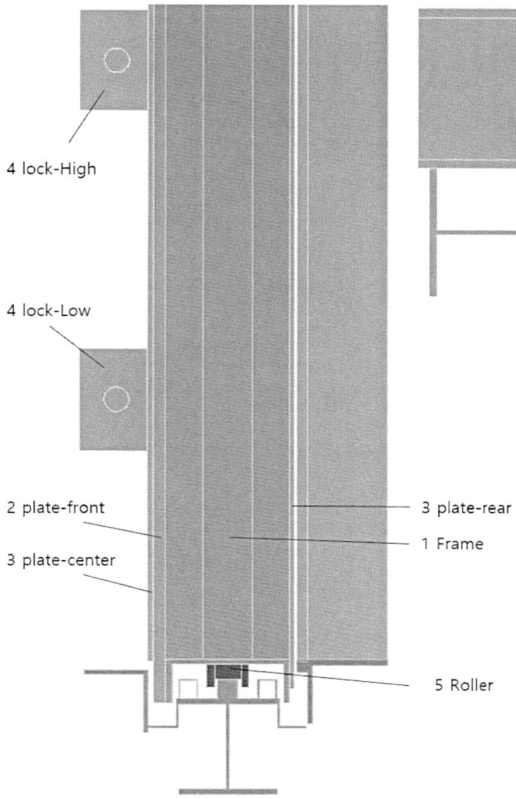

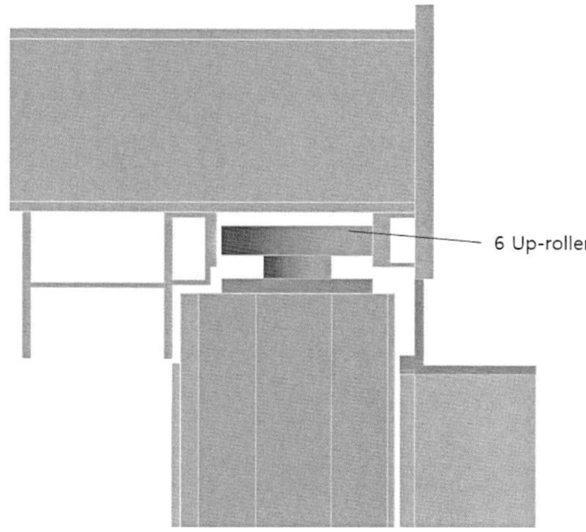

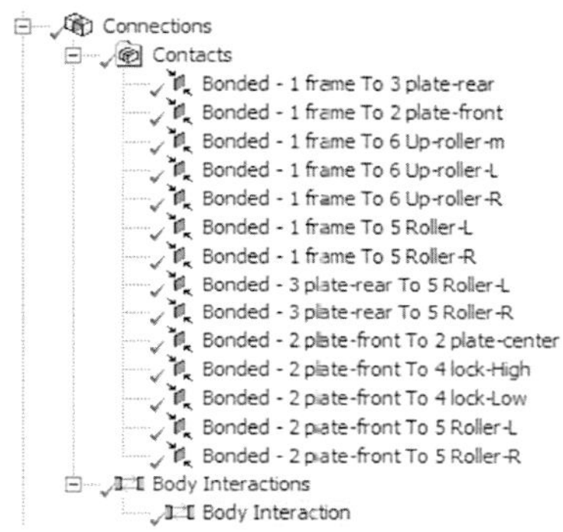

(7) 격자 모델 생성 (Mesh)

장금장치 부분의 메쉬는 100mm로 설정하고, 나머지 부재는 자동으로 설정한다.

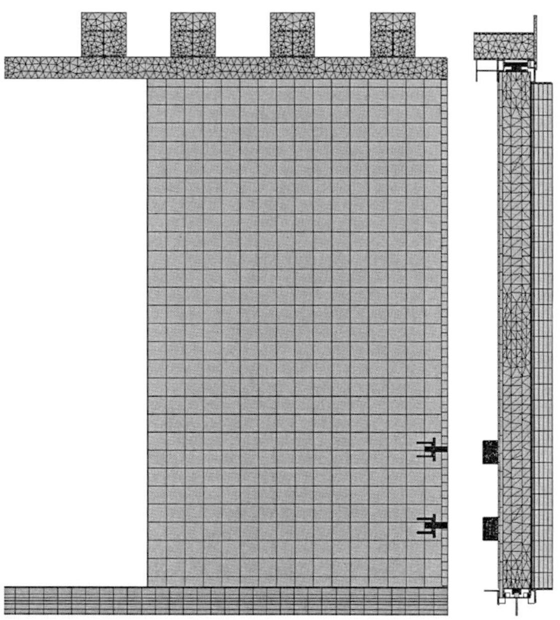

(8) 해석 설정 정의(Analysis Settings)

① End Time을 0.006으로 설정한다.

② Output Controls를 Equally Spaced Points로 설정한다. 200으로 설정한다.

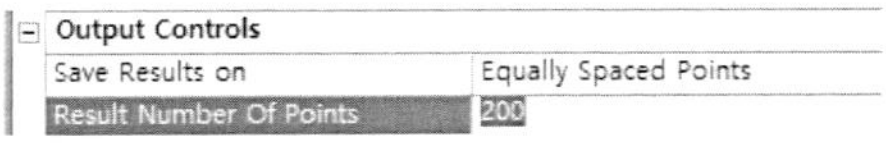

(9) 초기 조건 정의 : 고려하지 않는다.

(10) 구속조건 정의

ⓐ 고정 지점 설정

① Outline 화면에서 Static structure > RMB > Insert > Fixed Support를 설정한다.

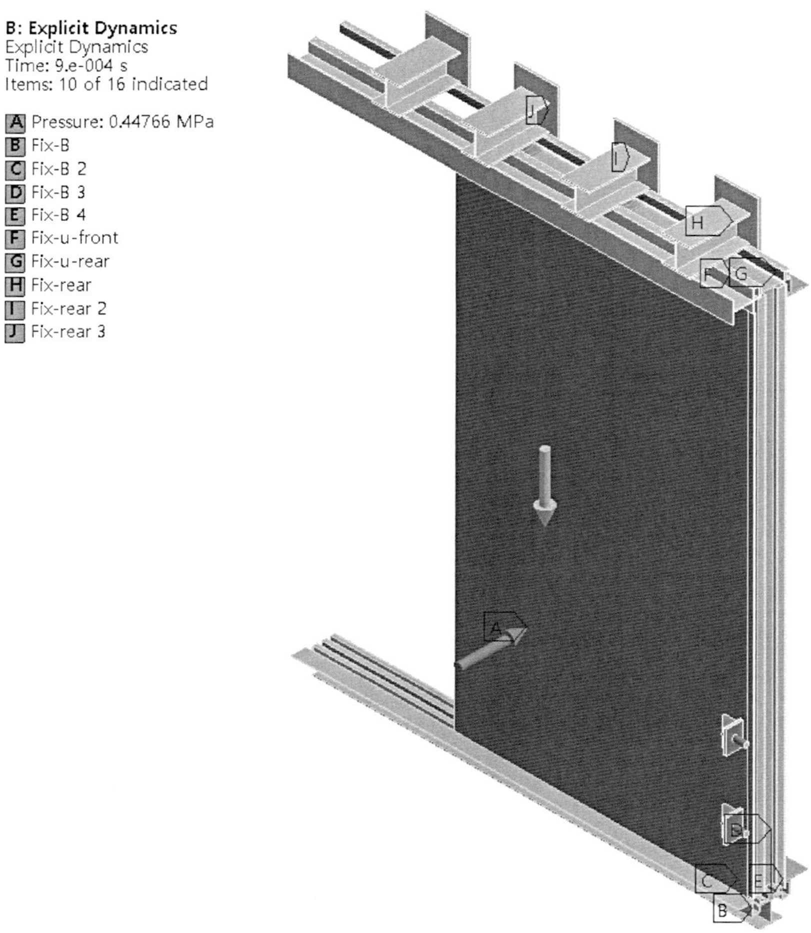

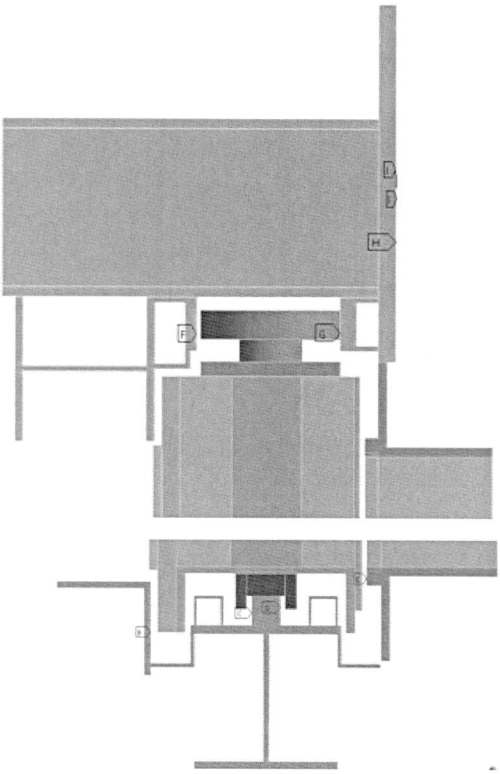

(11) 압력을 설정한다.

① 폭발 압력을 Table로 작성하여 입력한다.

No.	Time (ms)	H=0
1	0	5.867844
2	0.0007	1.471242
3	0.0014	0.367002
4	0.0021	0.091007
5	0.002801	0.022411
6	0.003501	0.005473
7	0.004201	0.001323
8	0.004901	0.000316
9	0.005601	7.43E-05
10	0.006301	1.71E-05
11	0.007001	3.83E-06
12	0.007702	8.23E-07
13	0.008402	1.66E-07
14	0.009102	2.97E-08
15	0.009802	3.99E-09
16	0.010502	0

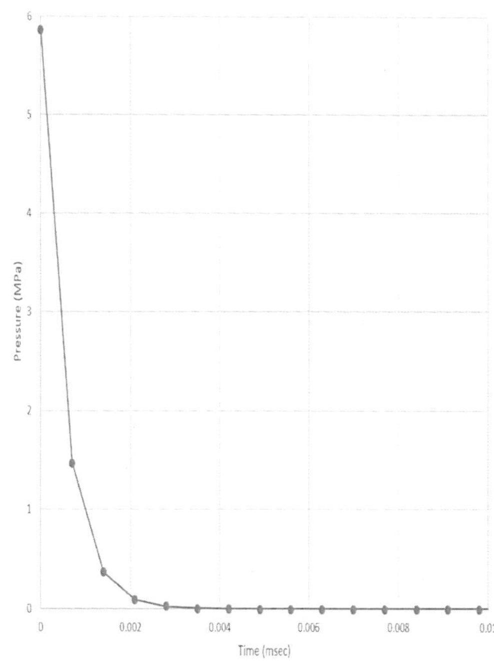

(12) 해석 결과 설정

① Deformation(변형) 결과 세팅

a. Outline 화면에서 Solution>RMB >Insert >Deformation >Directional 항목 선택

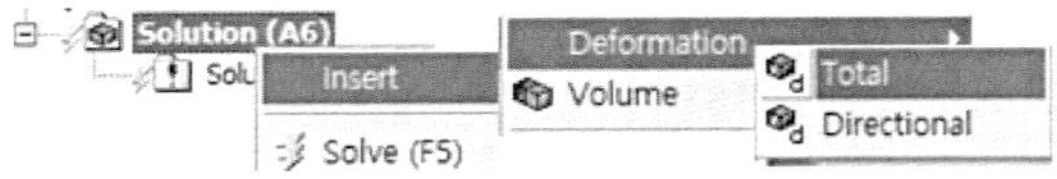

(13) 해석 수행

① Tool bar에서 Solve를 클릭하거나, Solution > RMB > Solve 를 클릭한다.

(14) 해석 결과 확인

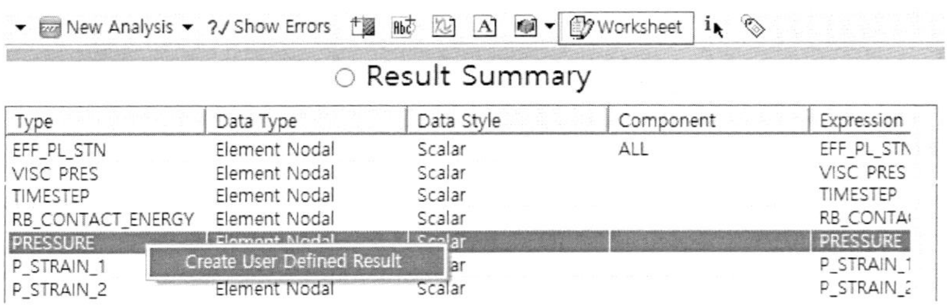

Type	Data Type	Data Style	Component	Expression
EFF_PL_STN	Element Nodal	Scalar	ALL	EFF_PL_STN
VISC PRES	Element Nodal	Scalar		VISC PRES
TIMESTEP	Element Nodal	Scalar		TIMESTEP
RB_CONTACT_ENERGY	Element Nodal	Scalar		RB_CONTA
PRESSURE	Element Nodal	Scalar		PRESSURE
P_STRAIN_1		ar		P_STRAIN_1
P_STRAIN_2	Element Nodal	Scalar		P_STRAIN_2

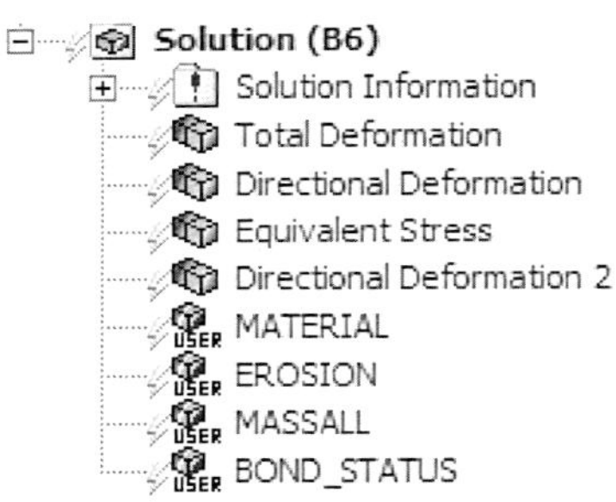

(14) 해석 결과 확인

① Total Deformation을 확인한다.

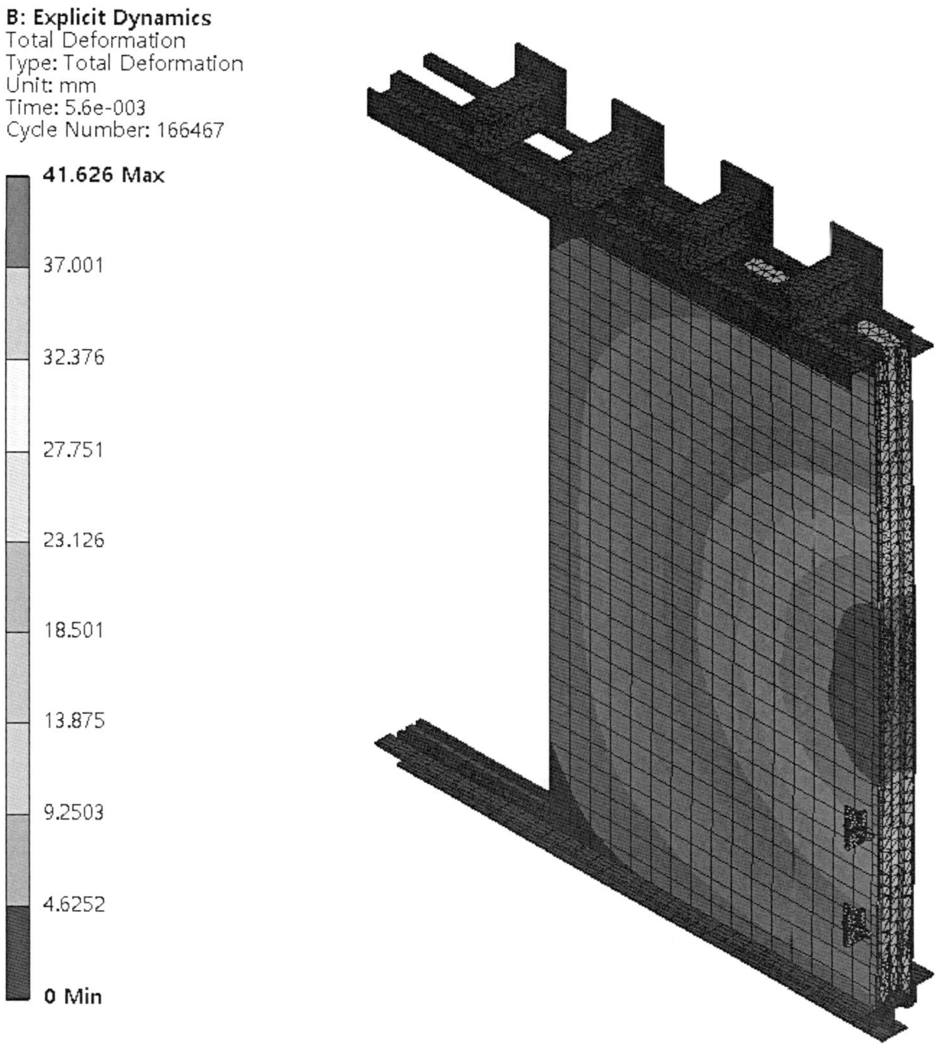

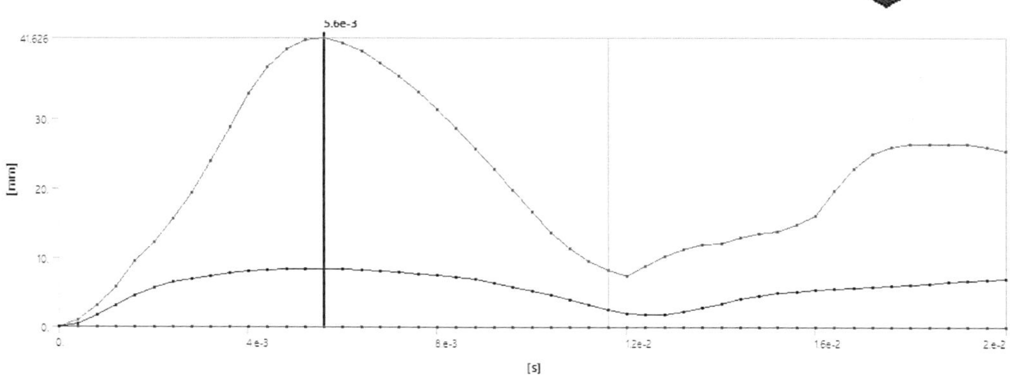

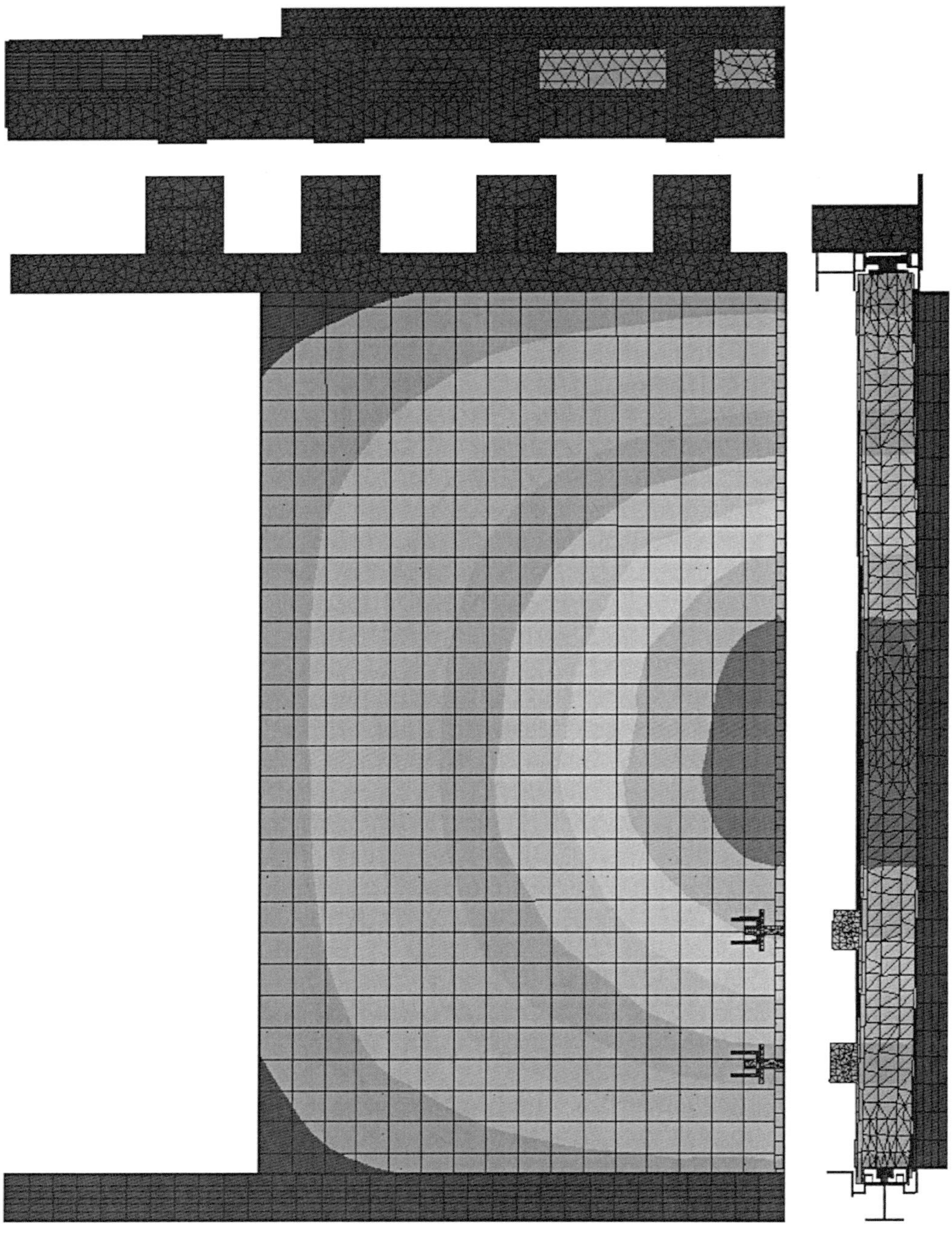

② Equivalent Stress을 확인한다.

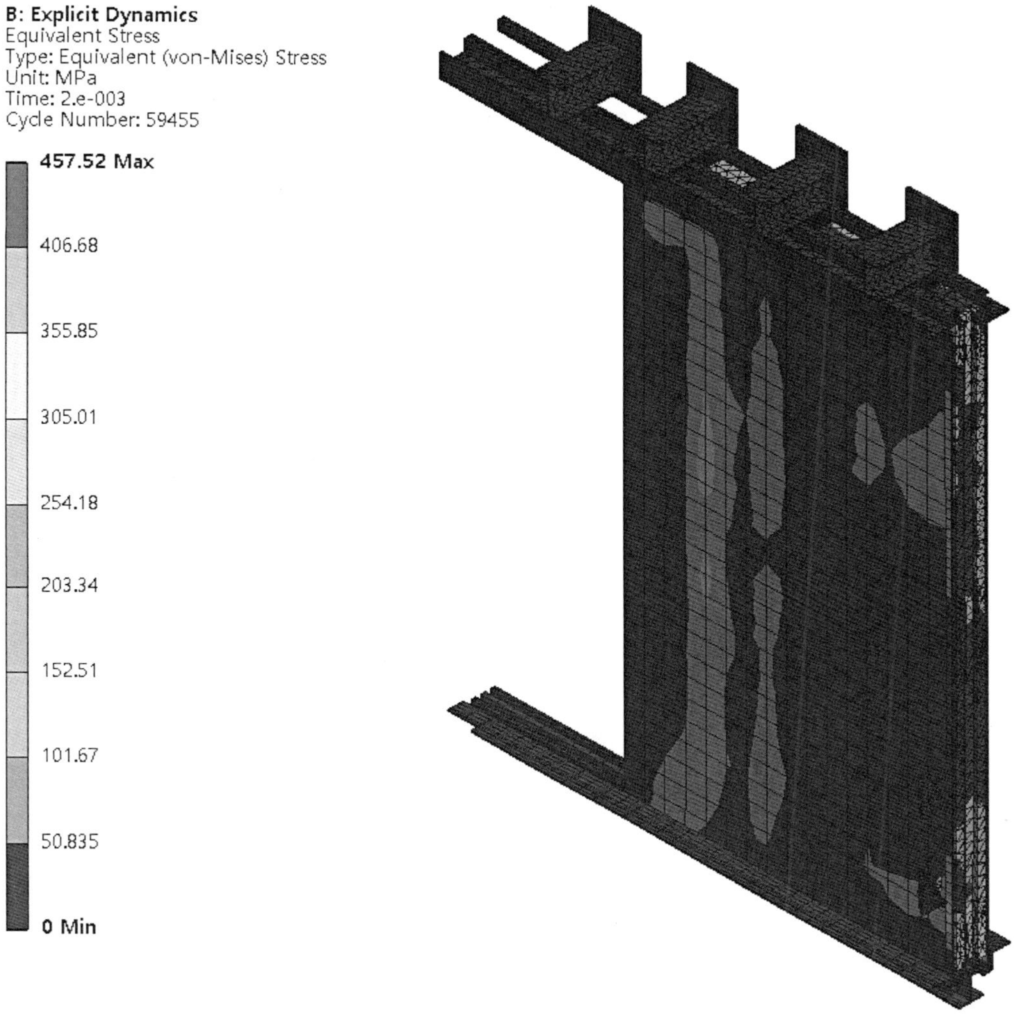

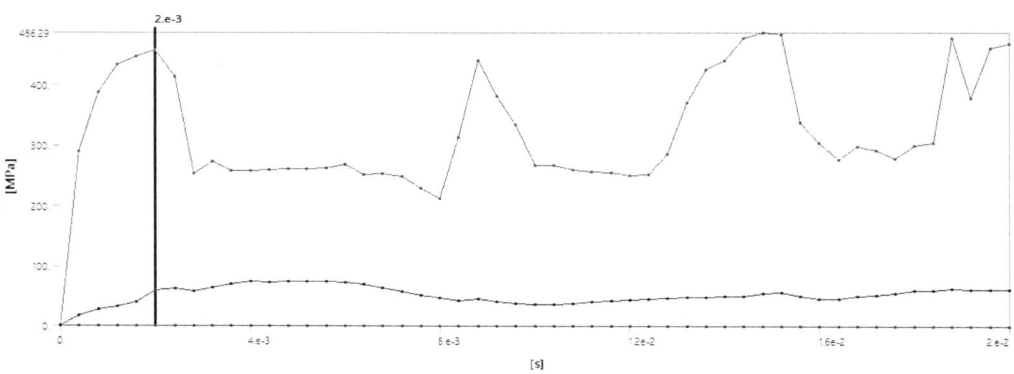

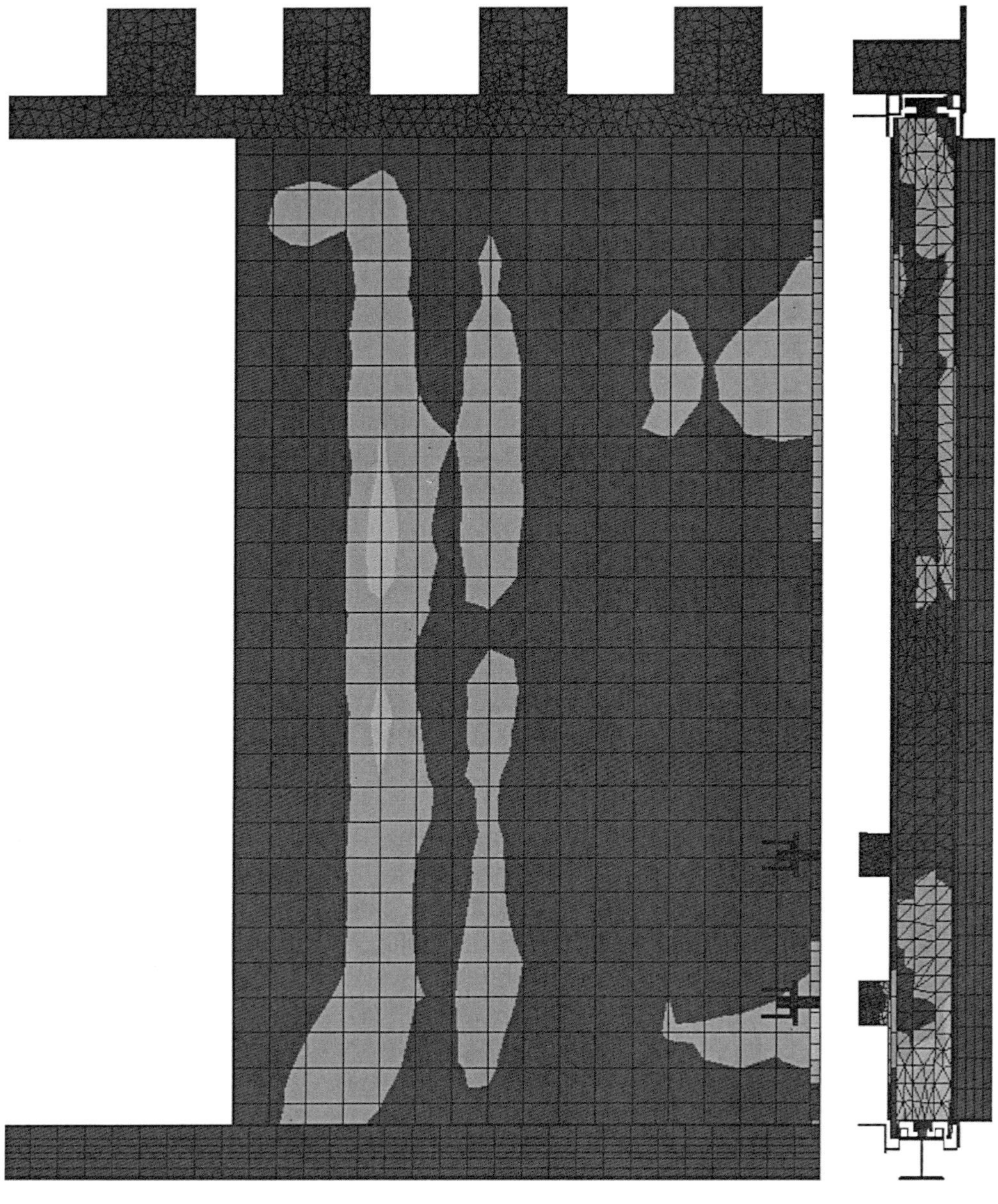

③ Directional Deformation

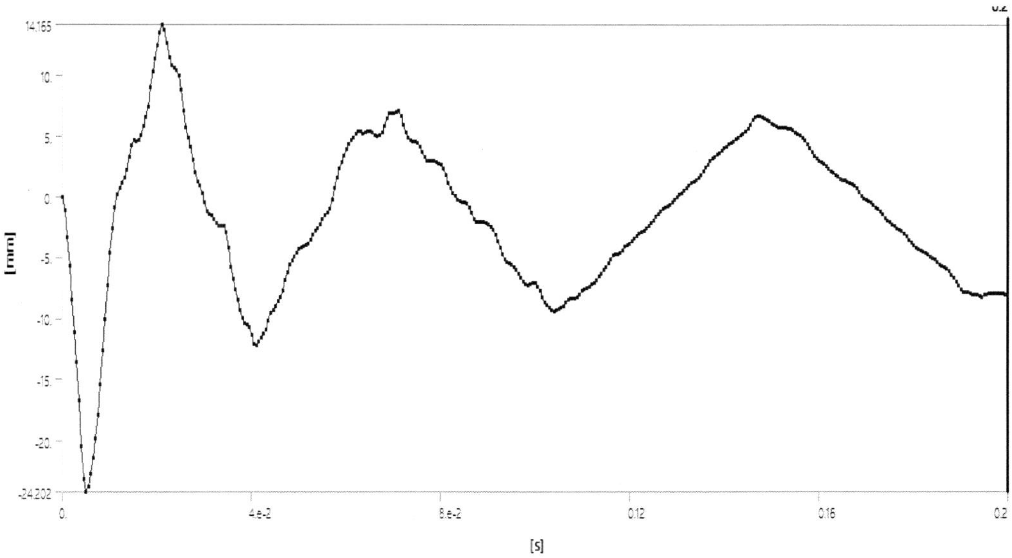

B: Explicit Dynamics
Directional Deformation
Type: Directional Deformation(Z Axis)
Unit: mm
Global Coordinate System
Time: 2.1e-002
Cycle Number: 624247

14.165 Max

14.165 Min

Case B. TNT Reference Frame : 이격거리 : 3m

Case A와 다른 부분만 기술한다. 반사압 58.9MPa 적용

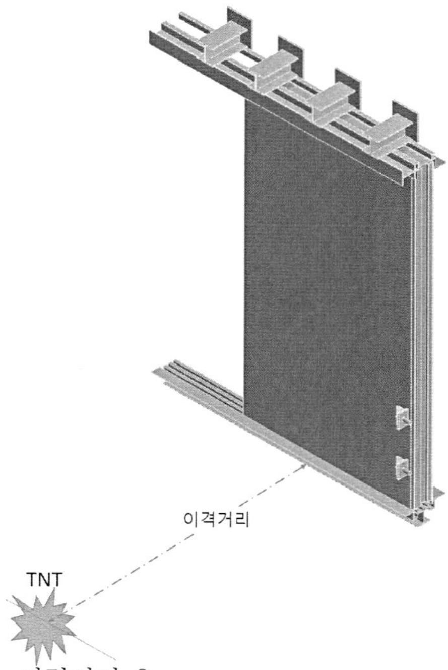

이격거리 3m

(1) 해석 설정 정의(Analysis Settings)

① End Time을 0.0009으로 설정한다.

② Output Controls를 Equally Spaced Points로 설정한다. 200으로 설정한다.

Details of "Analysis Settings"

Analysis Settings Preference	
Type	Custom
Step Controls	
Number Of Steps	1
Current Step Number	1
End Time	9.e-004
Resume From Cycle	0
Maximum Number of Cycles	1e+07
Maximum Energy Error	0.1
Reference Energy Cycle	0
Initial Time Step	Program Controlled
Minimum Time Step	Program Controlled
Maximum Time Step	Program Controlled
Time Step Safety Factor	0.9
Characteristic Dimension	Diagonals
Automatic Mass Scaling	No
Solver Controls	
Solve Units	mm, mg, ms
Beam Solution Type	Bending
Beam Time Step Safety Factor	0.5
Hex Integration Type	Exact
Shell Sublayers	3

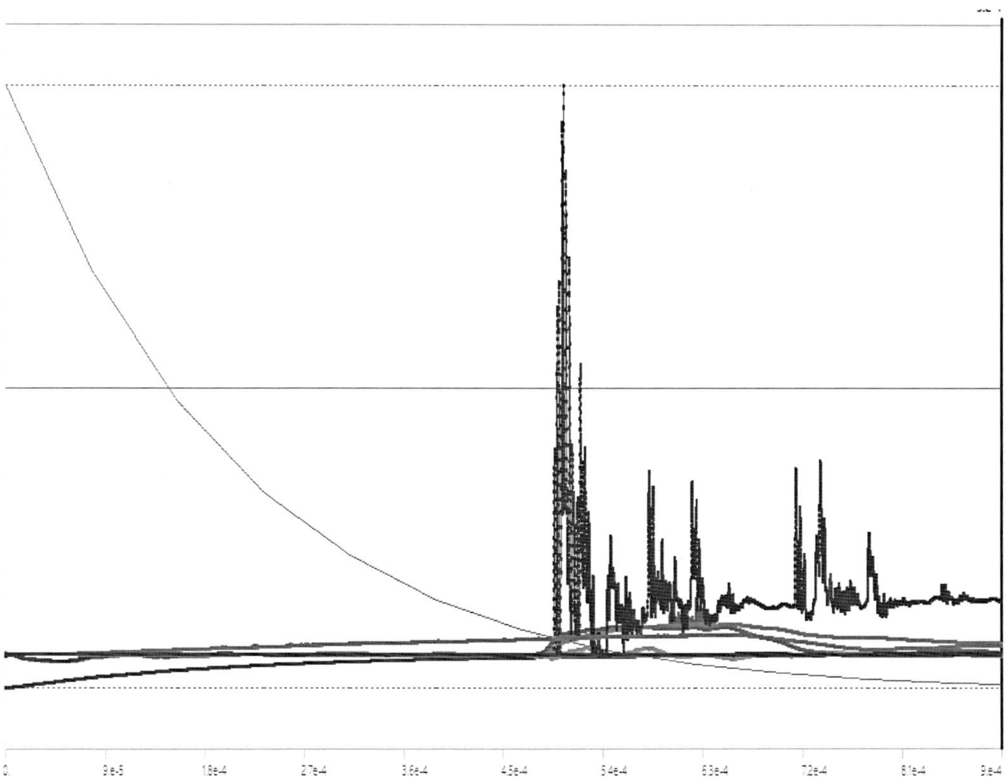

```
----SIMULATION ELAPSED TIME SUMMARY-------------------------
EXECUTION FROM CYCLE          1 TO     26779
ELAPSED RUN TIME IN SOLVER = 20.9218 Minutes
TOTAL ELAPSED RUN TIME      = 25.7775 Minutes
JOB RAN OVER      8 SLAVES
JOB RAN USING IBM MPI
JOB RAN USING DECOMPOSITION AUTO
Problem terminated .... wrapup time reached
-----------------------------------------------------------
```

(2) Pressure

① 전면강판을 선택한다.

Details of "Pressure"

Scope	
Scoping Method	Geometry Selection
Geometry	36 Faces
Definition	
Type	Pressure
Define By	Normal To
Magnitude	Tabular Data
Suppressed	No
Tabular Data	
Independent Variable	Time

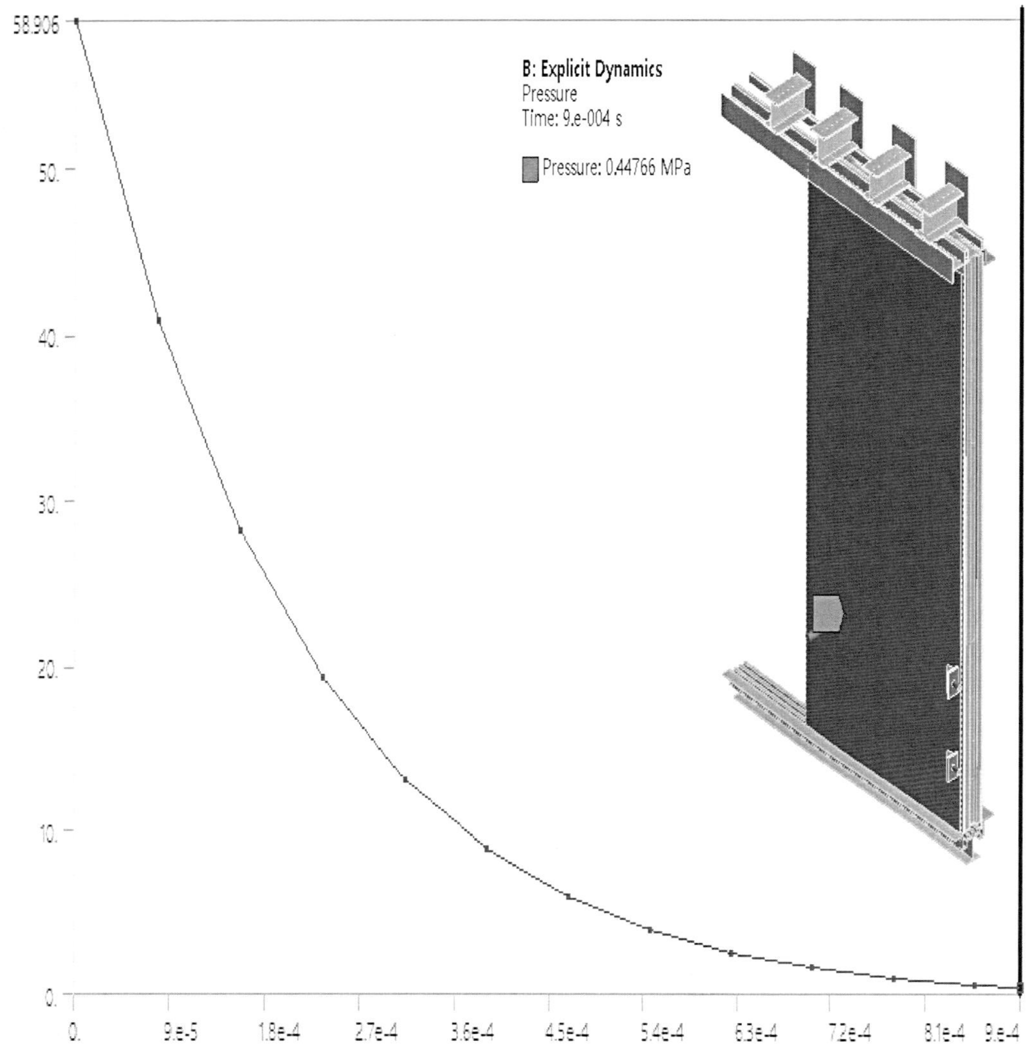
B: Explicit Dynamics
Pressure
Time: 9.e-004 s
Pressure: 0.44766 MPa
58.906
50.
40.
30.
20.
10.
0.
0.
9.e-5
1.8e-4
2.7e-4
3.6e-4
4.5e-4
5.4e-4
6.3e-4
7.2e-4
8.1e-4
9.e-4

(3) 해석 결과 확인

① Total Deformation을 확인한다.

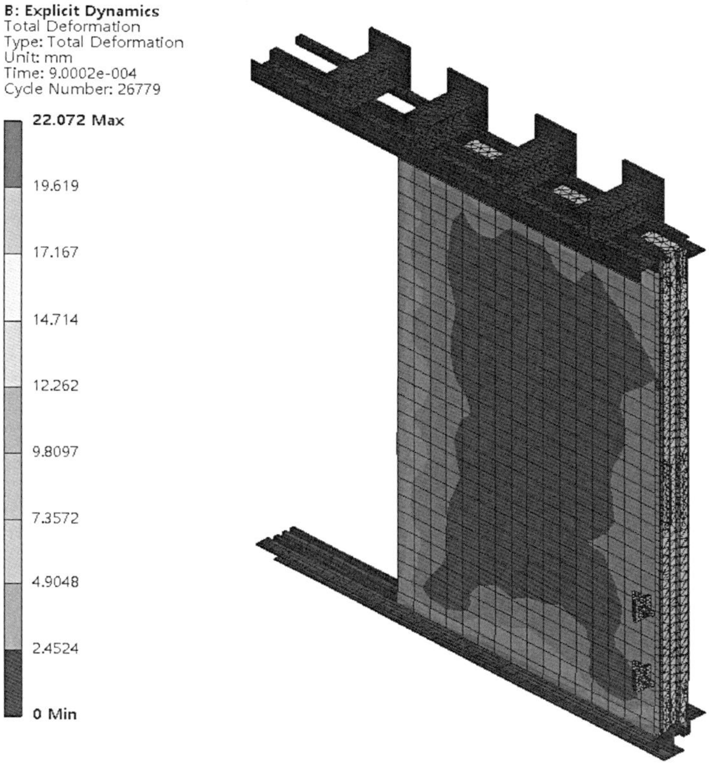

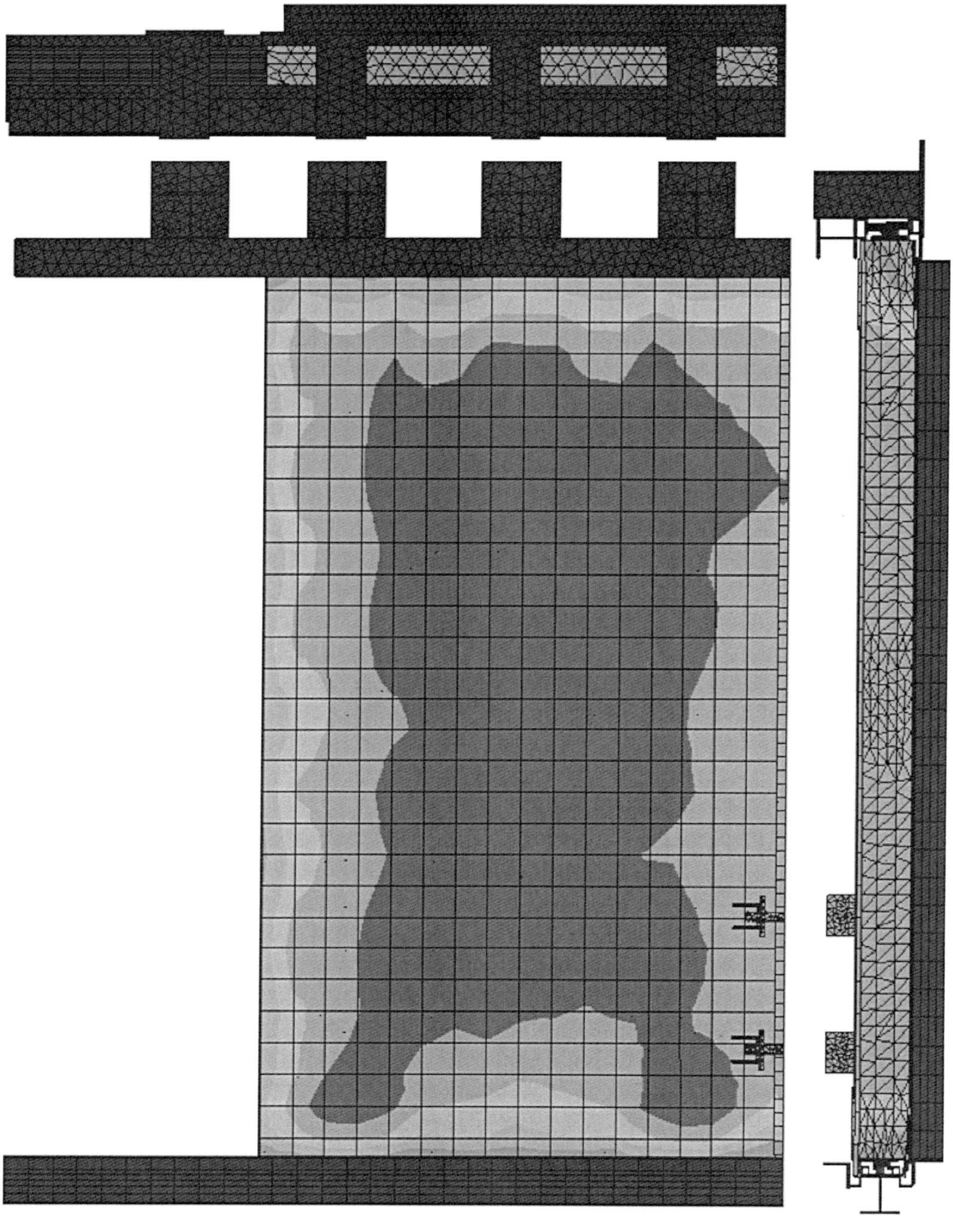

② Equivalent Stress을 확인한다.

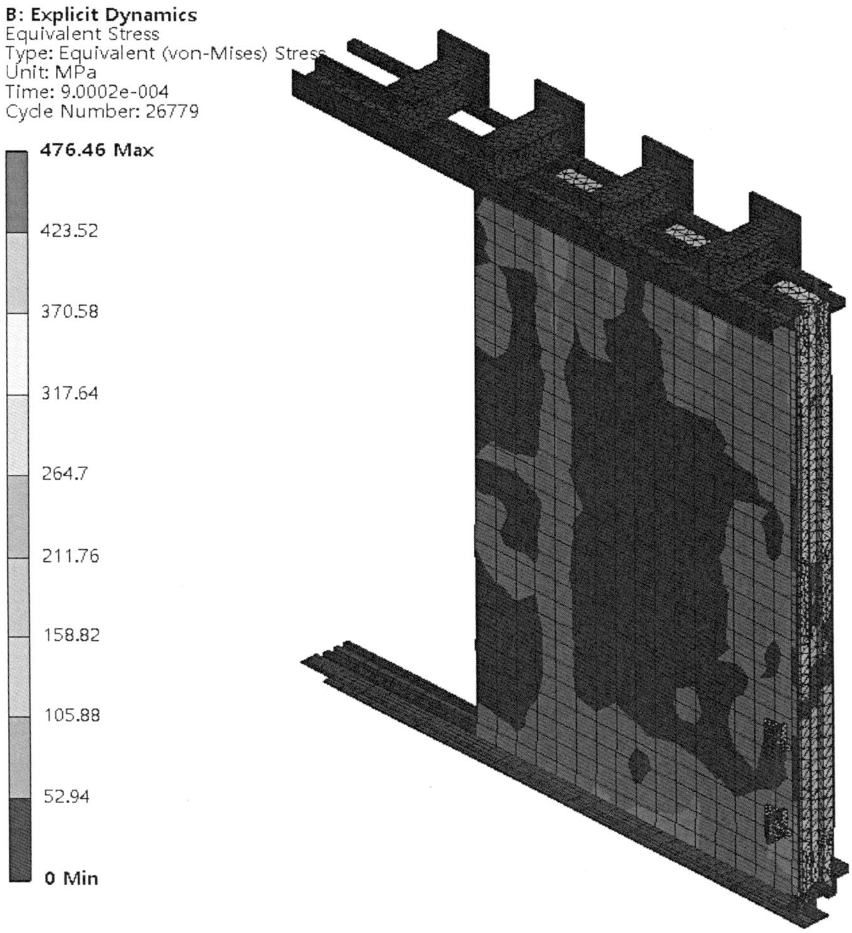

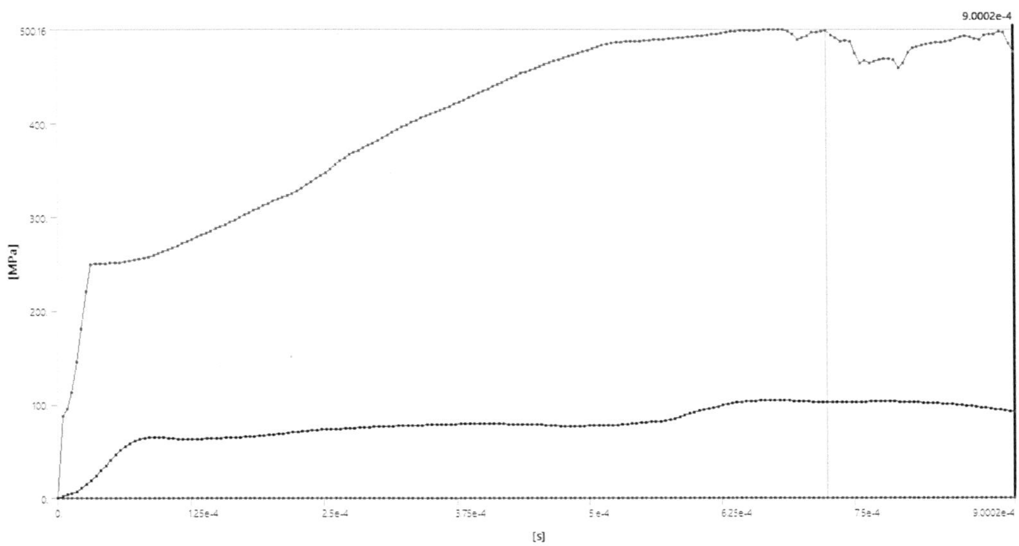

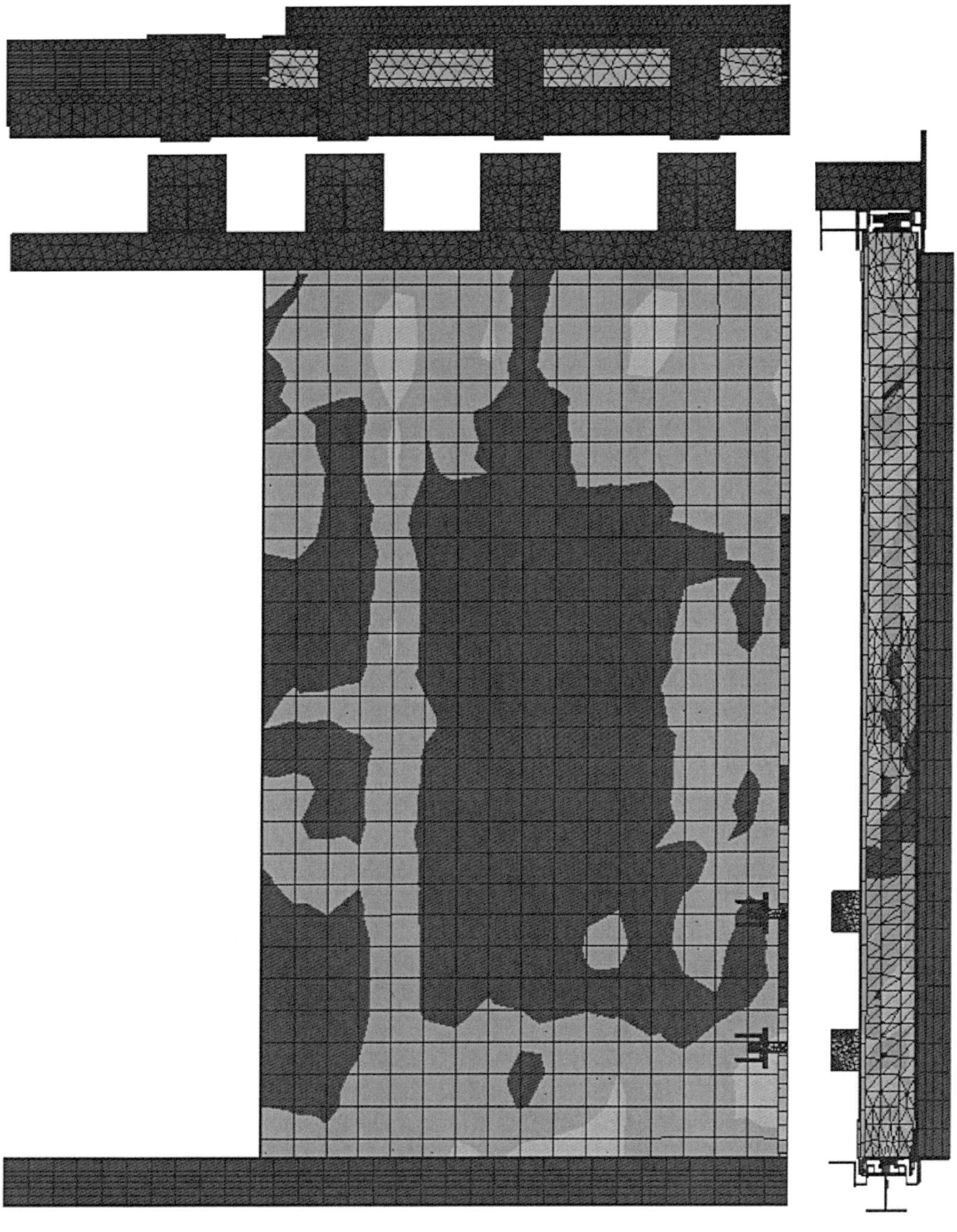

Case C. TNT Reference Frame : 이격거리 : 2m

Case A와 다른 부분만 기술한다.

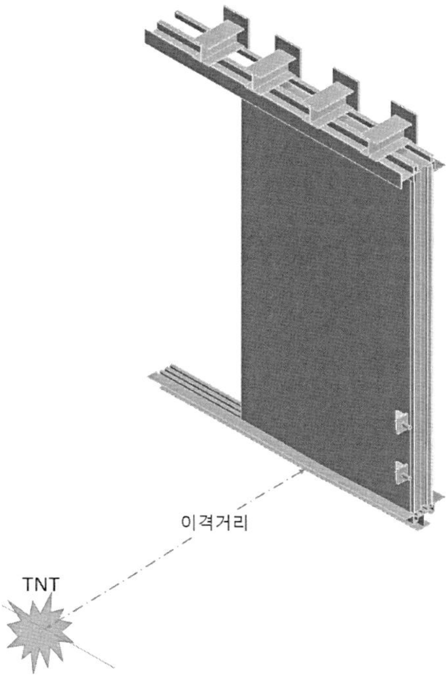

이격거리 2m, 반사압 5.86MPa 적용

(1) 해석 설정 정의(Analysis Settings)

① End Time을 0.0009으로 설정한다.

② Output Controls를 Equally Spaced Points로 설정한다. 200으로 설정한다.

Details of "Analysis Settings"	
Analysis Settings Preference	
Type	Custom
Step Controls	
Number Of Steps	1
Current Step Number	1
End Time	9.e-004
Resume From Cycle	0
Maximum Number of Cycles	1e+07
Maximum Energy Error	0.1
Reference Energy Cycle	0
Initial Time Step	Program Controlled
Minimum Time Step	Program Controlled
Maximum Time Step	Program Controlled
Time Step Safety Factor	0.9
Characteristic Dimension	Diagonals
Automatic Mass Scaling	No
Solver Controls	
Solve Units	mm, mg, ms
Beam Solution Type	Bending
Beam Time Step Safety Factor	0.5
Hex Integration Type	Exact
Shell Sublayers	3

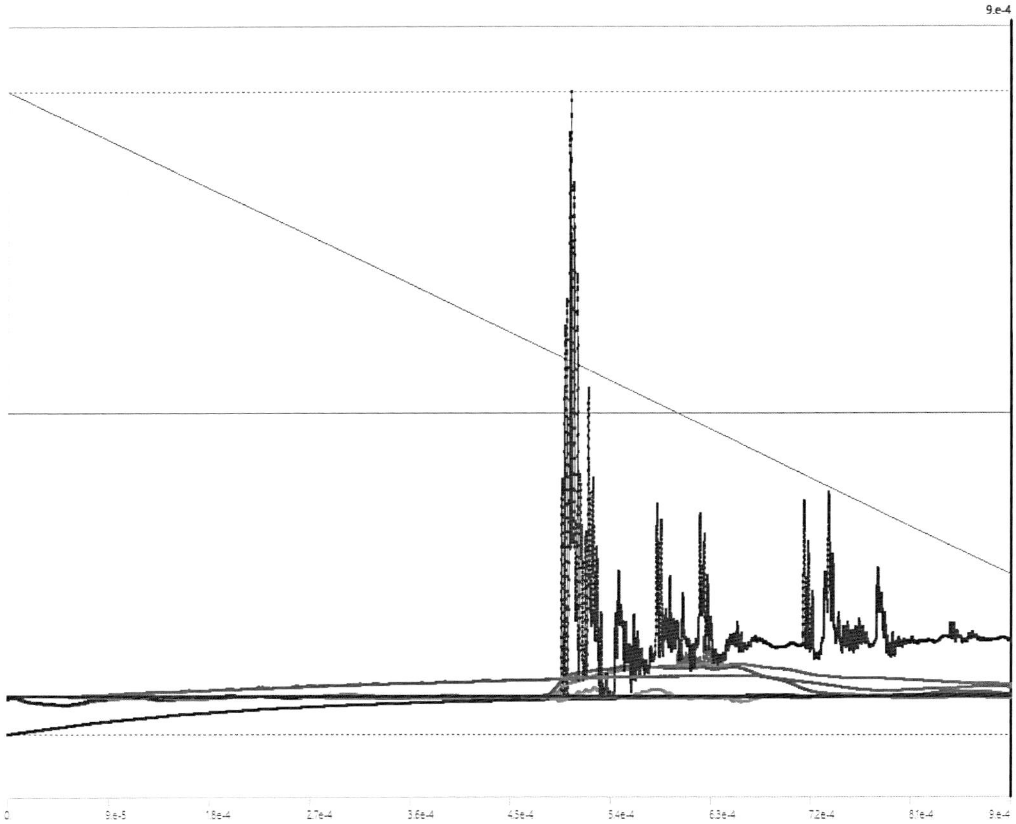

```
----SIMULATION ELAPSED TIME SUMMARY-------------------------
EXECUTION FROM CYCLE          1 TO      26779
ELAPSED RUN TIME IN SOLVER = 20.9218 Minutes
TOTAL ELAPSED RUN TIME      = 25.7775 Minutes
JOB RAN OVER       8 SLAVES
JOB RAN USING IBM MPI
JOB RAN USING DECOMPOSITION AUTO
Problem terminated .... wrapup time reached
-------------------------------------------------------------
```

(2) Pressure

① 전면강판을 선택한다.

Details of "Pressure"

Scope	
Scoping Method	Geometry Selection
Geometry	36 Faces
Definition	
Type	Pressure
Define By	Normal To
Magnitude	Tabular Data
Suppressed	No
Tabular Data	
Independent Variable	Time

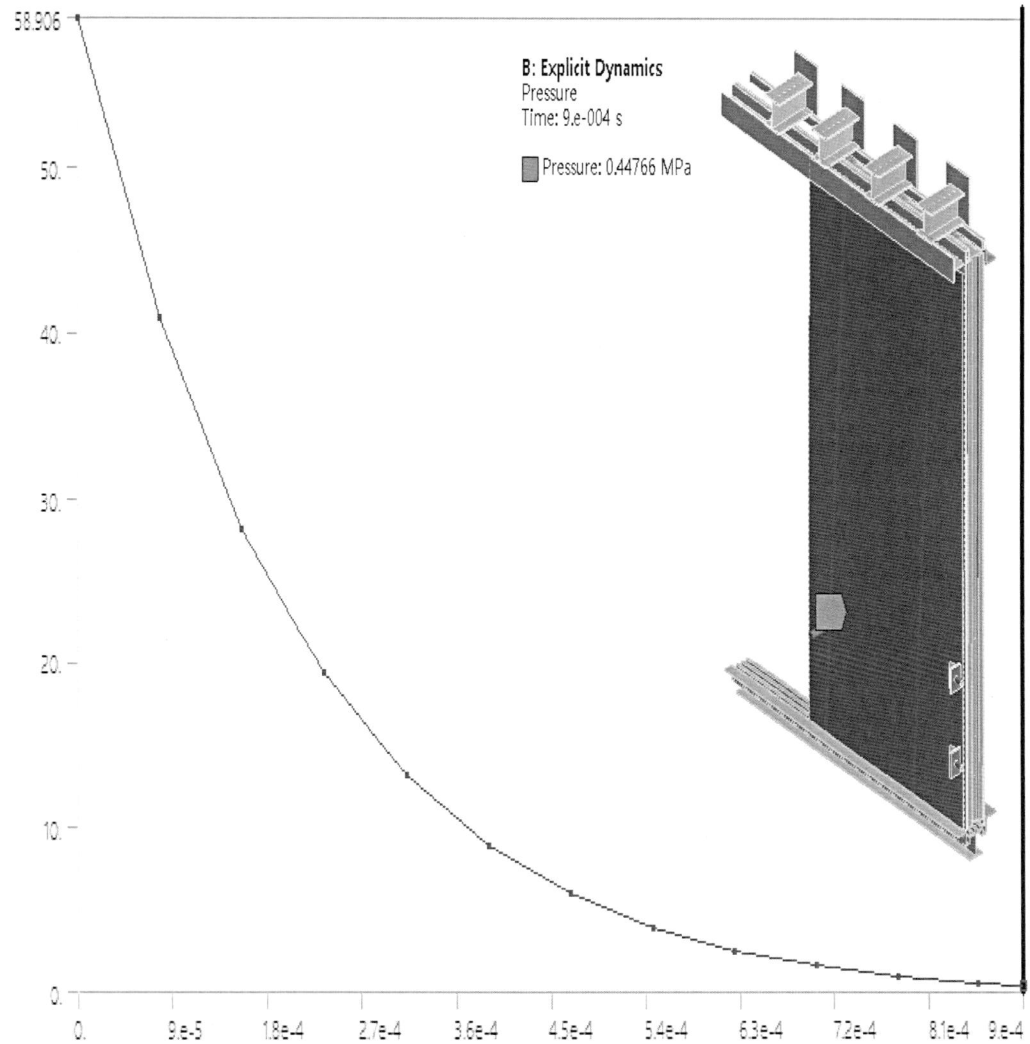
B: Explicit Dynamics
Pressure
Time: 9.e-004 s
Pressure: 0.44766 MPa
58.906
50.
40.
30.
20.
10.
0.
0.
9.e-5
1.8e-4
2.7e-4
3.6e-4
4.5e-4
5.4e-4
6.3e-4
7.2e-4
8.1e-4
9.e-4

(3) 해석 결과 확인

① Total Deformation을 확인한다.

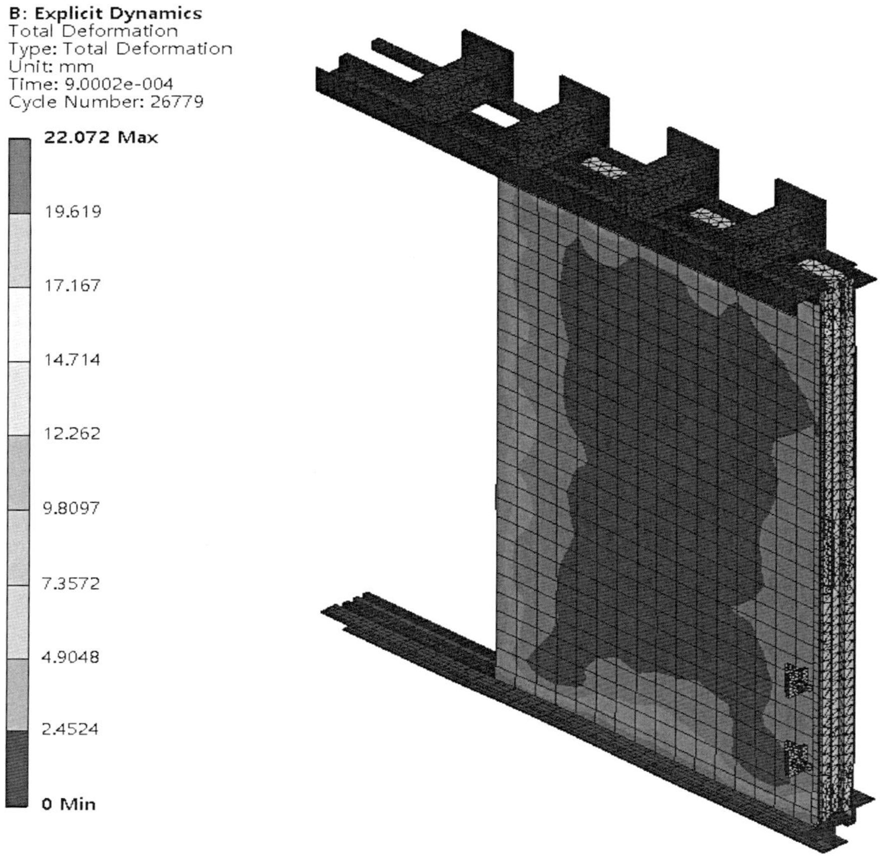

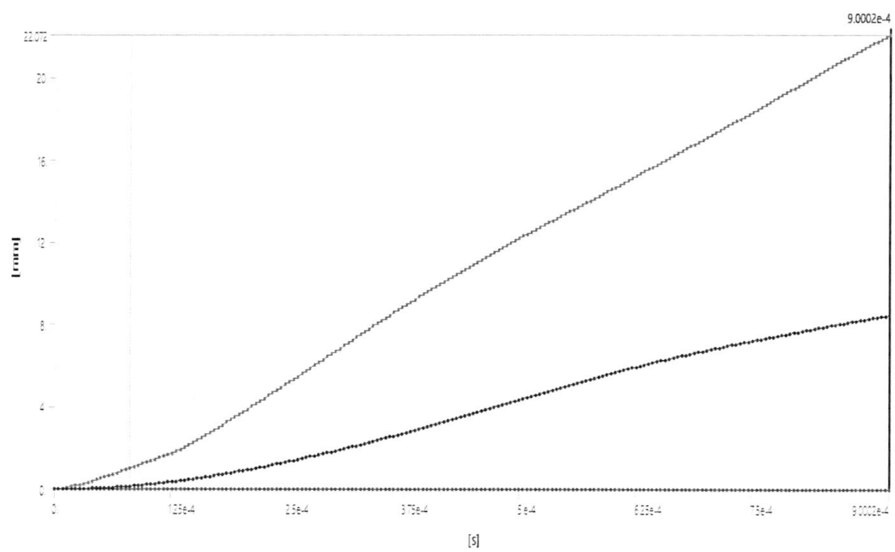

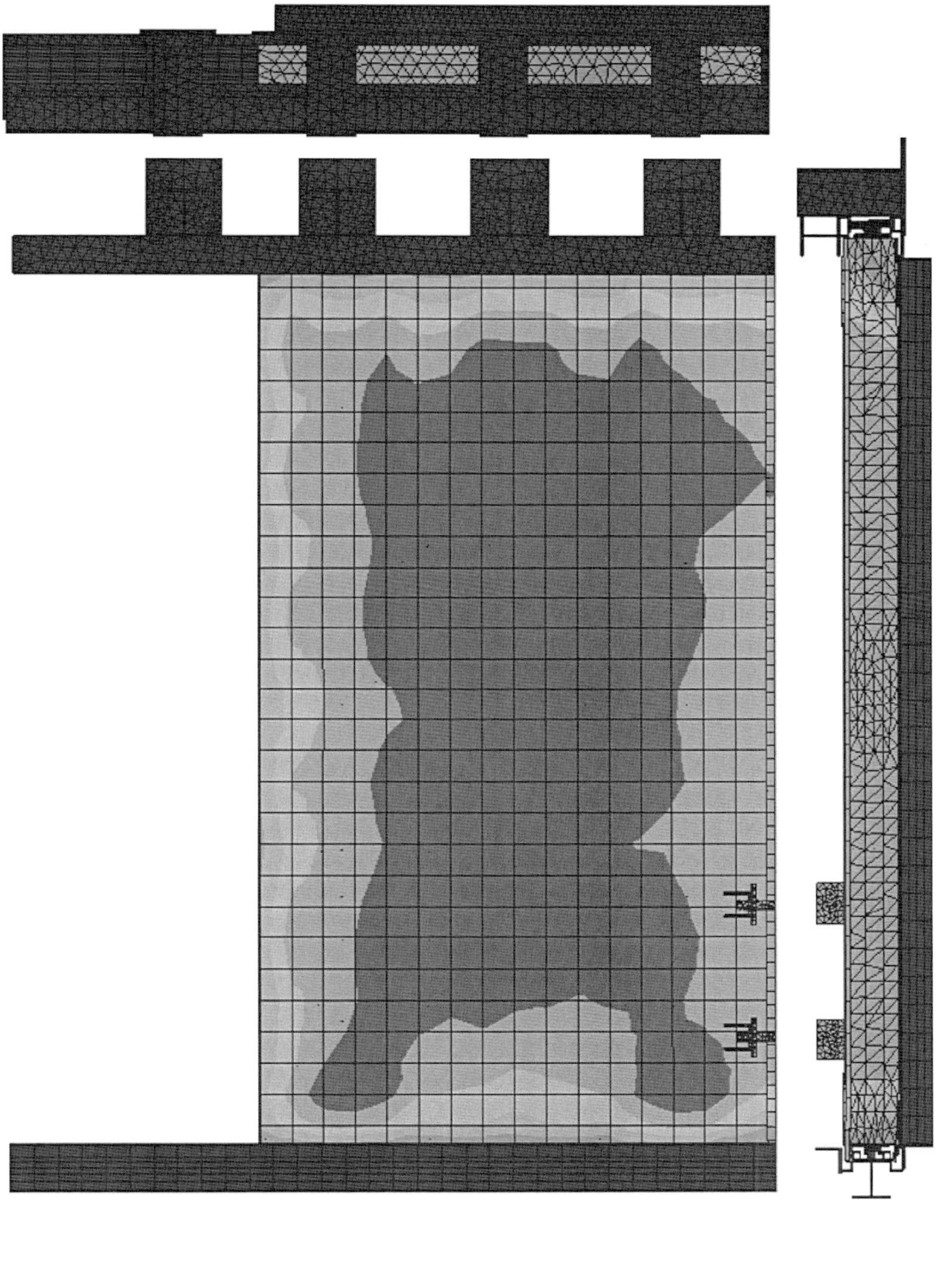

② Equivalent Stress을 확인한다.

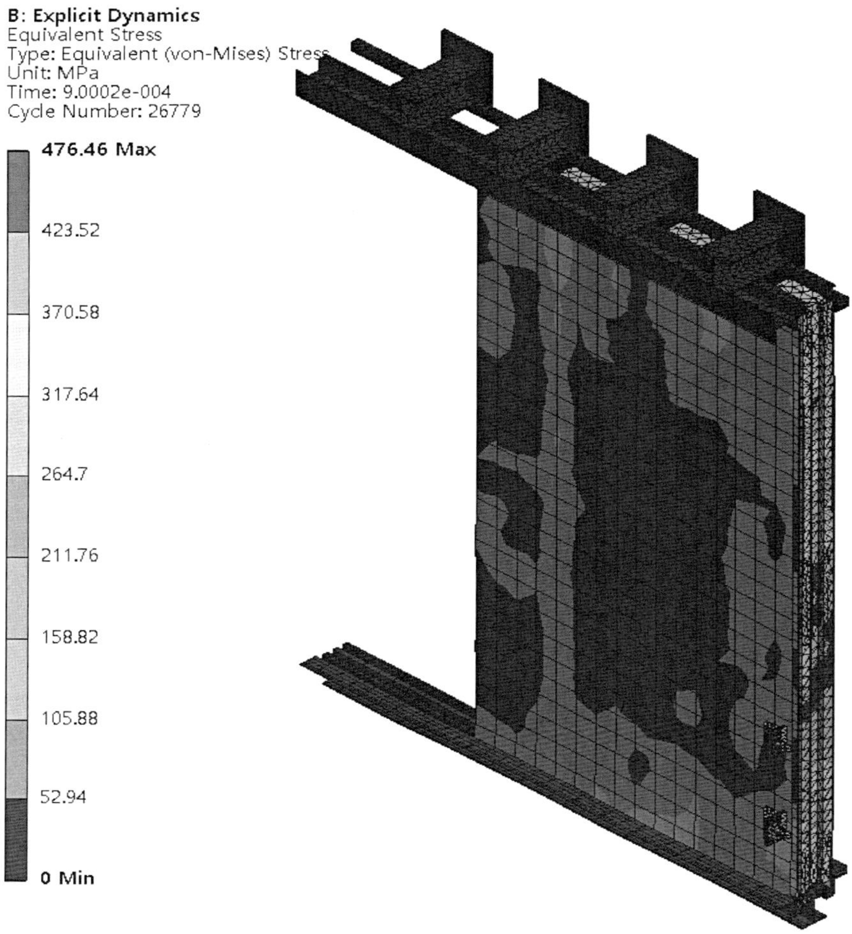

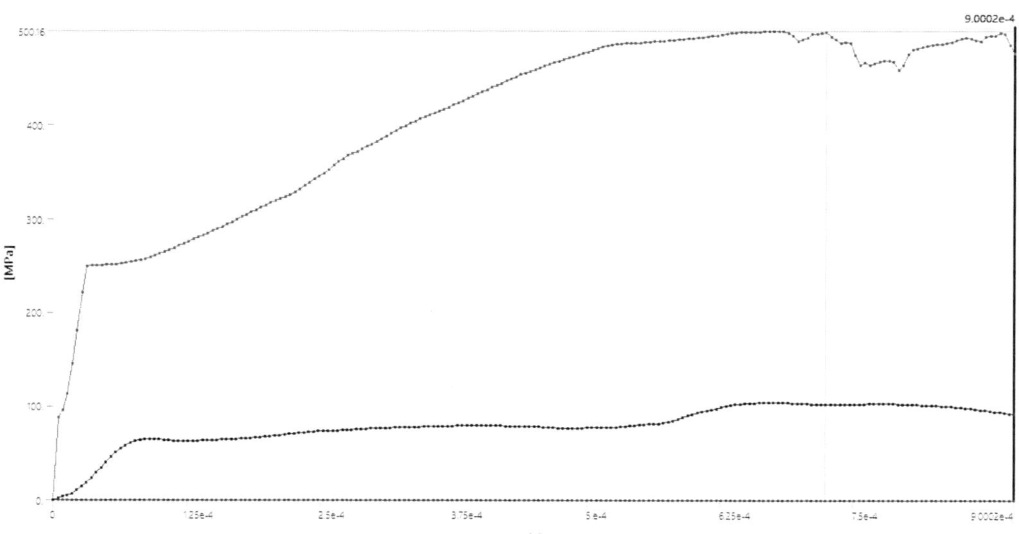

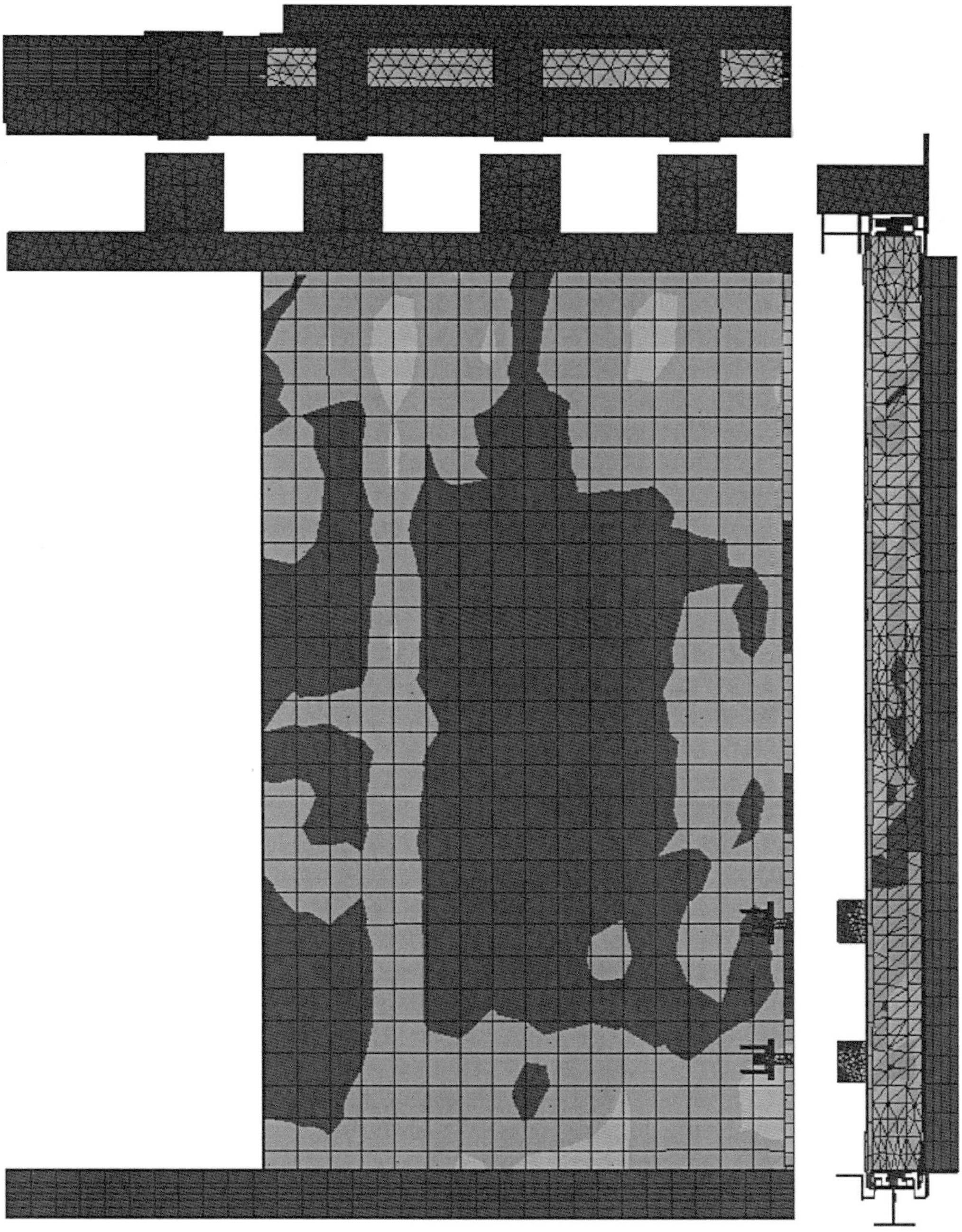

Case D. TNT Reference Frame : 이격거리 : 1m

Case A와 다른 부분만 기술한다.

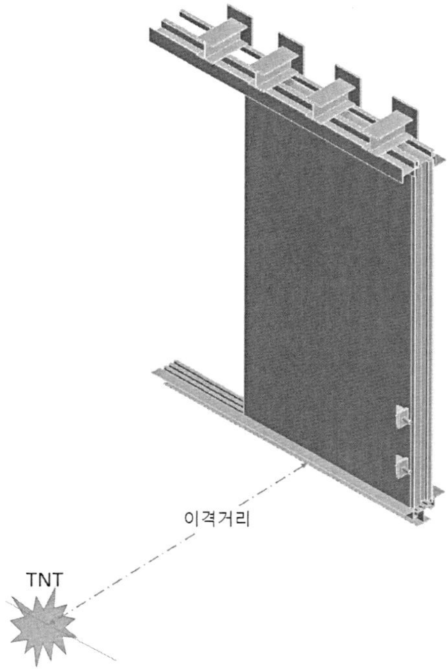

이격거리 1m, 반사압 180MPa 적용

(1) 해석 설정 정의(Analysis Settings)

① End Time을 0.0009으로 설정한다.

② Output Controls를 Equally Spaced Points로 설정한다. 200으로 설정한다.

Details of "Analysis Settings"

Analysis Settings Preference	
Type	Custom
Step Controls	
Number Of Steps	1
Current Step Number	1
End Time	9.e-004
Resume From Cycle	0
Maximum Number of Cycles	1e+07
Maximum Energy Error	0.1
Reference Energy Cycle	0
Initial Time Step	Program Controlled
Minimum Time Step	Program Controlled
Maximum Time Step	Program Controlled
Time Step Safety Factor	0.9
Characteristic Dimension	Diagonals
Automatic Mass Scaling	No
Solver Controls	
Solve Units	mm, mg, ms
Beam Solution Type	Bending
Beam Time Step Safety Factor	0.5
Hex Integration Type	Exact
Shell Sublayers	3

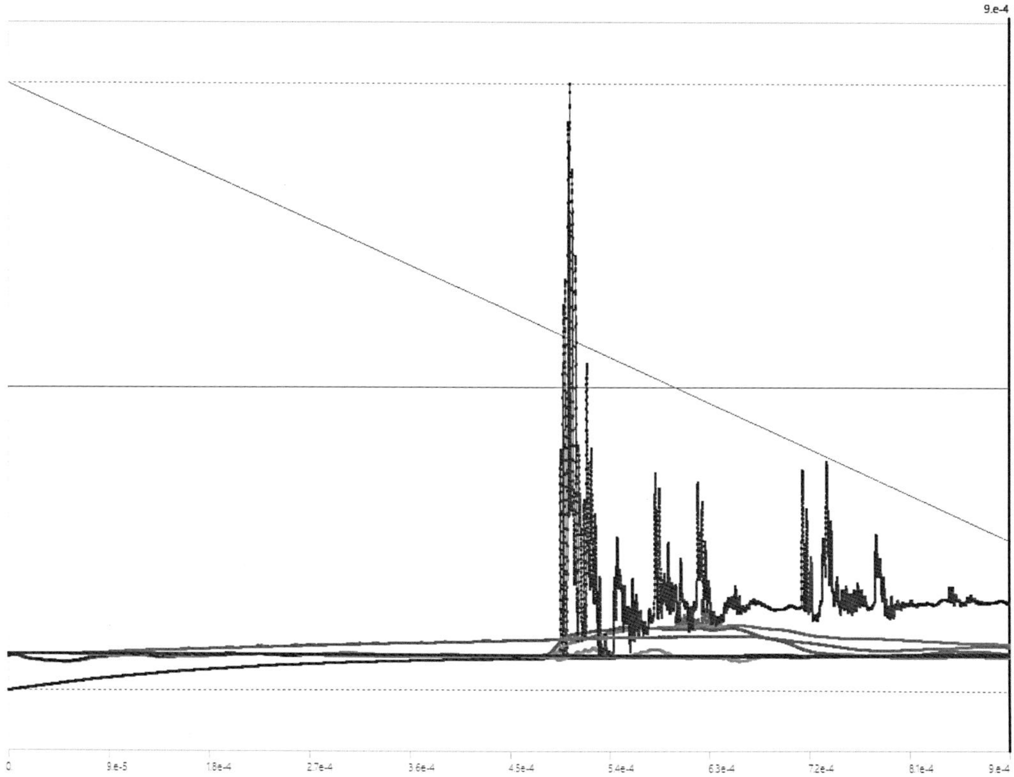

----SIMULATION ELAPSED TIME SUMMARY-------------------------

EXECUTION FROM CYCLE 1 TO 26779

ELAPSED RUN TIME IN SOLVER = 41.936 Minutes

TOTAL ELAPSED RUN TIME = 48.167 Minutes

JOB RAN OVER 8 SLAVES

Problem terminated .... wrapup time reached

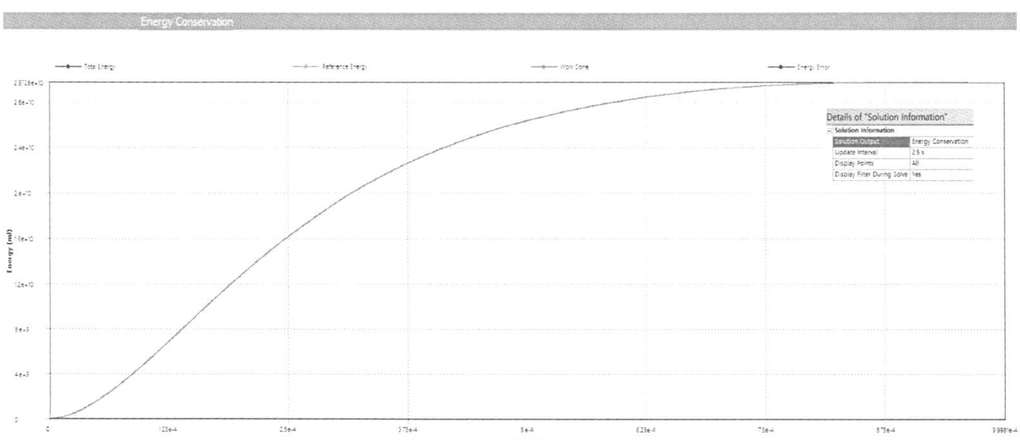

(2) Pressure

① 전면강판 선택한다.

Details of "Pressure"

⊟	**Scope**	
	Scoping Method	Geometry Selection
	Geometry	36 Faces
⊟	**Definition**	
	Type	Pressure
	Define By	Normal To
	Magnitude	Tabular Data
	Suppressed	No
⊟	**Tabular Data**	
	Independent Variable	Time

Tabular Data

	Steps	Time [s]	☑ Pressure [MPa]
1	1	0.	180.89
2	1	8.1405e-005	125.76
3	1	1.6281e-004	86.99
4	1	2.4422e-004	59.814
5	1	3.2562e-004	40.843
6	1	4.0703e-004	27.658
7	1	4.8843e-004	18.542
8	1	5.6984e-004	12.277
9	1	6.5124e-004	8.0023
10	1	7.3265e-004	5.1094
11	1	8.1405e-004	3.1716
12	1	8.9546e-004	1.89
13	1	9.7686e-004	1.0559
14	1	1.e-003	= 0.90485
15	N/A	1.0583e-003	0.52437
16	N/A	1.1397e-003	0.1953
17	N/A	1.2211e-003	0.

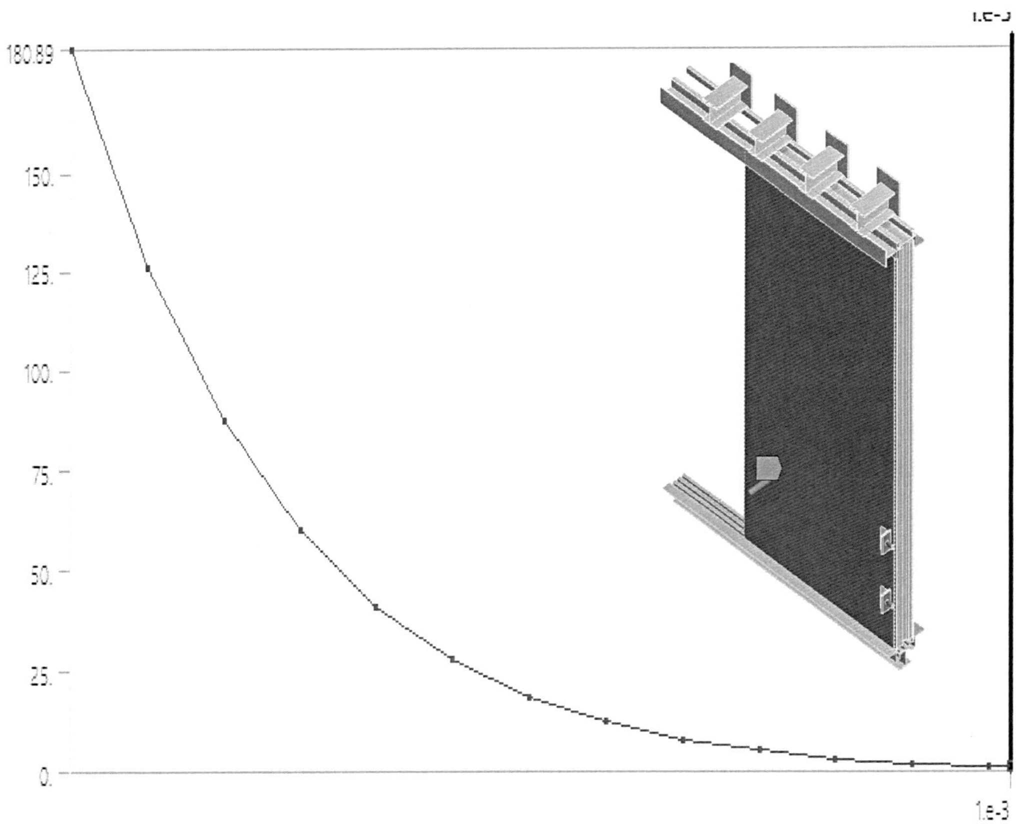

(3) 해석 결과 확인

① Total Deformation을 확인한다.

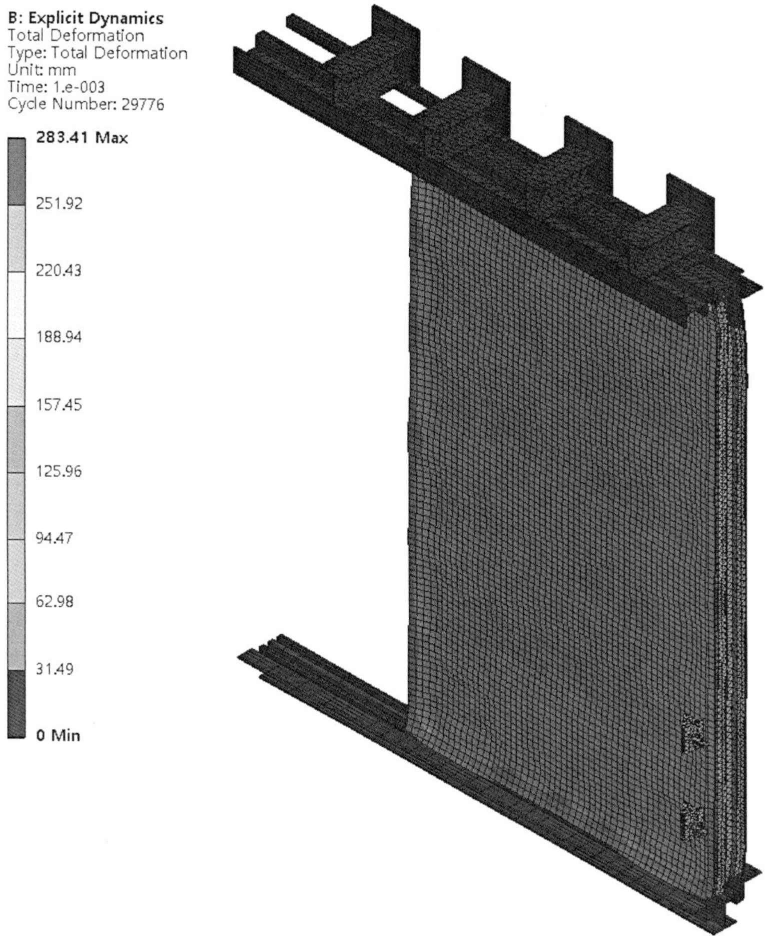

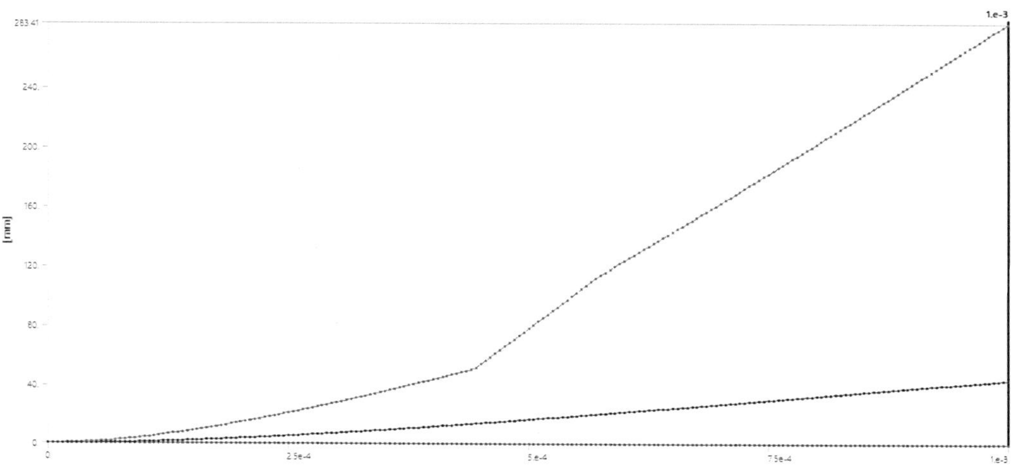

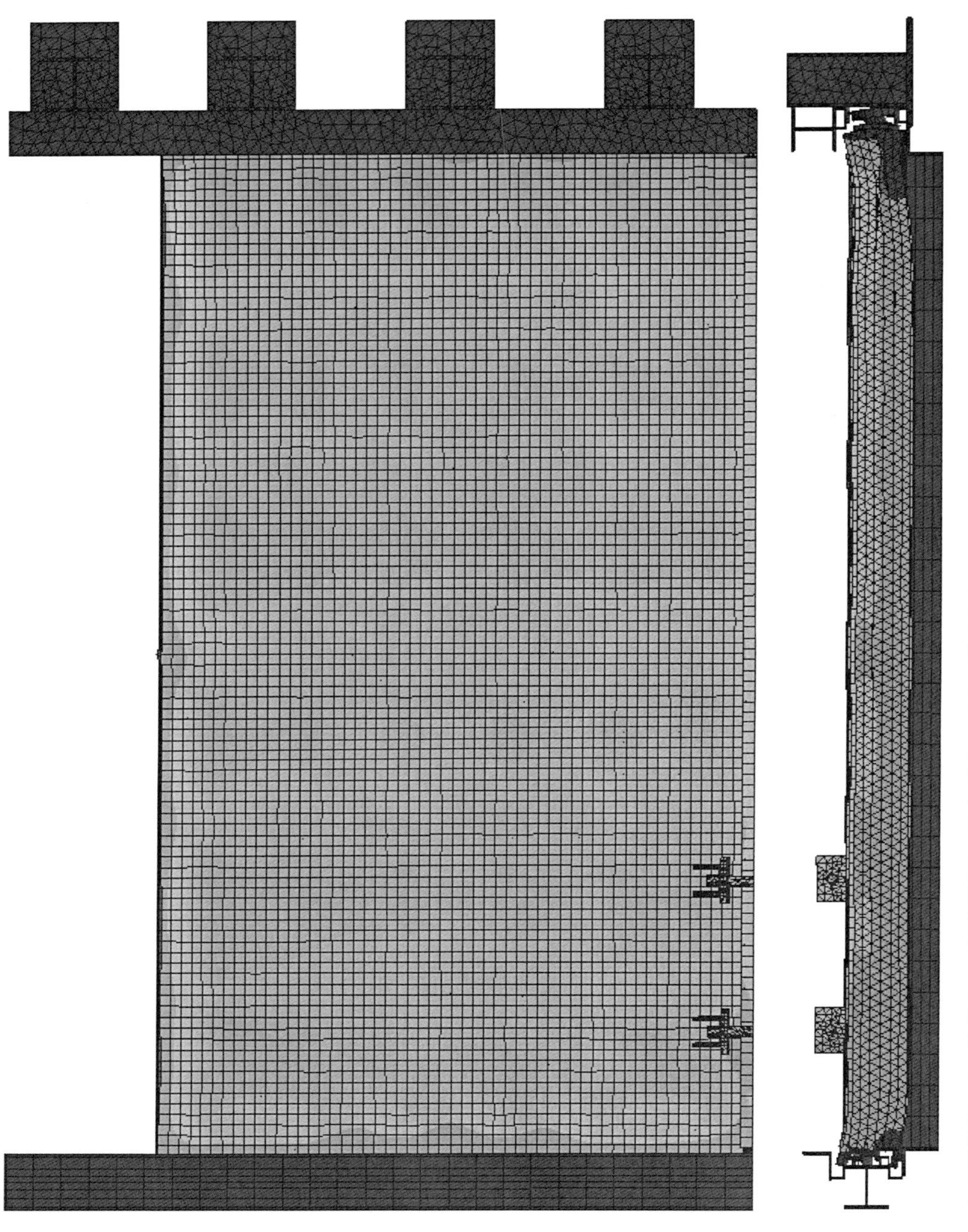

② Directional Deformation

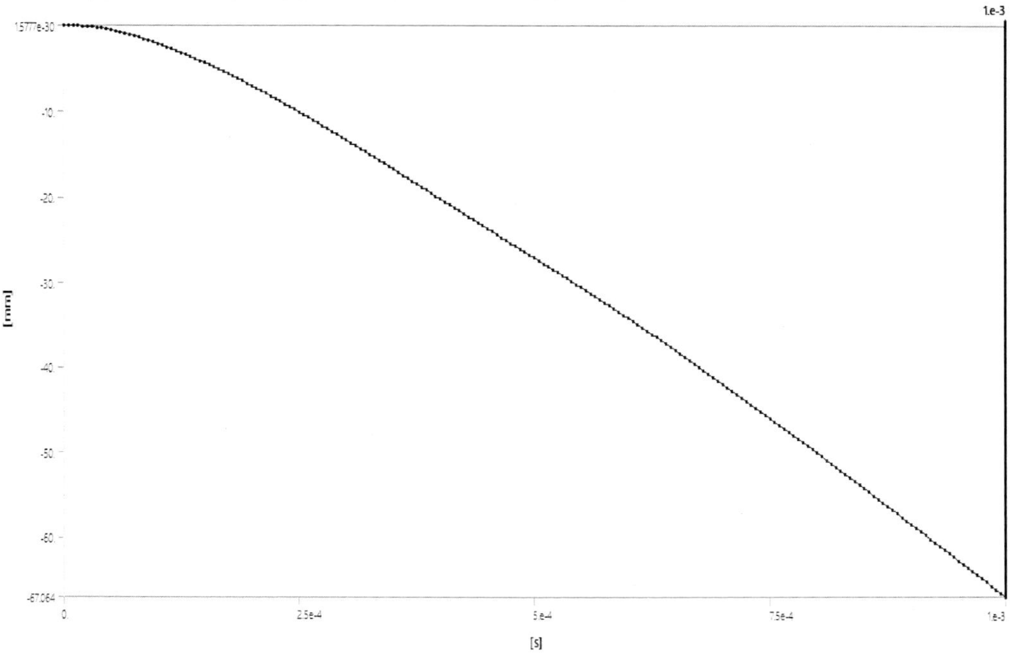

③ Equivalent Stress을 확인한다.

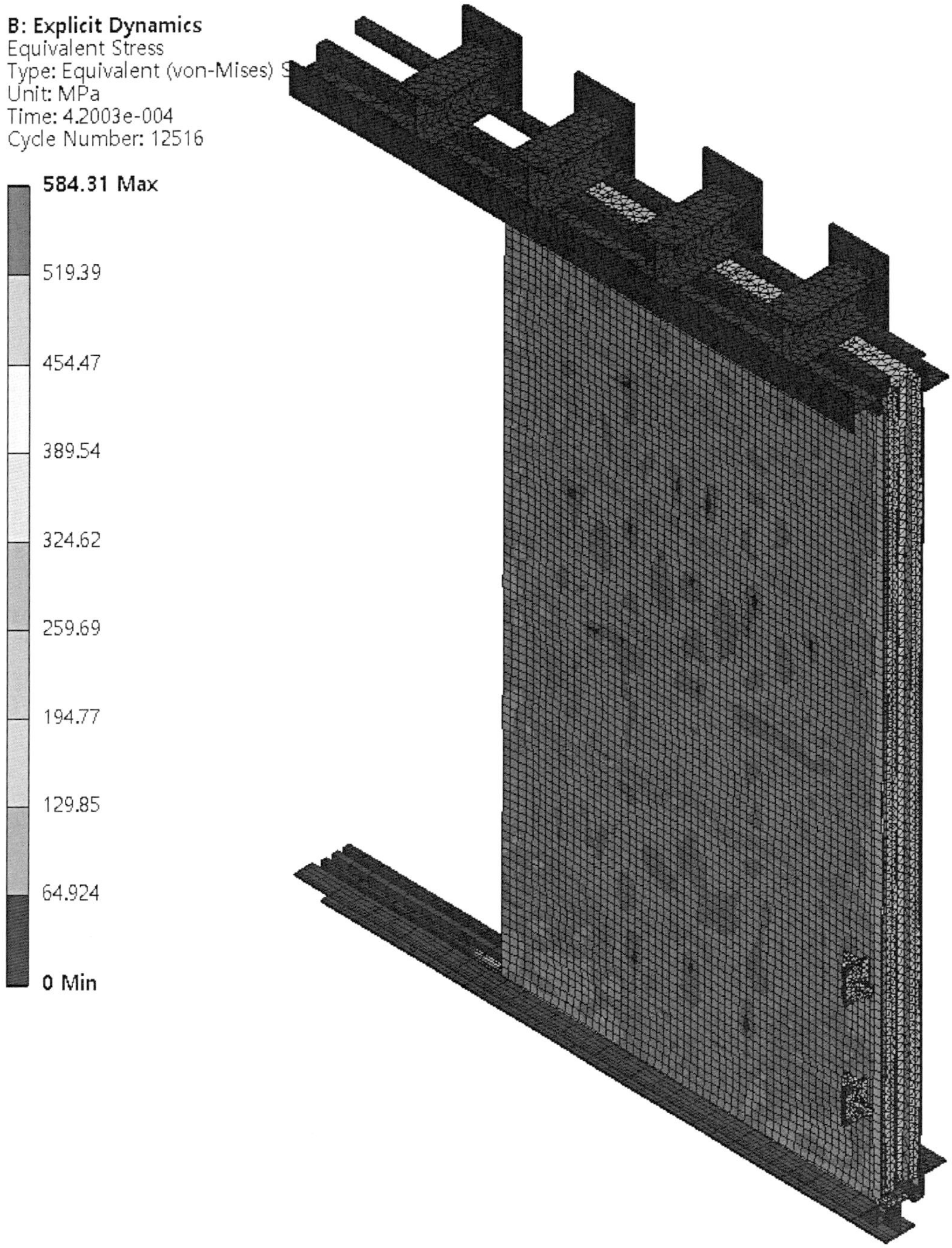

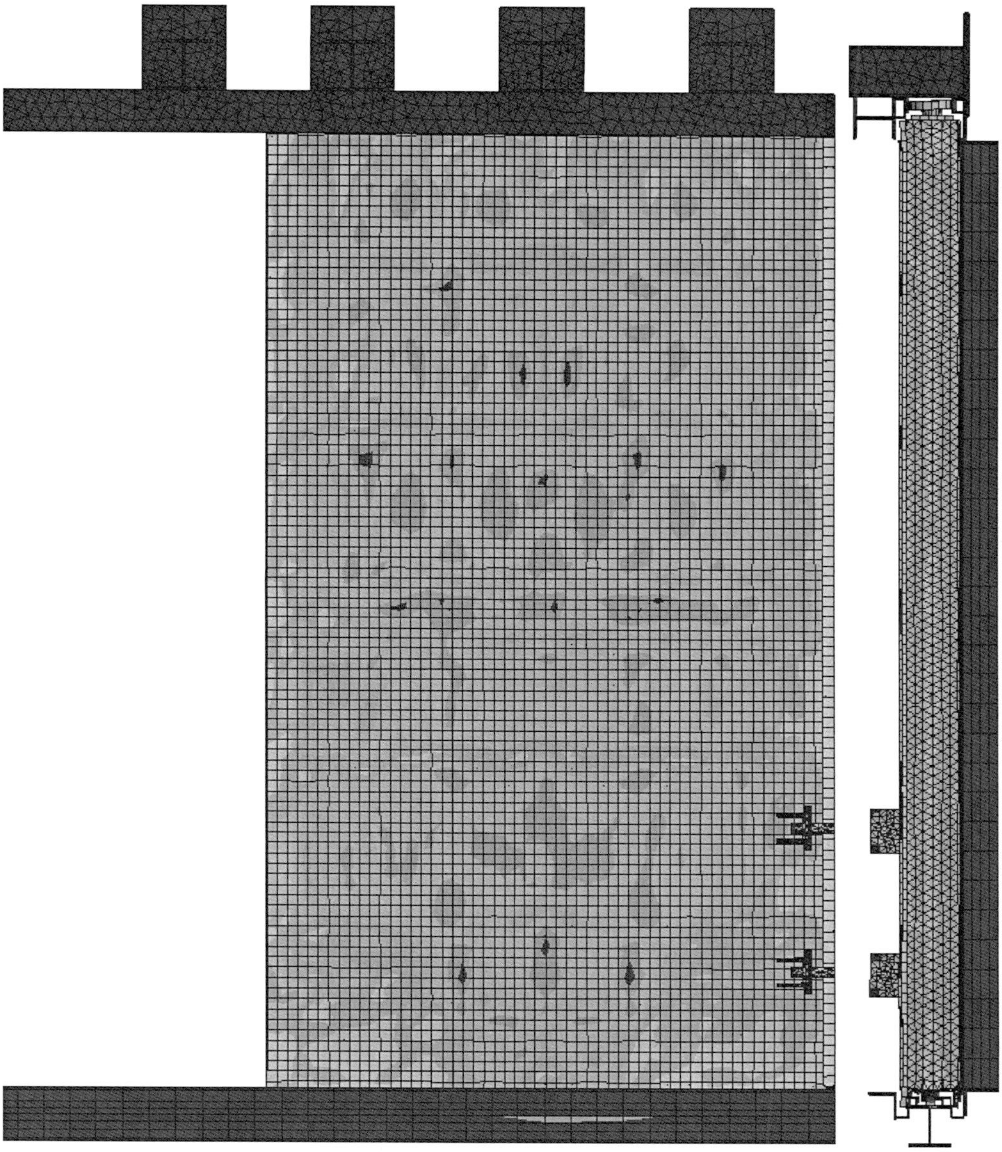

Case E. TNT Reference Frame : 이격거리 : 0.9m

Case A와 다른 부분만 기술한다.

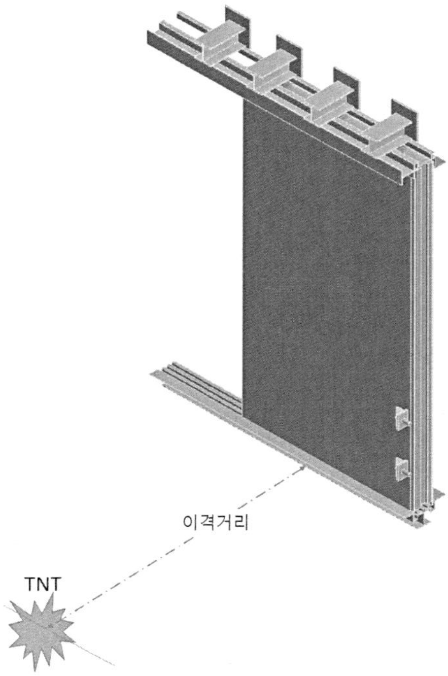

이격거리 0.9m, 반사압 180MPa 적용

(1) 해석 설정 정의(Analysis Settings)

① End Time을 0.002으로 설정한다.

② Output Controls를 Equally Spaced Points로 설정한다. 200으로 설정한다.

Details of "Analysis Settings"

Analysis Settings Preference	
Type	Custom
Step Controls	
Number Of Steps	1
Current Step Number	1
End Time	2.e-003
Resume From Cycle	0
Maximum Number of Cycles	1e+07
Maximum Energy Error	0.1
Reference Energy Cycle	0
Initial Time Step	Program Controlled
Minimum Time Step	Program Controlled
Maximum Time Step	Program Controlled
Time Step Safety Factor	0.9
Characteristic Dimension	Diagonals
Automatic Mass Scaling	No

----SIMULATION ELAPSED TIME SUMMARY--------------------------

EXECUTION FROM CYCLE 1 TO 59521

ELAPSED RUN TIME IN SOLVER = 108.89 Minutes

TOTAL ELAPSED RUN TIME = 115.99 Minutes

JOB RAN OVER 8 SLAVES

Problem terminated .... wrapup time reached

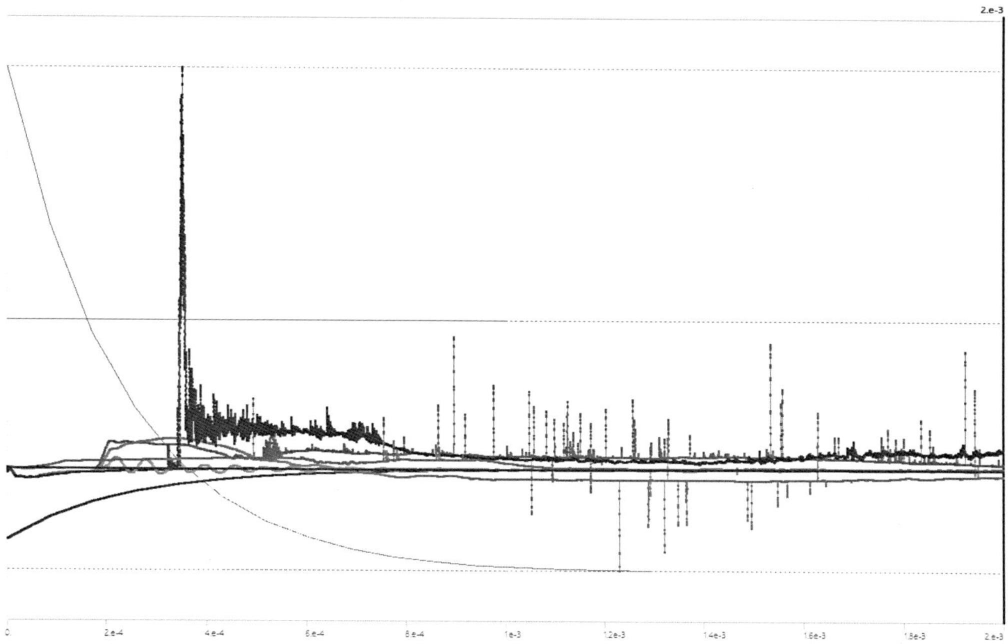

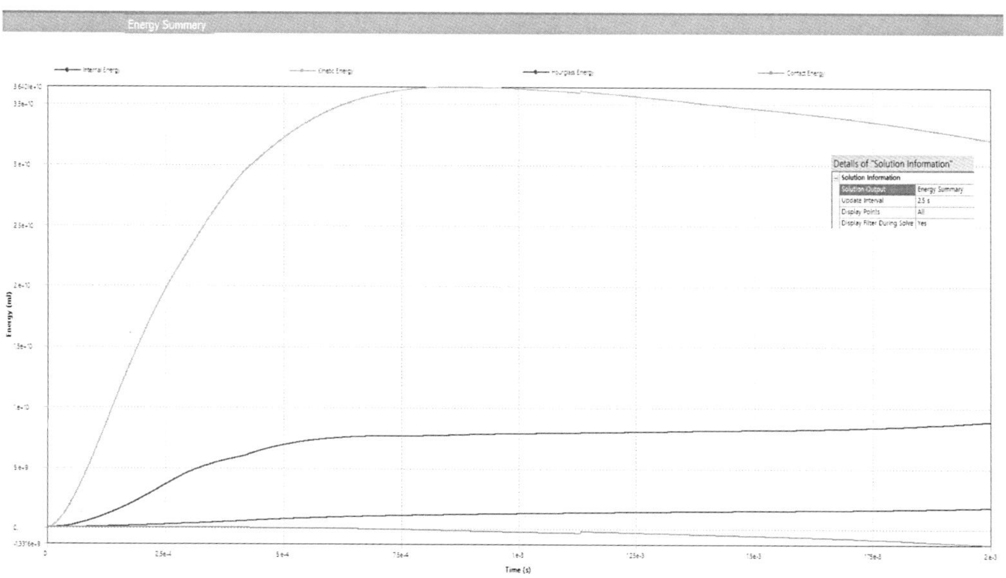

(11) Pressure

① 전면강판 선택한다.

Details of "Pressure"

Details of "Pressure"	
Scope	
Scoping Method	Geometry Selection
Geometry	36 Faces
Definition	
Type	Pressure
Define By	Normal To
Magnitude	Tabular Data
Suppressed	No
Tabular Data	
Independent Variable	Time

Tabular Data

	Steps	Time [s]	Pressure [MPa]
1	1	0.	212.
2	1	8.6112e-005	146.05
3	1	1.7222e-004	100.11
4	1	2.5834e-004	68.207
5	1	3.4445e-004	46.15
6	1	4.3056e-004	30.968
7	1	5.1667e-004	20.573
8	1	6.0278e-004	13.498
9	1	6.889e-004	8.718
10	1	7.7501e-004	5.5158
11	1	8.6112e-004	3.3928
12	1	9.4723e-004	2.0035
13	1	1.0333e-003	1.1091
14	1	1.1195e-003	0.54579
15	1	1.2056e-003	0.20143
16	1	1.2917e-003	0.
17	1	2.e-003	= 0.

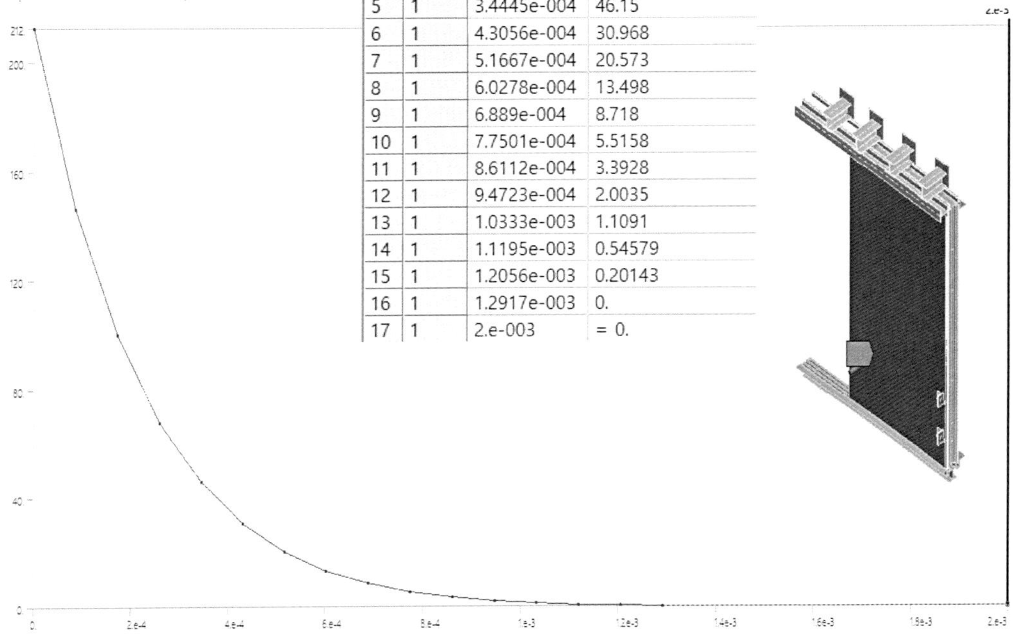

(14) 해석 결과 확인

① Total Deformation을 확인한다.

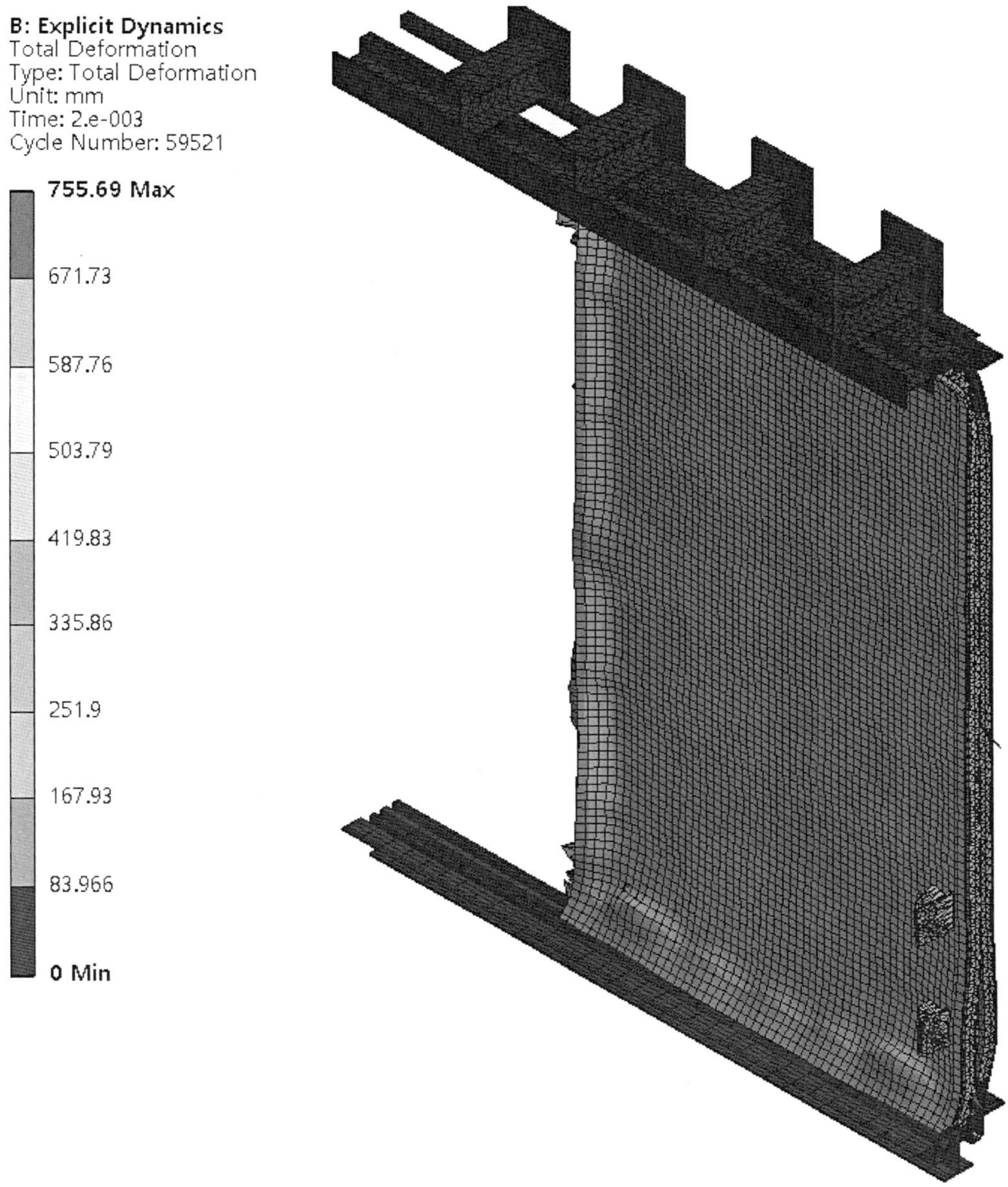

전면 강판이 보이지 않도록 한 내부 구조물의 파괴 모습

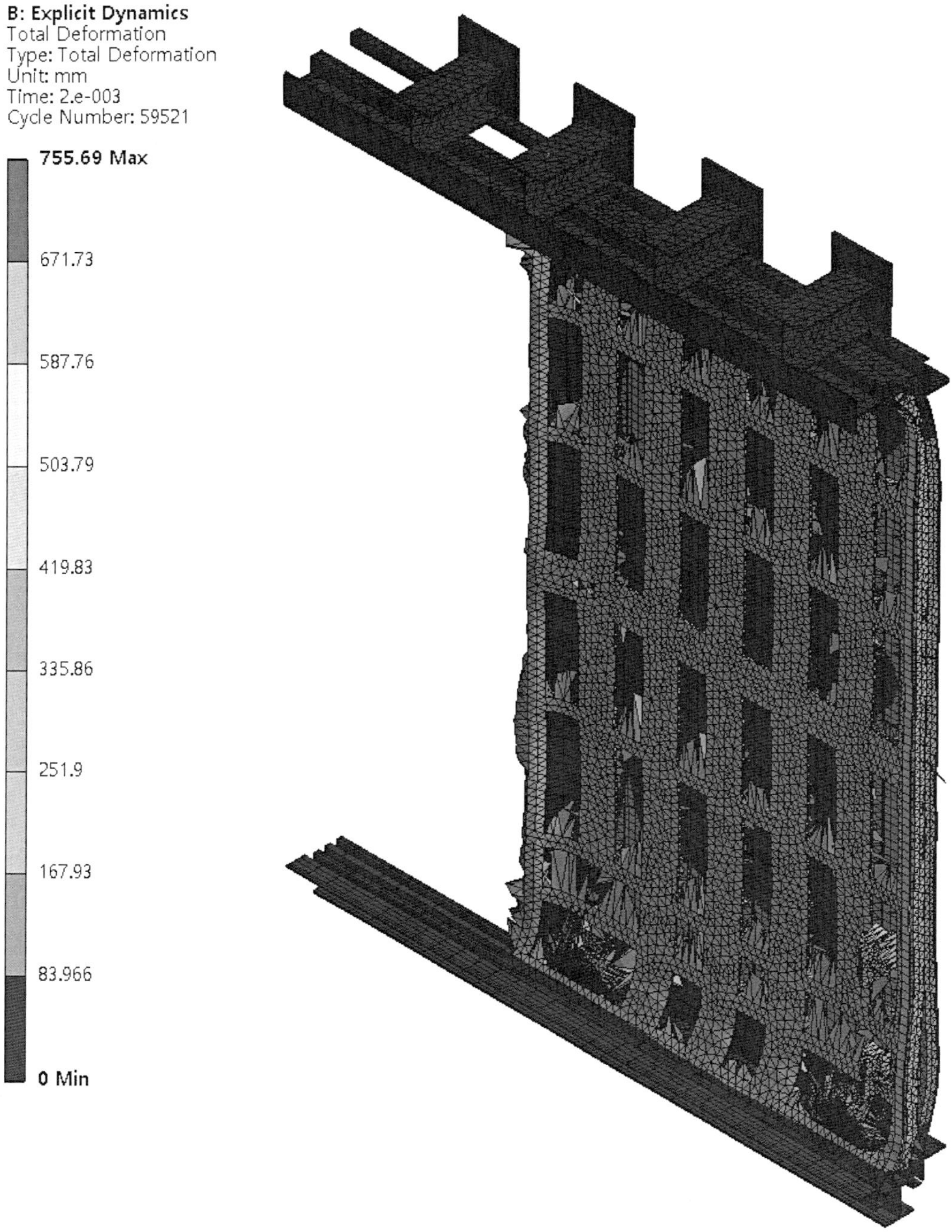

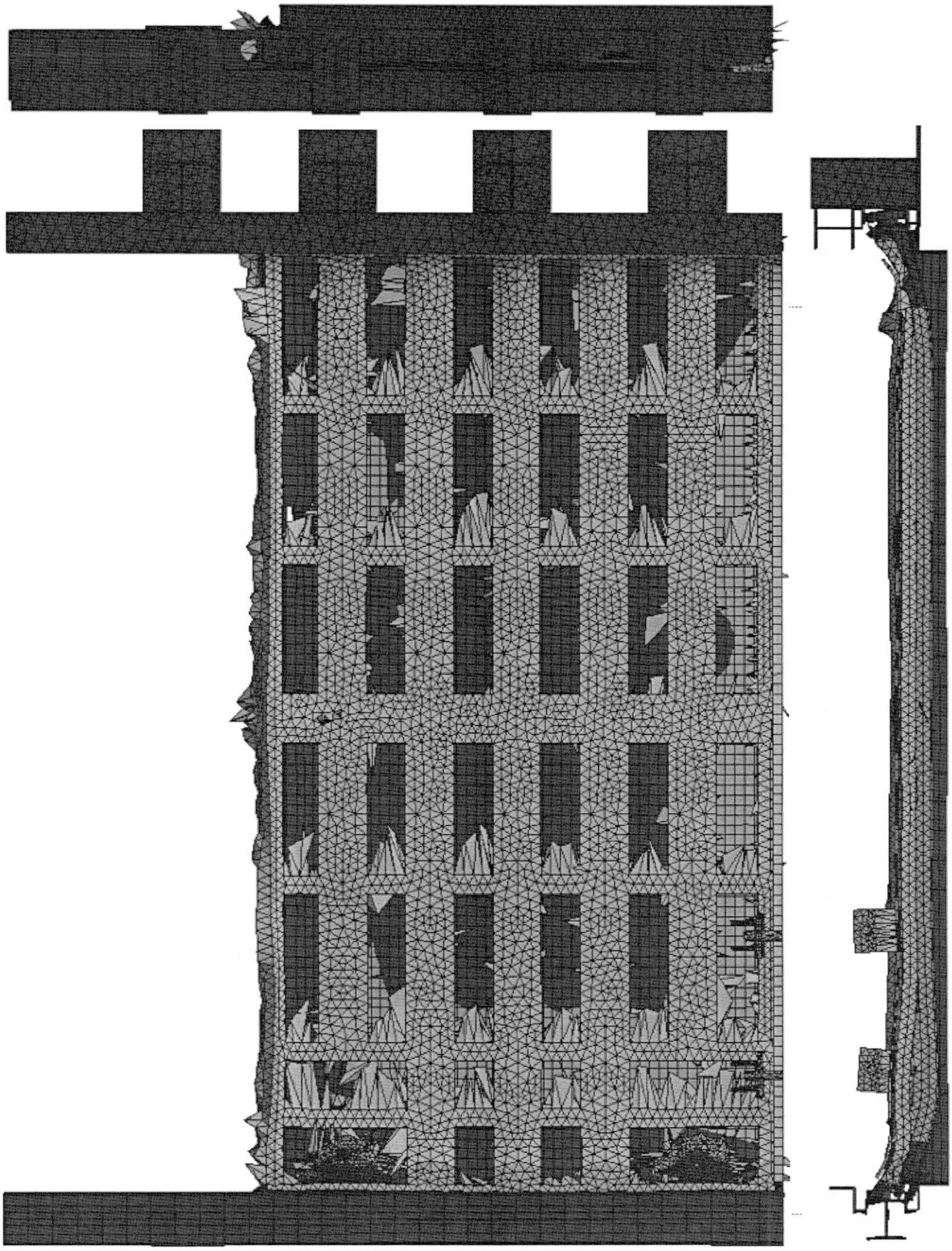

② Equivalent Stress을 확인한다.

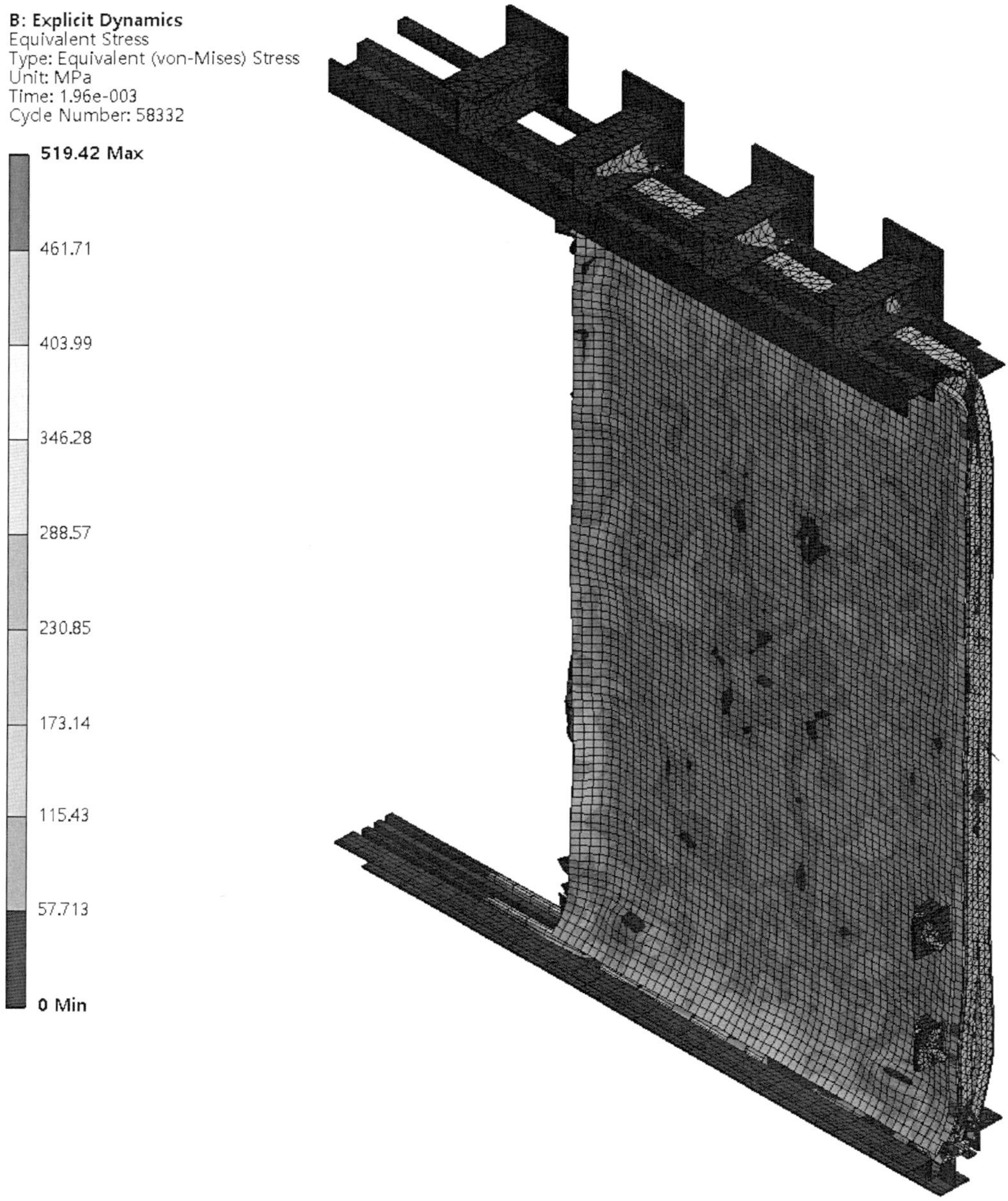

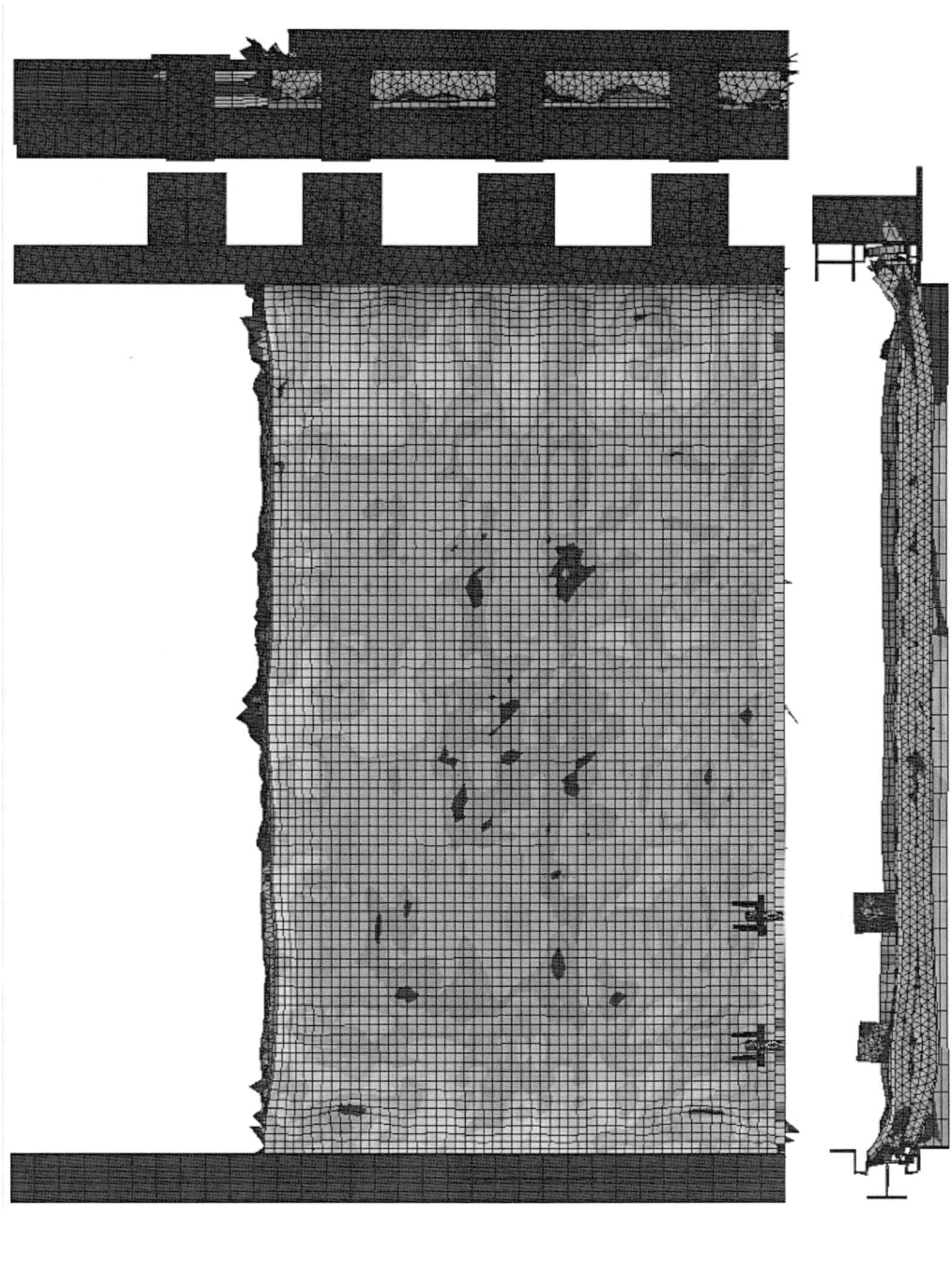

전면 강판이 보이지 않도록 한 내부 구조물의 응력상태

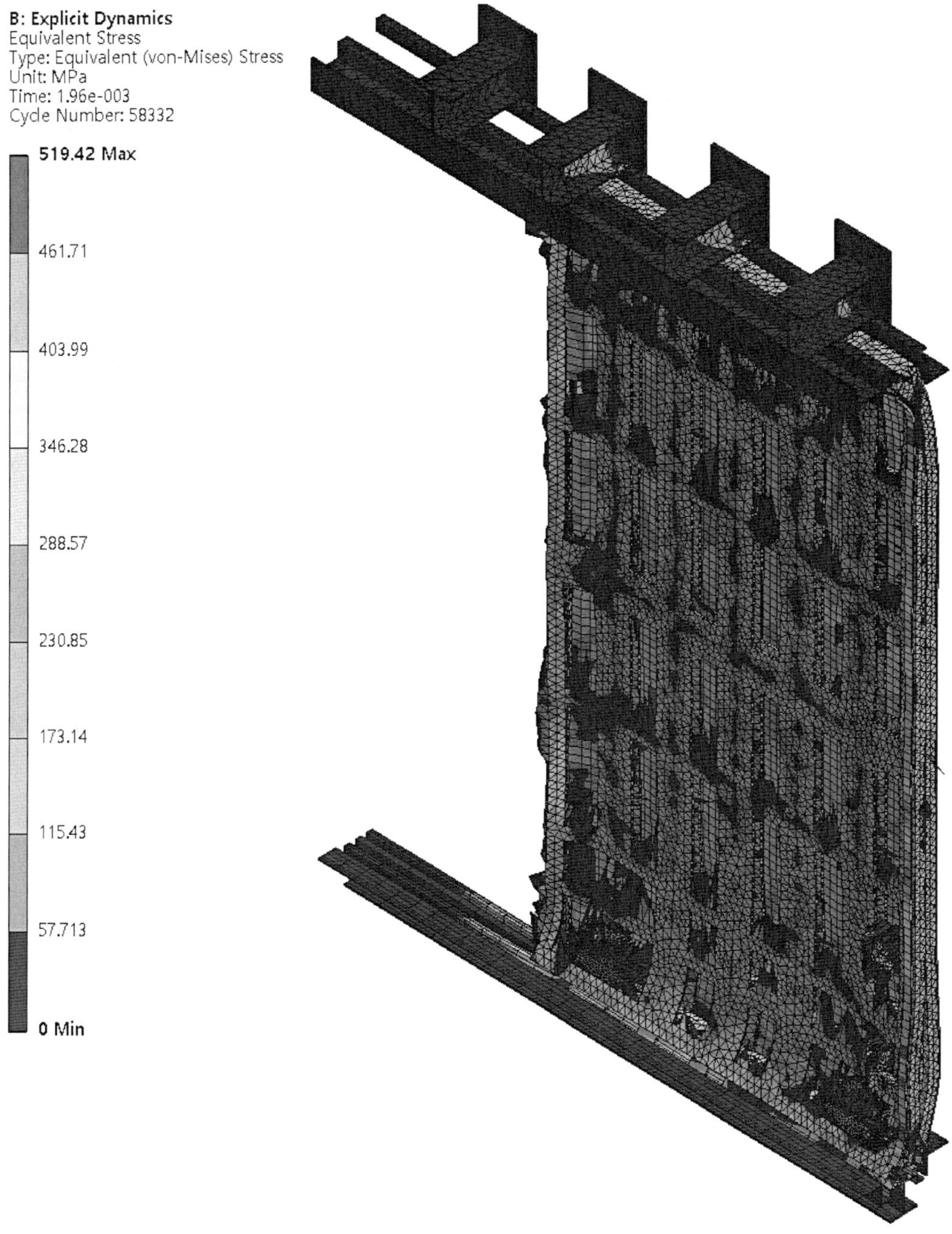

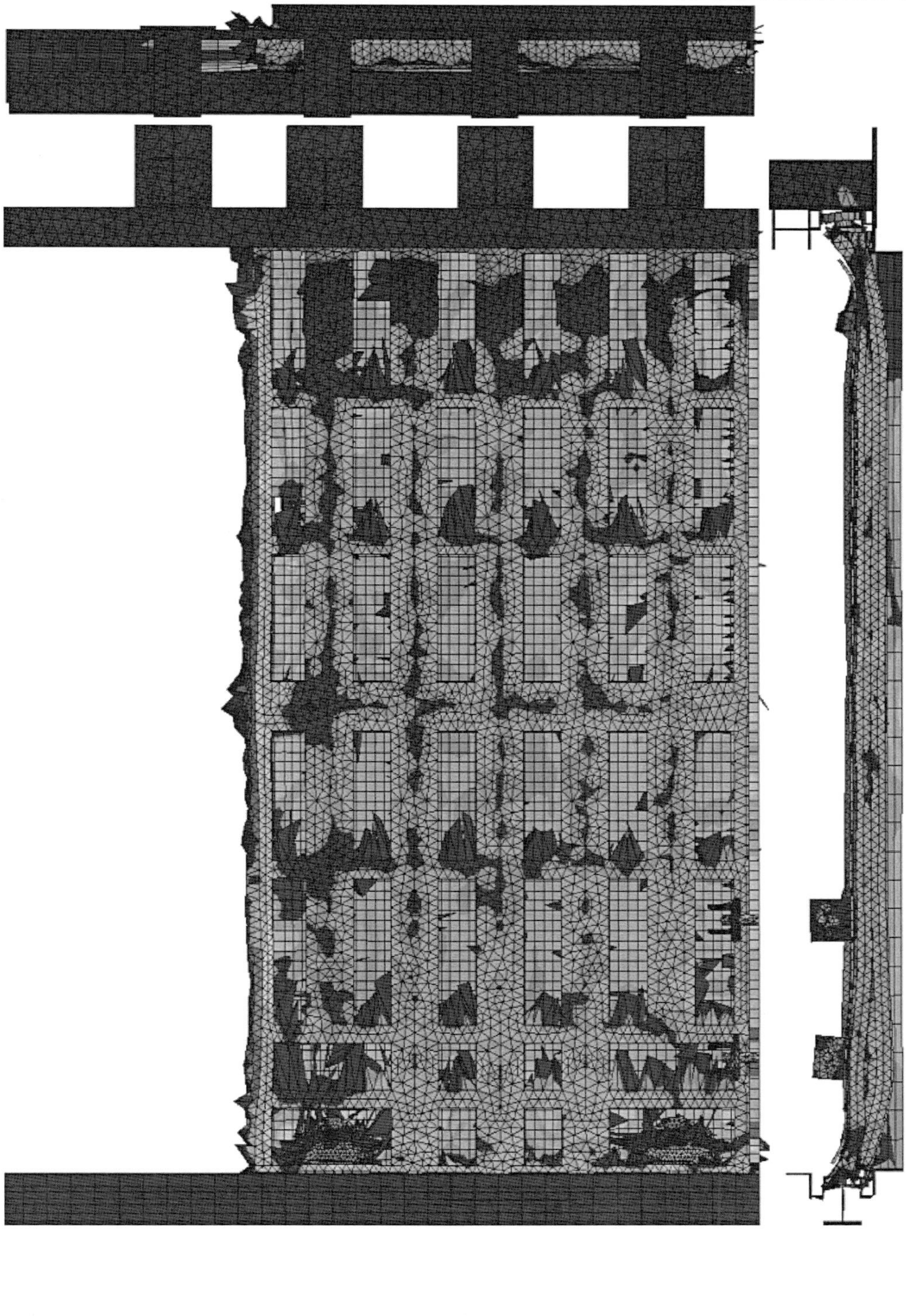

9. 스윙 방폭문에 직접 TNT모델 폭발해석

1) 구조 계획

TNT 폭발해석을 Explicit Dynamic에서 수행한다.

슬라이딩 방폭문은 2700x4800x290mm의 크기로 모델링한다.

TNT의 밀도가 1630kg/m^3 이다.

TNT는 직사각형으로 모델링하여 구조해석을 수행한다.

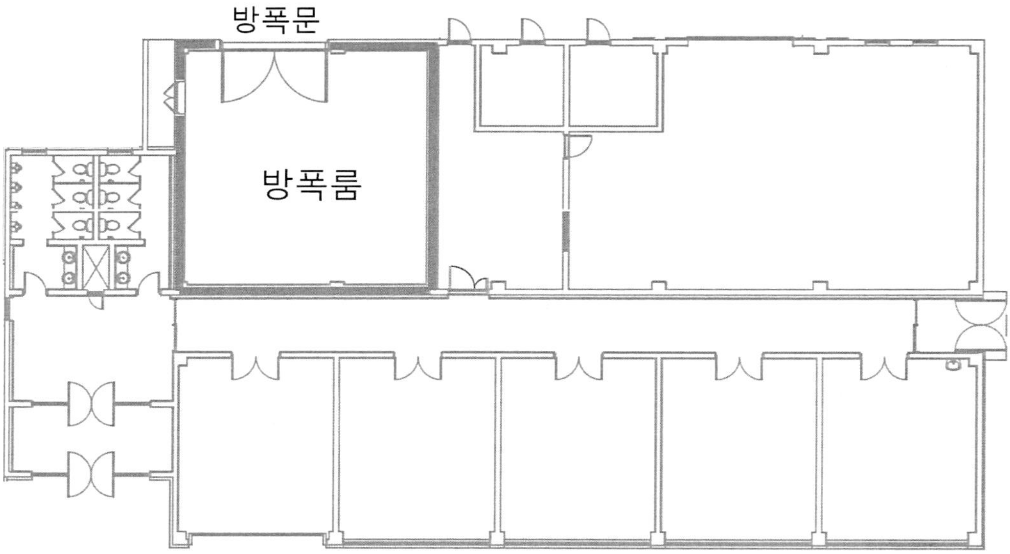

구조해석을 수행되는 방폭문의 설치 위치

Case A. TNT 203kg의 이격거리는 760mm로 구조해석한다.

Case B. TNT 102kg의 이격거리는 740mm로 구조해석한다.

Case C. TNT 50kg의 이격거리는 0mm로 구조해석한다.

Case D. TNT 50kg의 이격거리는 0mm으로 하부힌지에 근접한경우 구조해석한다.

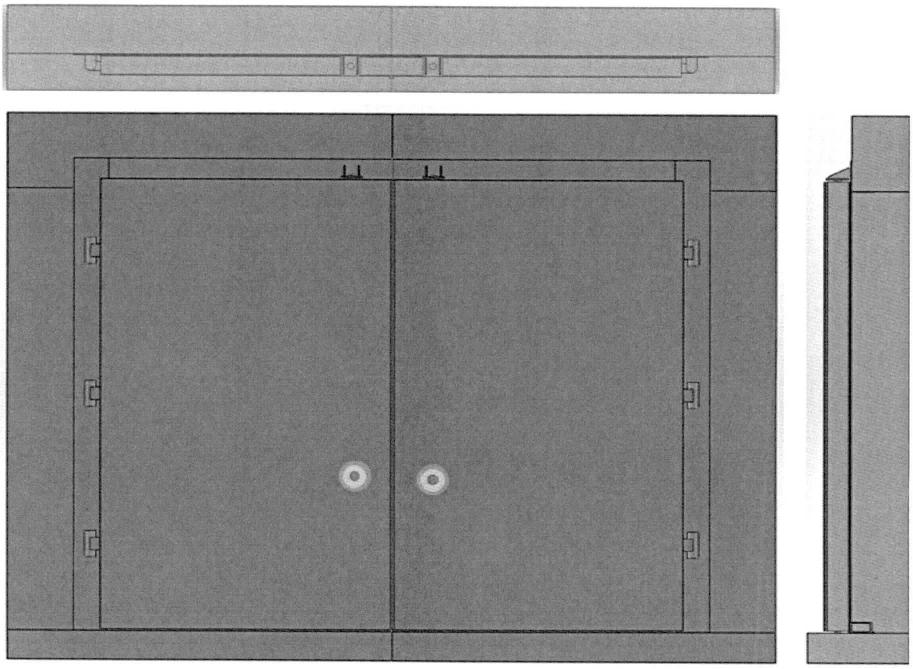

방폭문의 구조

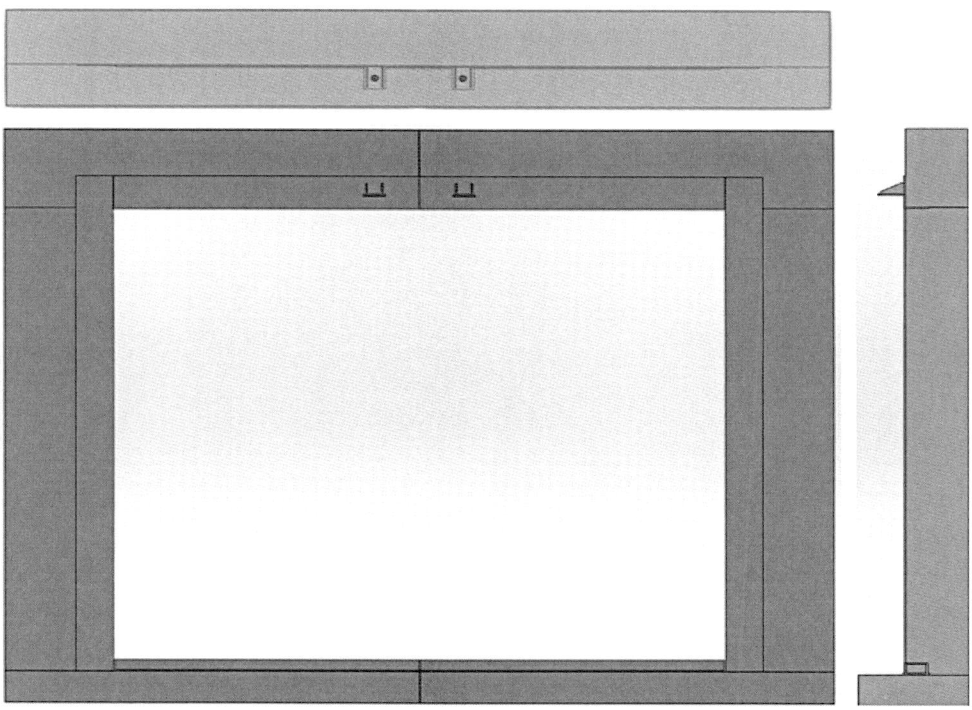

방폭문을 설치하기 위한 구조물

2) 구조해석

Case A. TNT Reference Frame

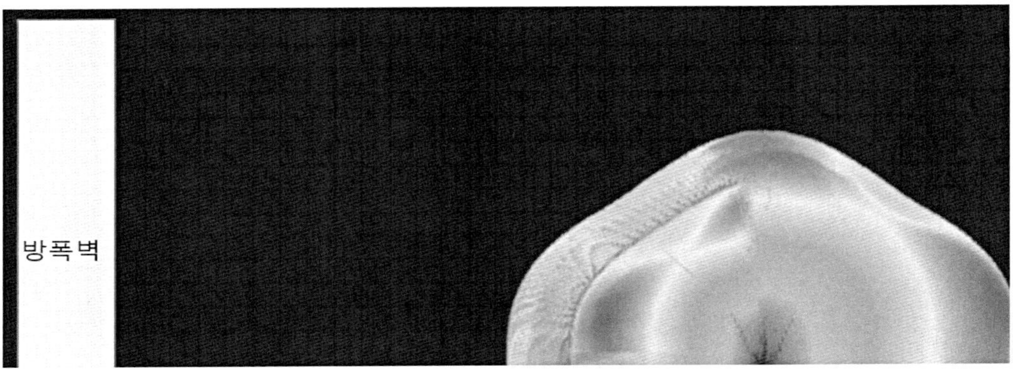

폭발물의 폭발하중의 전파 모습

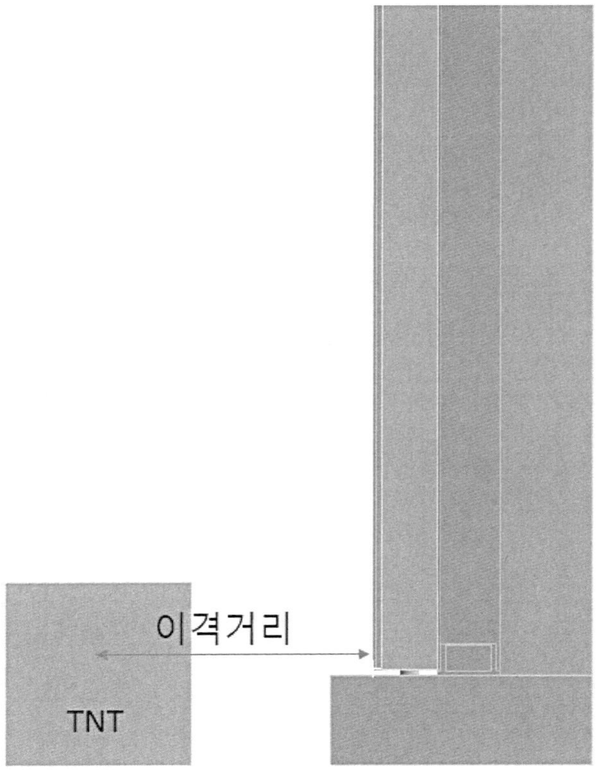

TNT 이격거리 740mm 이다.
TNT 203kg 이다.

(1) 해석 모델을 불러들이거나 모델링을 수행한다. (Geometry)

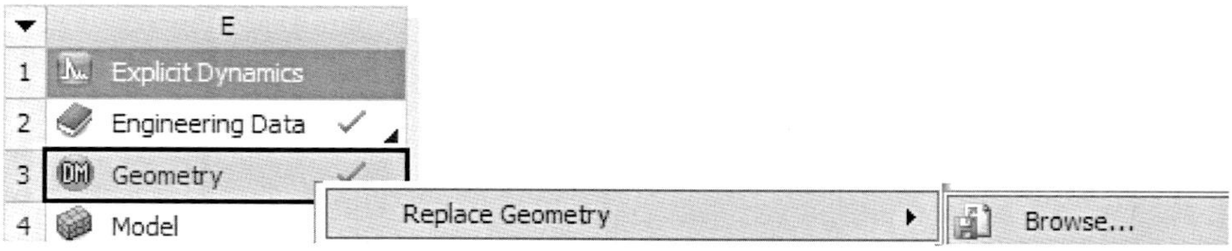

① Geometry에서 파일을 가져온다.

② 아래와 같이 모델을 생성한다.

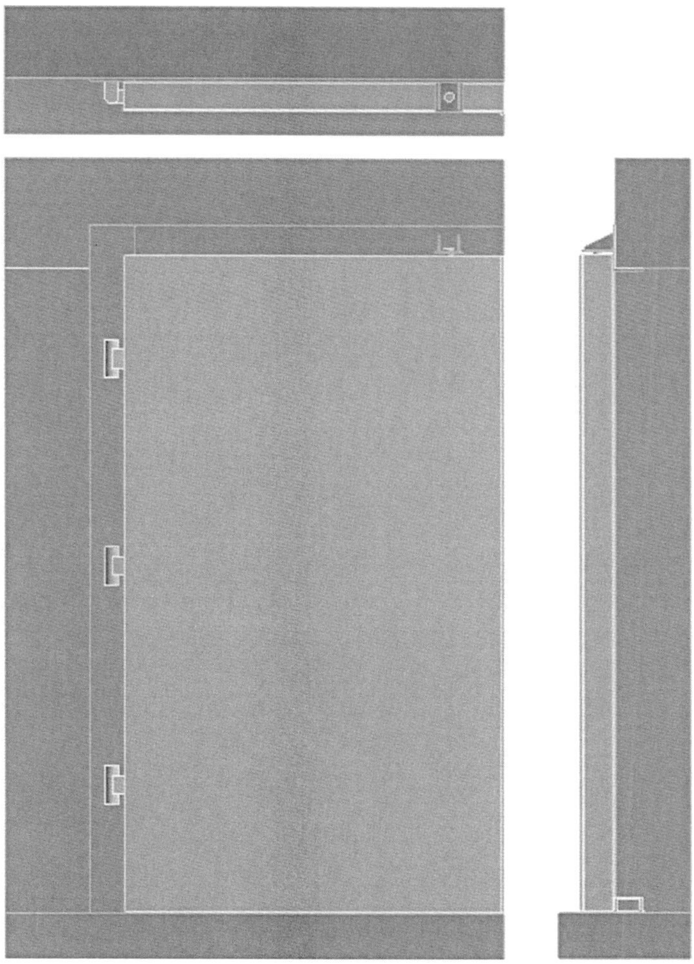

구조해석 대상모델 (대칭구조이므로 한쪽만 구조해석함)

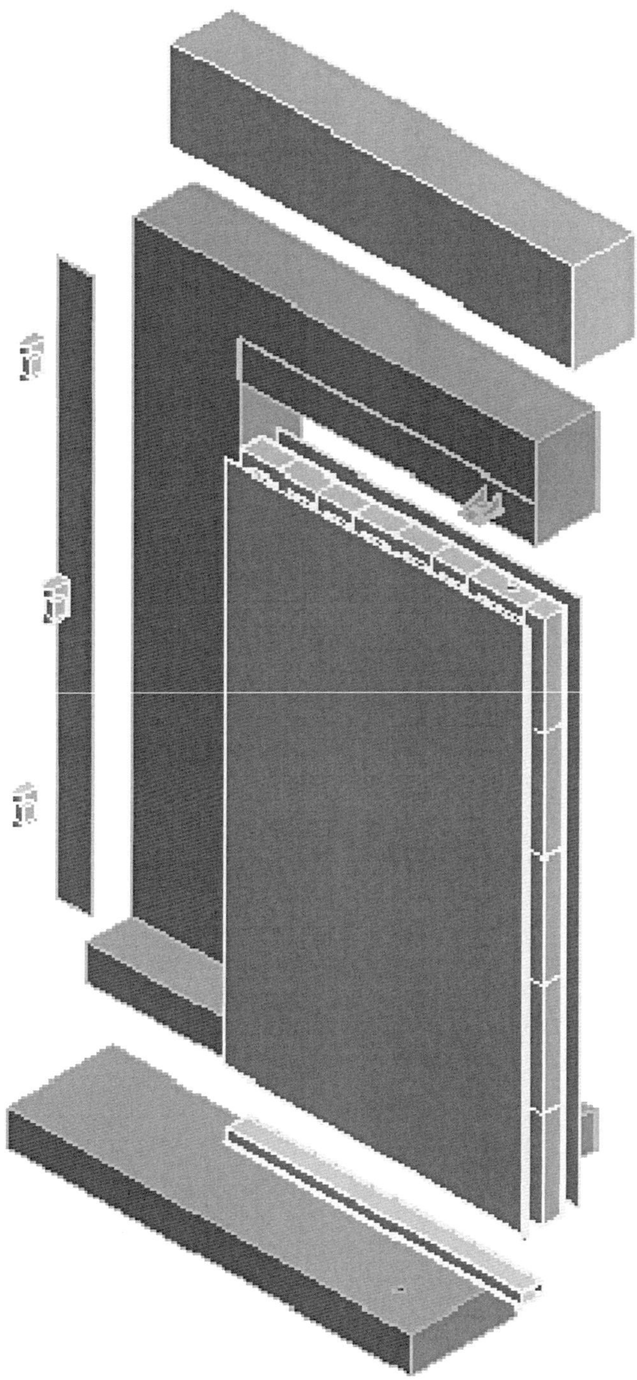

(2) 재료의 물성을 정의한다. (Engineering Data)

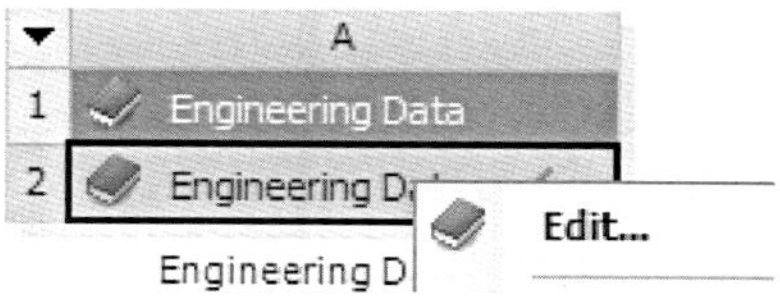

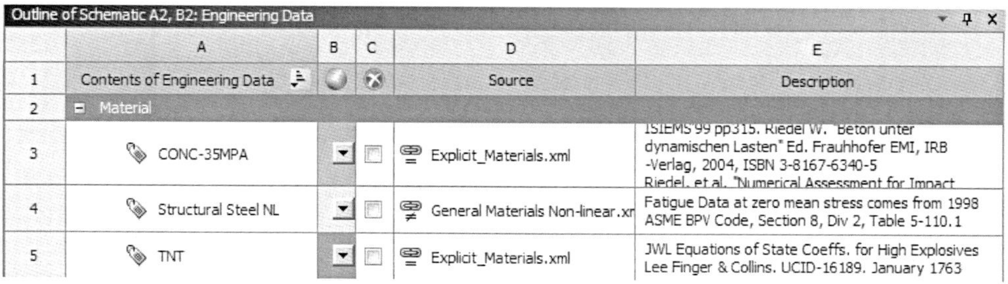

① Engineering Data를 불러온다.

② Explicit Dynamic Data Source에서 TNT, General Nonlinear Material에서 Structural steel NL를 가져온다.

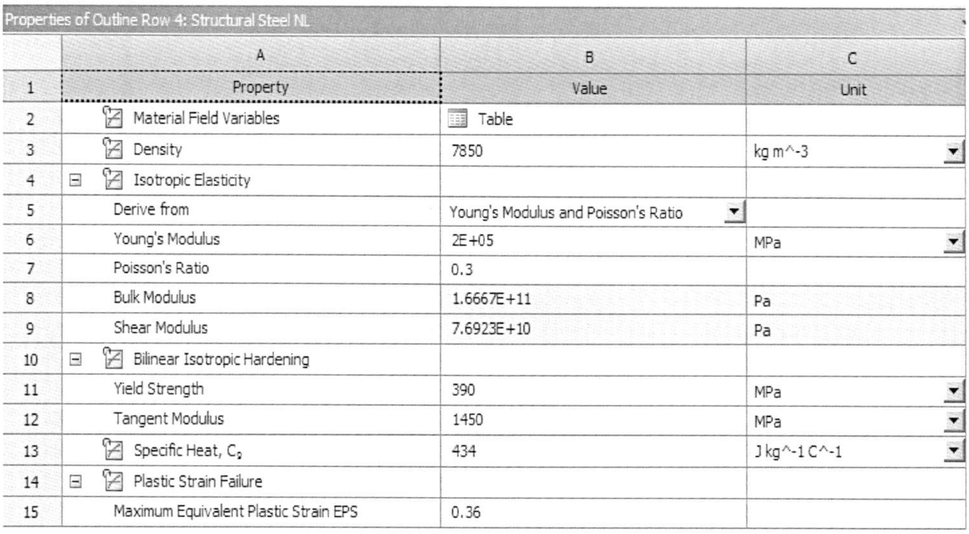

Failure에서 Plastic Strain Faluire를 선택하고 Maxmum Equivalent Stress EPS를 0.36으로 설정한다.

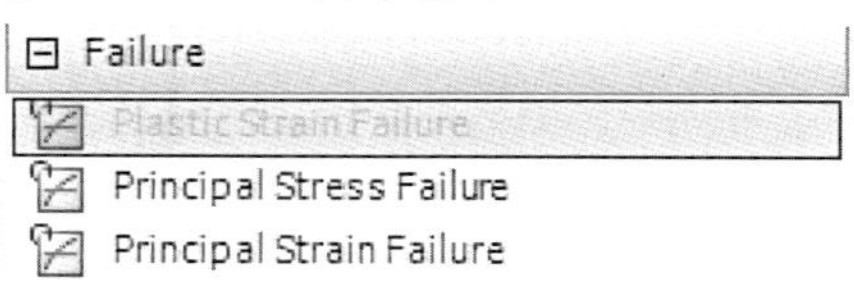

③ 콘크리트 모델링

Properties of Outline Row 3: CONC-35MPA

	A	B	C
1	Property	Value	Unit
2	Material Field Variables	Table	
3	Density	2314	kg m^-3
4	Specific Heat, C_p	654	J kg^-1 C^-1
5	RHT Concrete Strength		
6	Use cap on Elastic Surface	Yes	
7	Compressive Strength fc	35	MPa
8	Tensile Strength ft/fc	0.1	
9	Shear Strength fs/fc	0.18	
10	Intact Failure Surface Constant A	1.6	
11	Intact Failure Surface Exponent n	0.61	
12	Tension/Compression Meridian Ratio Q2.0	0.6805	
13	Brittle to Ductile Transition BQ	0.0105	
14	Hardening Slope	2	
15	Elastic Strength/ft	0.7	
16	Elastic Strength/fc	0.53	
17	Fracture Strength Constant B	1.6	
18	Fracture Strength Exponent m	0.61	
19	Compressive Strain Rate Exponent α	0.032	
20	Tensile Strain Rate Exponent δ	0.036	
21	Maximum Fracture Strength Ratio SFMAX	1E+20	
22	Damage Constant D1	0.04	
23	Damage Constant D2	1	
24	Minimum Strain to Failure	0.01	
25	Residual Shear Modulus Fraction	0.13	
26	~~Bulk Modulus~~	35270	MPa
27	Shear Modulus	16700	MPa
28	Polynomial EOS		
29	Parameter A1	3.527E+10	Pa
30	Parameter A2	3.958E+10	Pa
31	Parameter A3	9.04E+09	Pa
32	Parameter B0	1.22	
33	Parameter B1	1.22	
34	Parameter T1	3.527E+10	Pa
35	Parameter T2	0	Pa
36	P-alpha EOS		
37	Solid Density	2750	kg m^-3
38	Porous Soundspeed	2920	m s^-1
39	Initial Compaction Pressure Pe	2.33E+07	Pa
40	Solid Compaction Pressure Ps	6E+09	Pa
41	Compaction Exponent n	3	

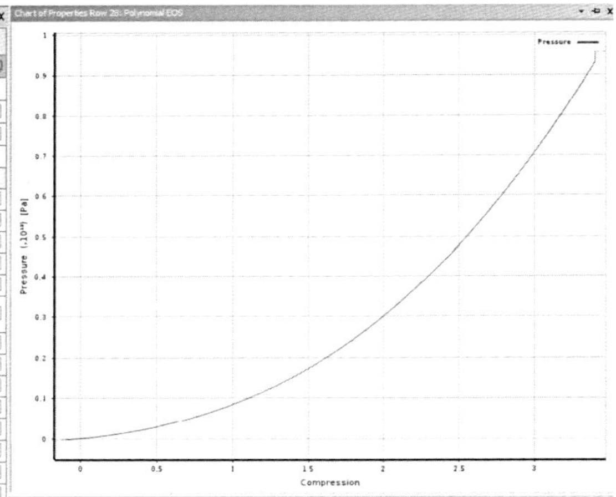

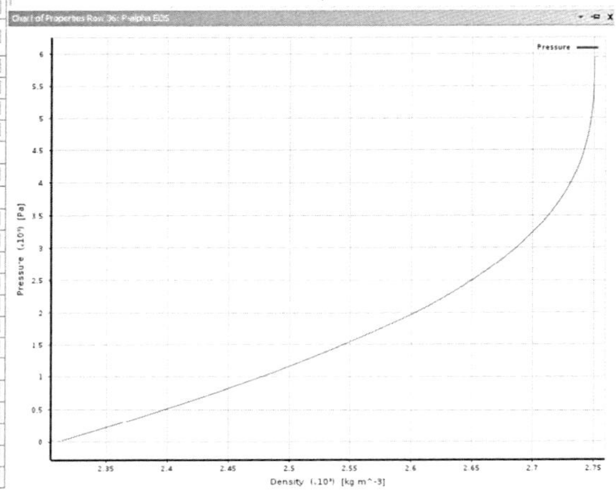

(3) 해석 시스템을 생성한다.

① Project Schematic에 Explicit Dynamic을 시스템 추가한다.

② Engineering Data와 Geometry를 연결하고 Project 이름을 변경한다.

③ Mechanical 창에서 Units menu를 클릭하고 단위를 설정한다.

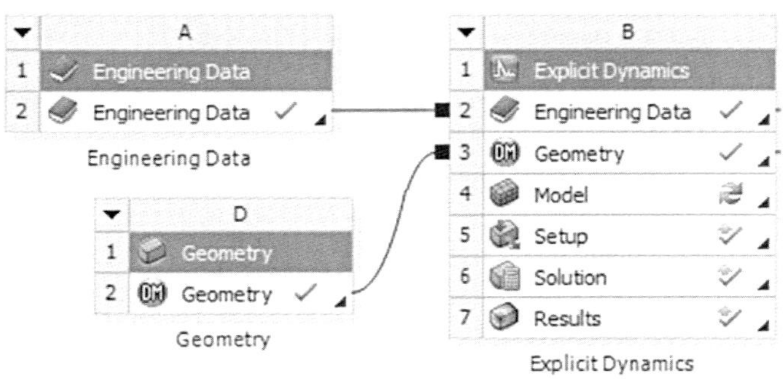

(4) 해석 모델의 환경을 설정한다. (Model)

① Project Schematic에서 Model을 더블클릭하여 Mechanical 창 활성화한다.

② Outline 화면에서 Model > Geometry > Solid를 선택하고 물성을 설정한다.
부품들의 이름을 아래와 같이 변경한다.
모든 구조물에는 Structural Steel NL을 설정한다.

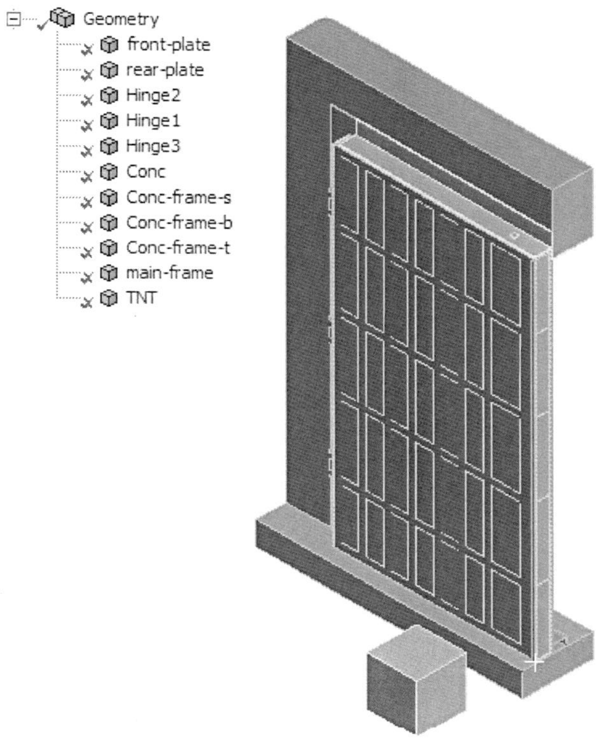

(5) 좌표계 설정 (Coordinate Systems) :

① 원점 좌표를 확인한다.

(6) 연결 관계 정의(Connections)

① 연결을 다음과 같이 정의한다.
모든 부재는 자동으로 Bonded로 연결된다.

(7) 격자 모델 생성 (Mesh)

힌지부분의 메쉬는 25mm로 설정하고, MultiZone으로 설정한다.
TNT, 콘크리트 Body는 메쉬 50mm로 설정한다.
전면강판은 Face Sizing으로 설정한다.

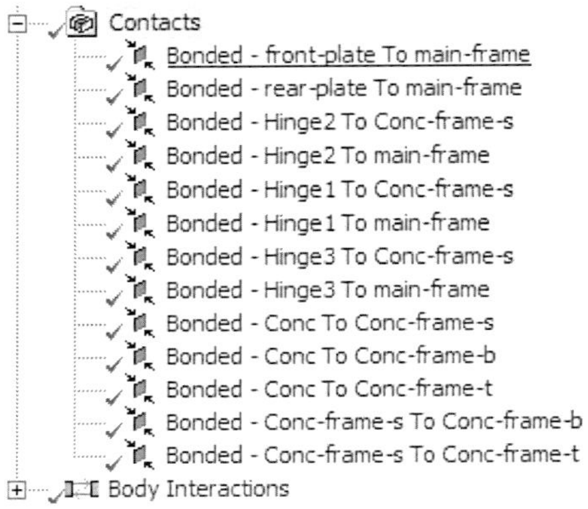
Contacts
Bonded - front-plate To main-frame
Bonded - rear-plate To main-frame
Bonded - Hinge2 To Conc-frame-s
Bonded - Hinge2 To main-frame
Bonded - Hinge1 To Conc-frame-s
Bonded - Hinge1 To main-frame
Bonded - Hinge3 To Conc-frame-s
Bonded - Hinge3 To main-frame
Bonded - Conc To Conc-frame-s
Bonded - Conc To Conc-frame-b
Bonded - Conc To Conc-frame-t
Bonded - Conc-frame-s To Conc-frame-b
Bonded - Conc-frame-s To Conc-frame-t
Body Interactions

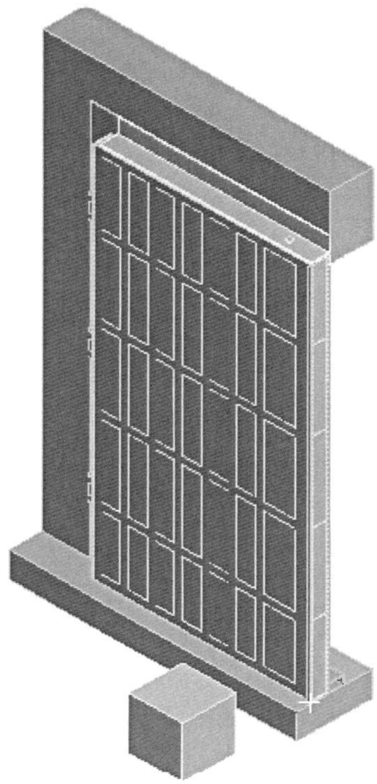

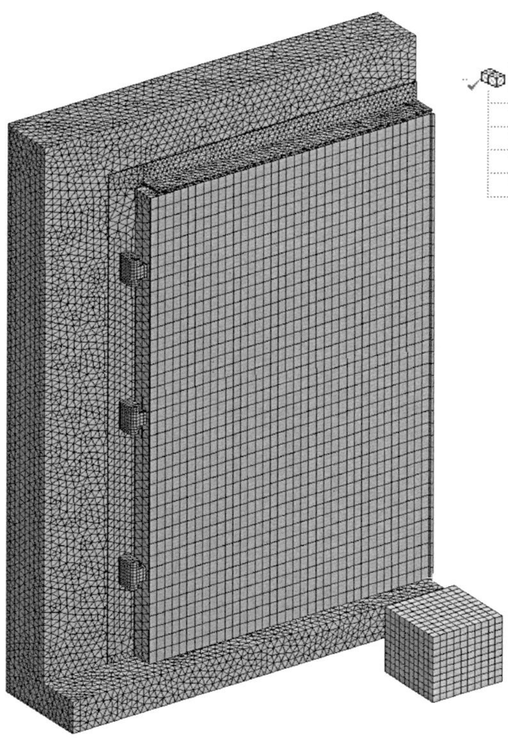

Mesh
Face Sizing
MultiZone
hinge
TNT
Body Sizing

(8) 해석 설정 정의(Analysis Settings)

① End Time을 0.003으로 설정한다.

② Output Controls를 Equally Spaced Points로 설정한다. 200으로 설정한다.

Output Controls	
Save Results on	Equally Spaced Points
Result Number Of Points	200

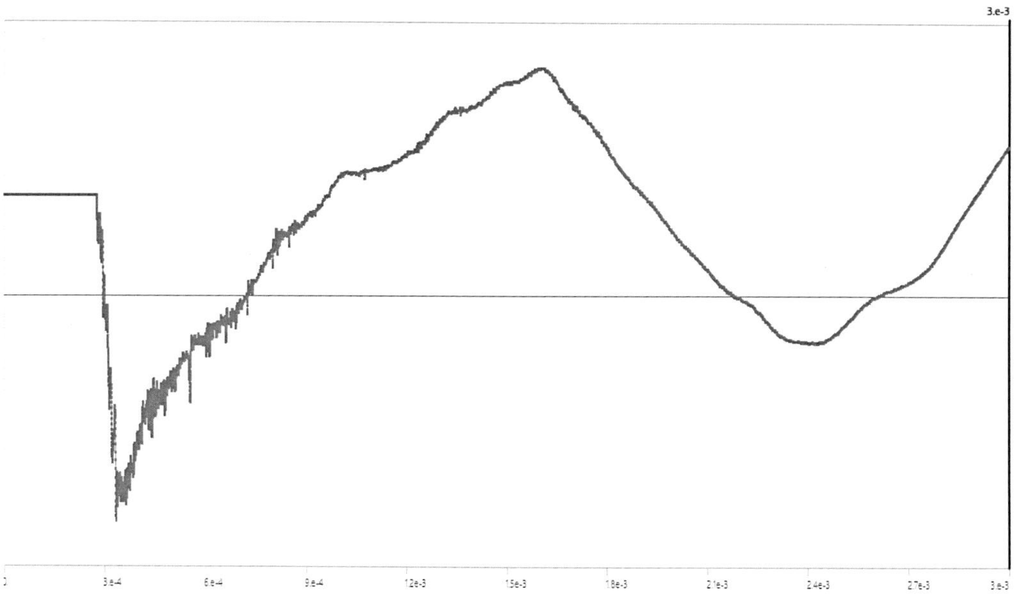

Details of "Analysis Settings"

Analysis Settings Preference	
Type	Custom
Step Controls	
Number Of Steps	1
Current Step Number	1
End Time	3.e-003
Resume From Cycle	0
Maximum Number of Cycles	1e+07
Maximum Energy Error	0.1
Reference Energy Cycle	0
Initial Time Step	Program Controlled
Minimum Time Step	Program Controlled
Maximum Time Step	Program Controlled
Time Step Safety Factor	0.9
Characteristic Dimension	Diagonals
Automatic Mass Scaling	No

Euler Domain Controls	
Domain Size Definition	Manual
Display Euler Domain	Yes
Minimum X Coordinate	-988. mm
Minimum Y Coordinate	-2000. mm
Minimum Z Coordinate	2920. mm
X Dimension	2668. mm
Y Dimension	4370. mm
Z Dimension	3000. mm
Domain Resolution Definition	Total Cells
Total Cells	2.5e+05
Lower X Face	Rigid
Lower Y Face	Rigid
Lower Z Face	Flow Out
Upper X Face	Rigid
Upper Y Face	Rigid
Upper Z Face	Flow Out
Euler Tracking	By Body

Output Controls	
Save Results on	Equally Spaced Points
Result Number Of Points	200
Save Restart Files on	Equally Spaced Points
Restart Number Of Points	5
Save Result Tracker Data on	Cycles
Tracker Cycles	1
Output Contact Forces	Equally Spaced Points
OutputContactForcesOnPoints	200

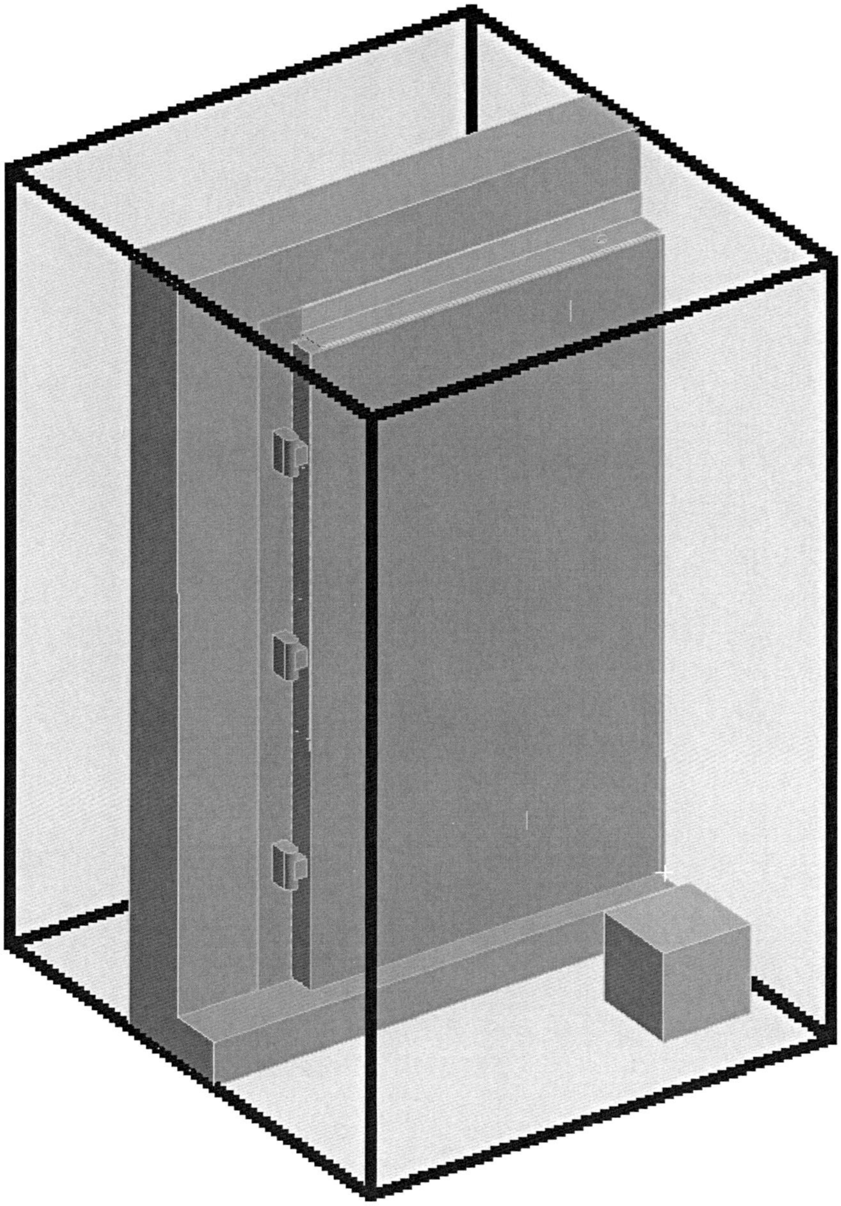

(9) 초기 조건 정의 : 고려하지 않는다.

(10) 구속조건 정의

ⓐ 고정 지점 설정

① Outline 화면에서 Static structure > RMB > Insert > Fixed Support를 설정한다.

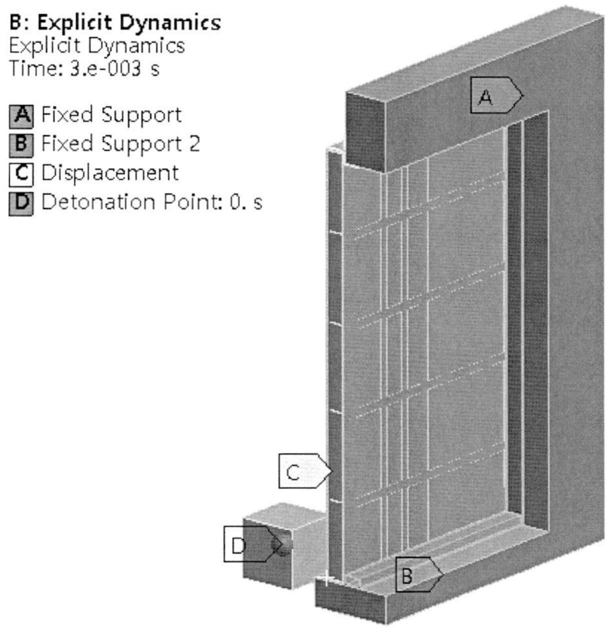

(11) Detonation 설정

① Detonation을 설정한다.

② Detonation을 설정할대는 Vortex를 사용하여 위치 정보를 확인한다.

Details of "Detonation Point"

Definition	
Type	Detonation Point
Suppressed	No
Burn Instantaneously	No
Detonation Time	0. s
Location	
X Coordinate	1250. mm
Y Coordinate	-1750. mm
Z Coordinate	5300. mm
Location	Click to Change

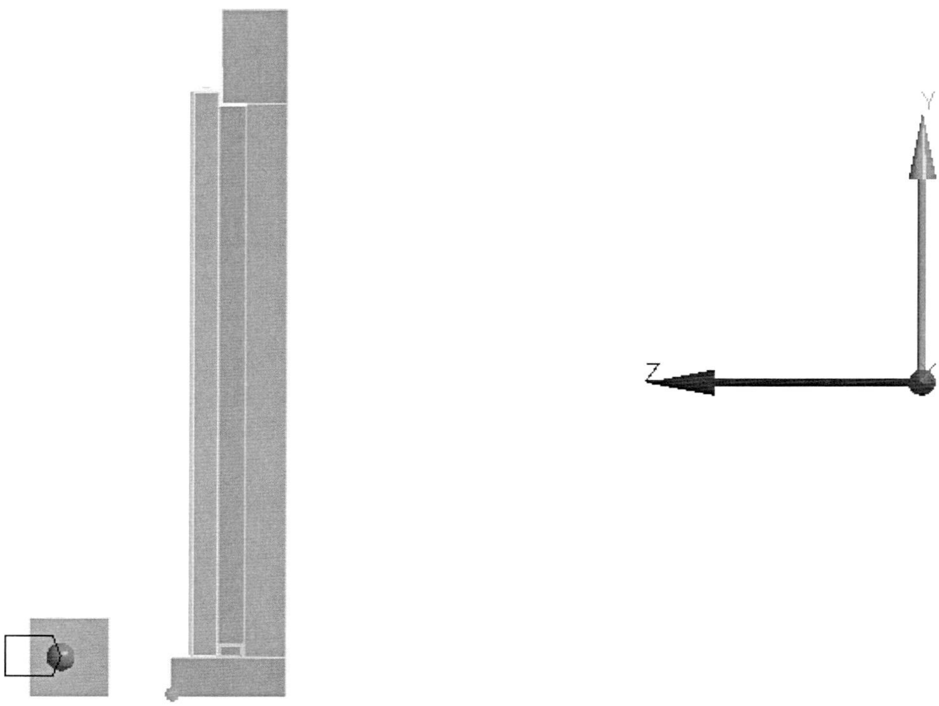

1 Vertex Selected: Location = (1.68e+003, -2.e+003, 4.62e+003) mm

(12) 해석 결과 설정

① Deformation(변형) 결과 세팅

a. Outline 화면에서 Solution>RMB >Insert >Deformation >Directional 항목 선택

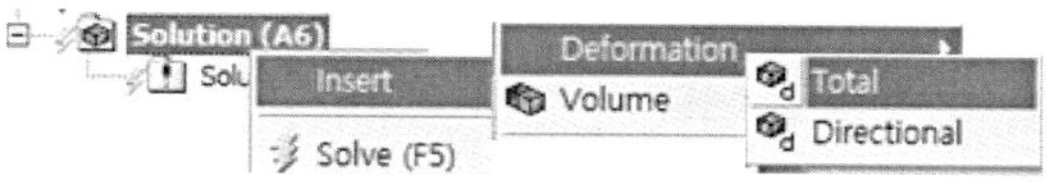

(13) 해석 수행

① Tool bar에서 Solve를 클릭하거나, Solution > RMB > Solve 를 클릭한다.

```
---SIMULATION ELAPSED TIME SUMMARY------------------------
EXECUTION FROM CYCLE          1 TO     23830
ELAPSED RUN TIME IN SOLVER =        56.3296 Minutes
TOTAL ELAPSED RUN TIME      =        71.5017 Minutes
JOB RAN OVER      8 SLAVES
Problem terminated .... wrapup time reached
------------------------------------------------------------
```

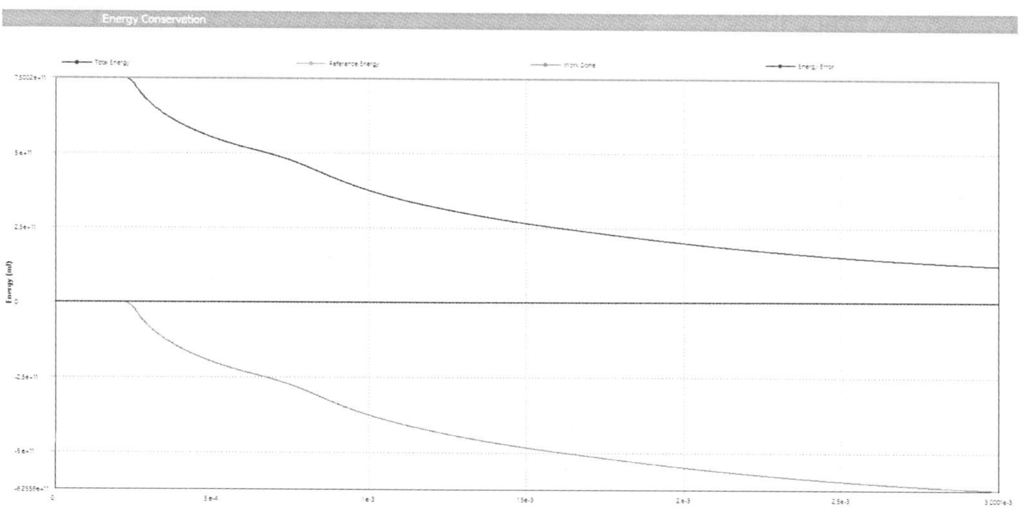

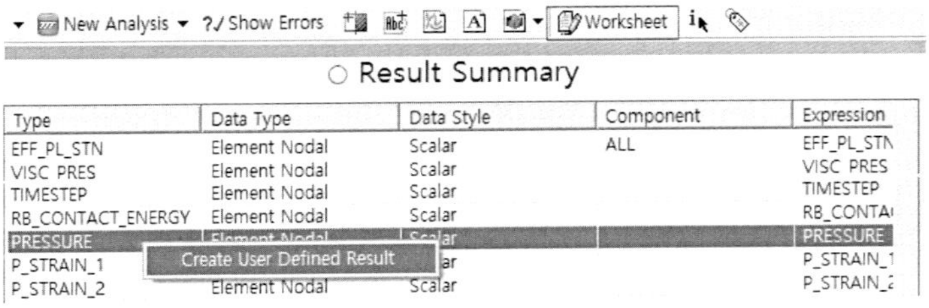
New Analysis
Show Errors
Worksheet
Result Summary
Type
Data Type
Data Style
Component
Expression
EFF_PL_STN
Element Nodal
Scalar
ALL
VISC PRES
TIMESTEP
RB_CONTACT_ENERGY
PRESSURE
P_STRAIN_1
P_STRAIN_2
Create User Defined Result

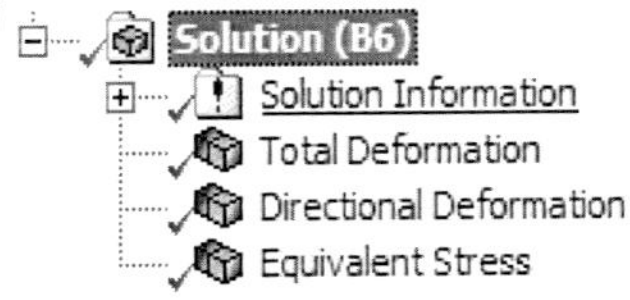
Solution (B6)
Solution Information
Total Deformation
Directional Deformation
Equivalent Stress

(14) 해석 결과 확인

① Total Deformation을 확인한다.

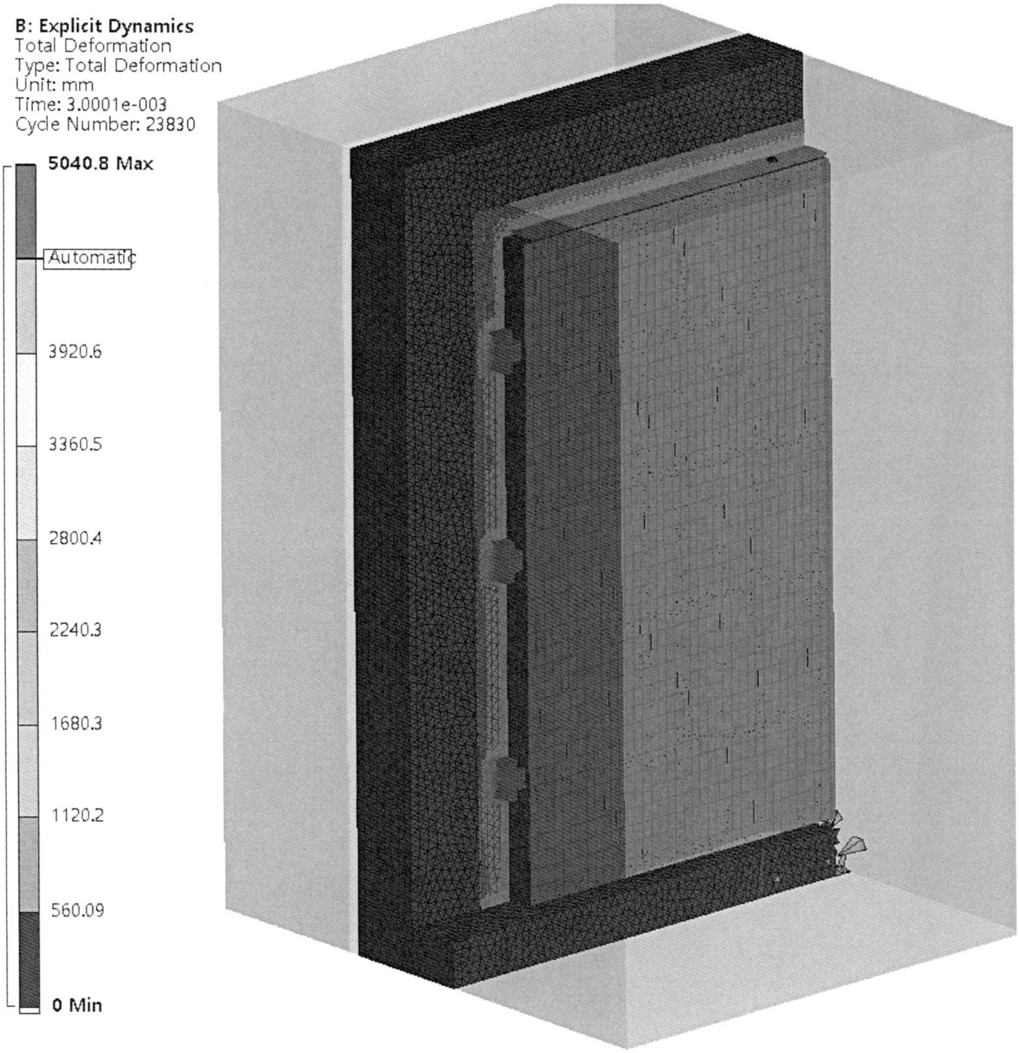

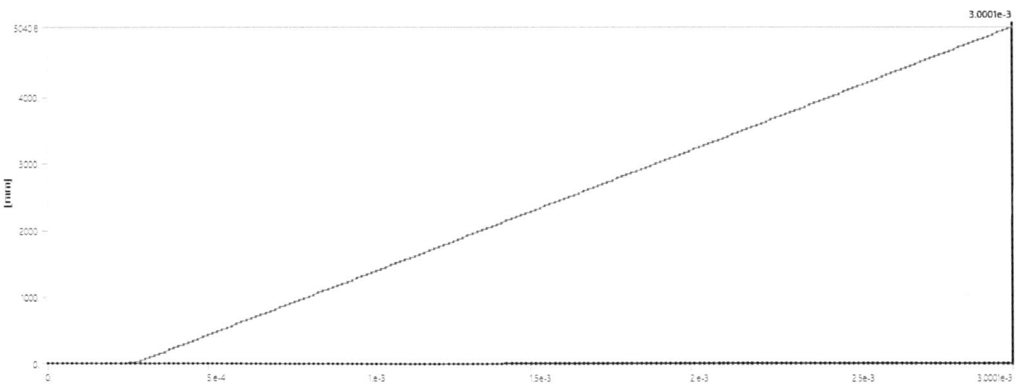

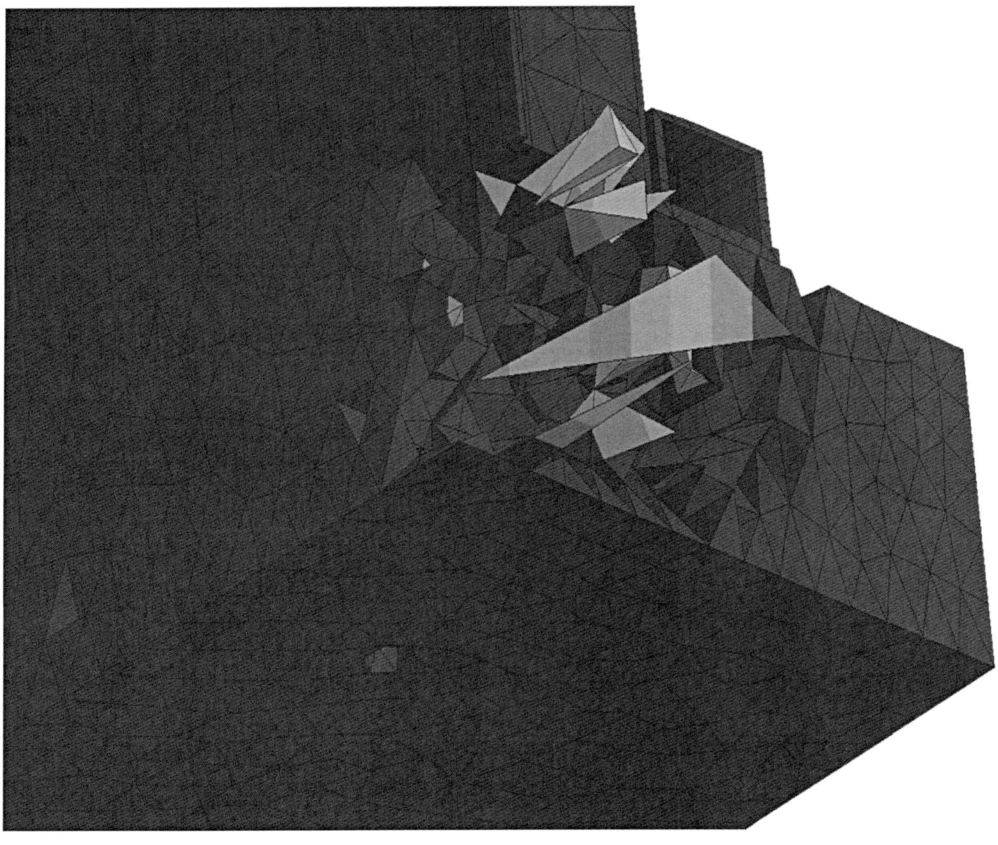

② Equivalent Stress을 확인한다.

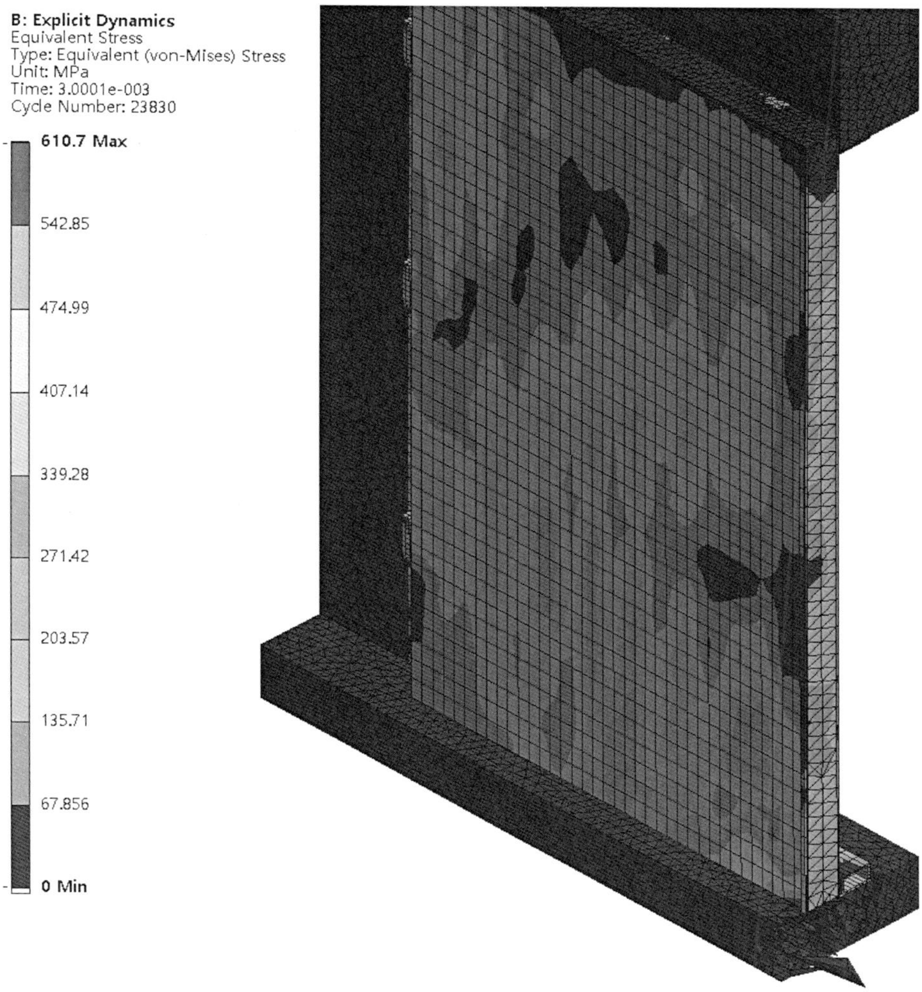

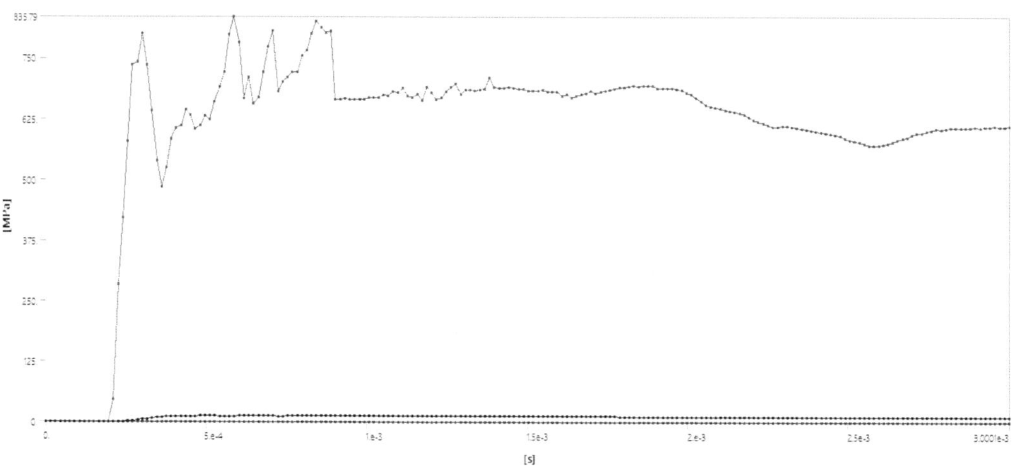

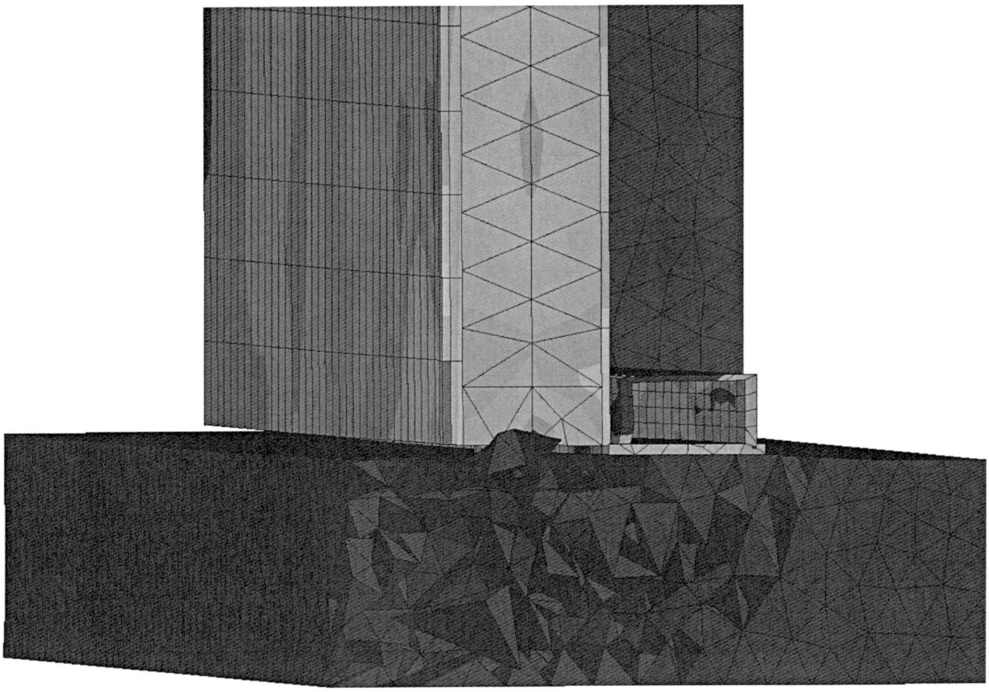

Case B. TNT Reference Frame

Case A와 다른 부분만 기술한다.
TNT 102kg, 이격거리 740mm

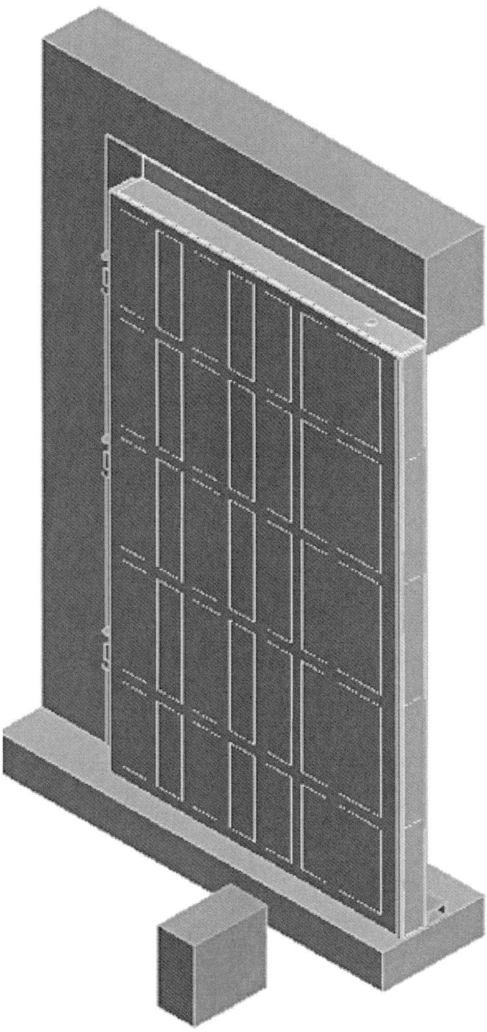

(1) 해석 모델의 환경을 설정한다. (Model)

① Project Schematic에서 Model을 더블클릭하여 Mechanical 창 활성화한다.

② Outline 화면에서 Model > Geometry > Solid를 선택하고 물성을 설정한다.
부품들의 이름을 아래와 같이 변경한다.
모든 구조물에는 Structural Steel NL을 설정한다.

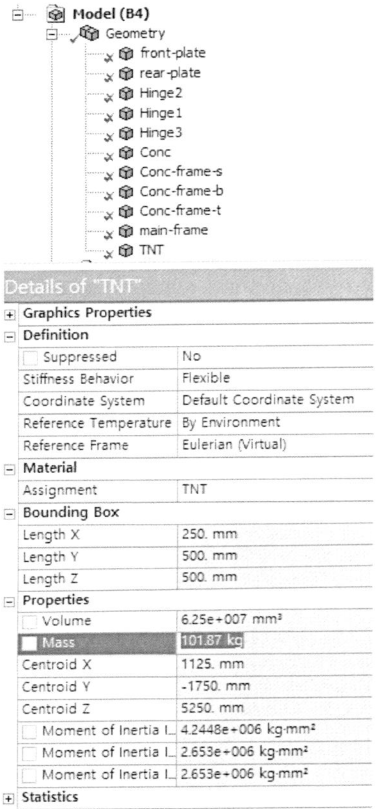

Details of "TNT"	
Graphics Properties	
Definition	
Suppressed	No
Stiffness Behavior	Flexible
Coordinate System	Default Coordinate System
Reference Temperature	By Environment
Reference Frame	Eulerian (Virtual)
Material	
Assignment	TNT
Bounding Box	
Length X	250. mm
Length Y	500. mm
Length Z	500. mm
Properties	
Volume	6.25e+007 mm³
Mass	101.87 kg
Centroid X	1125. mm
Centroid Y	-1750. mm
Centroid Z	5250. mm
Moment of Inertia I...	4.2448e+006 kg·mm²
Moment of Inertia I...	2.653e+006 kg·mm²
Moment of Inertia I...	2.653e+006 kg·mm²
Statistics	

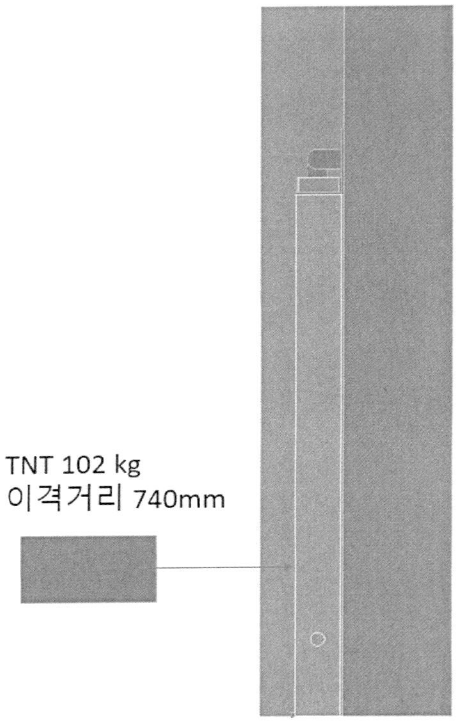

(2) 해석 설정 정의(Analysis Settings)

① End Time을 0.003으로 설정한다.

② Output Controls를 Equally Spaced Points로 설정한다. 200으로 설정한다.

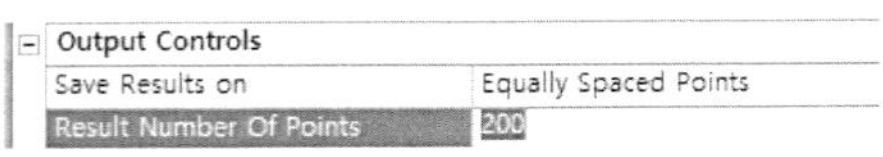

(3) Detonation 설정

① Detonation을 설정한다.

② Detonation을 설정할대는 Vortex를 사용하여 위치 정보를 확인한다.

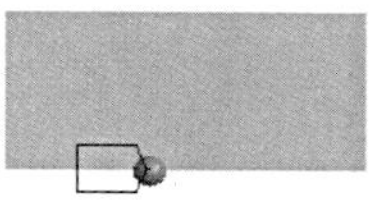

Details of "Detonation Point"	
Definition	
Type	Detonation Point
Suppressed	No
Burn Instantaneously	No
Detonation Time	0. s
Location	
X Coordinate	1250. mm
Y Coordinate	-1750. mm
Z Coordinate	5300. mm
Location	Click to Change

(4) 해석 설정 정의(Analysis Settings)

```
---SIMULATION ELAPSED TIME SUMMARY------------------------
EXECUTION FROM CYCLE          1 TO     24324
ELAPSED RUN TIME IN SOLVER =        55.595 Minutes
TOTAL ELAPSED RUN TIME      =        70.735 Minutes
JOB RAN OVER      8 SLAVES
Problem terminated .... wrapup time reached
----------------------------------------------------------
```

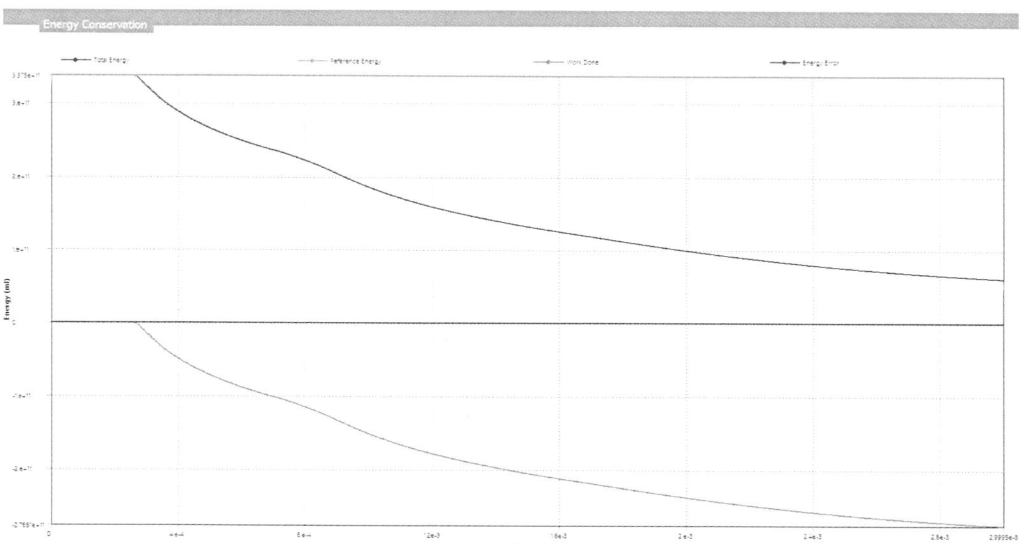

(5) 해석 결과 확인

① Total Deformation을 확인한다.

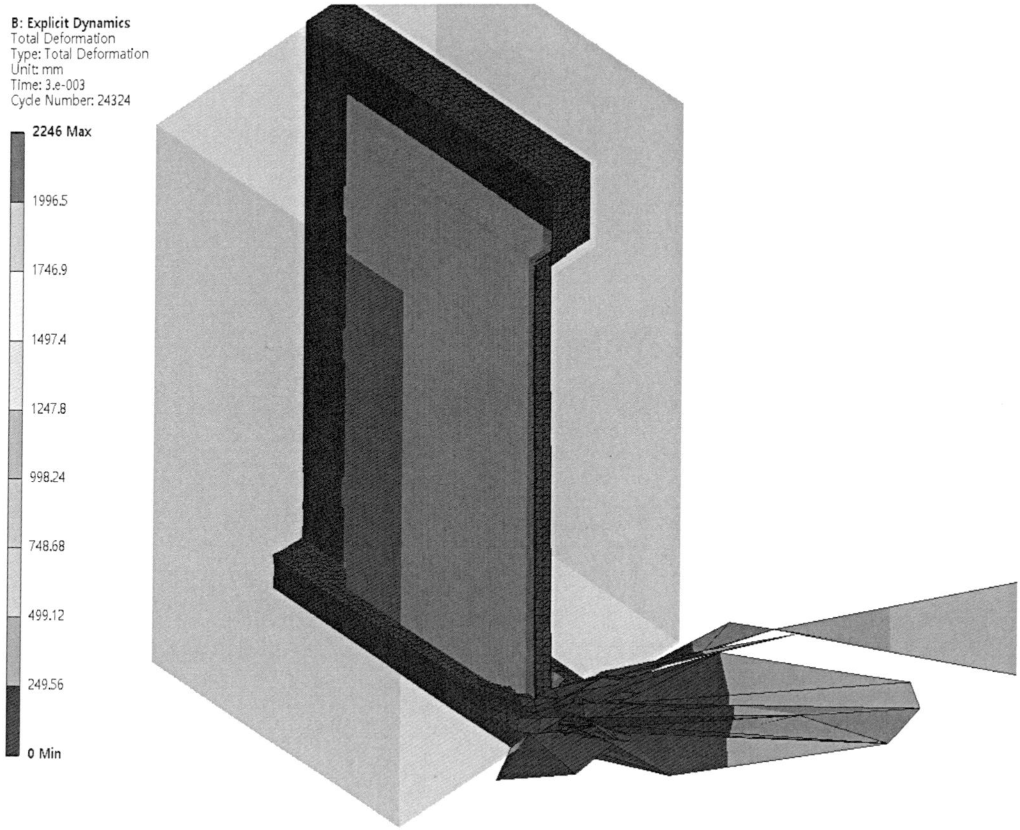

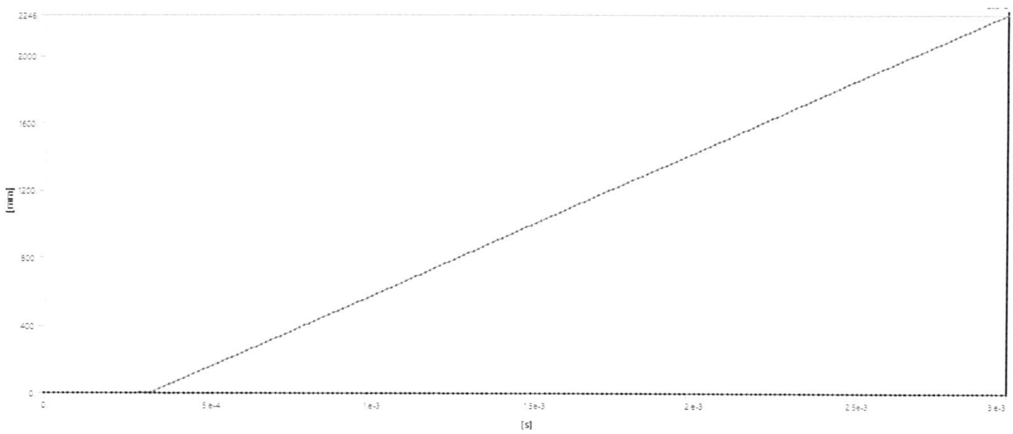

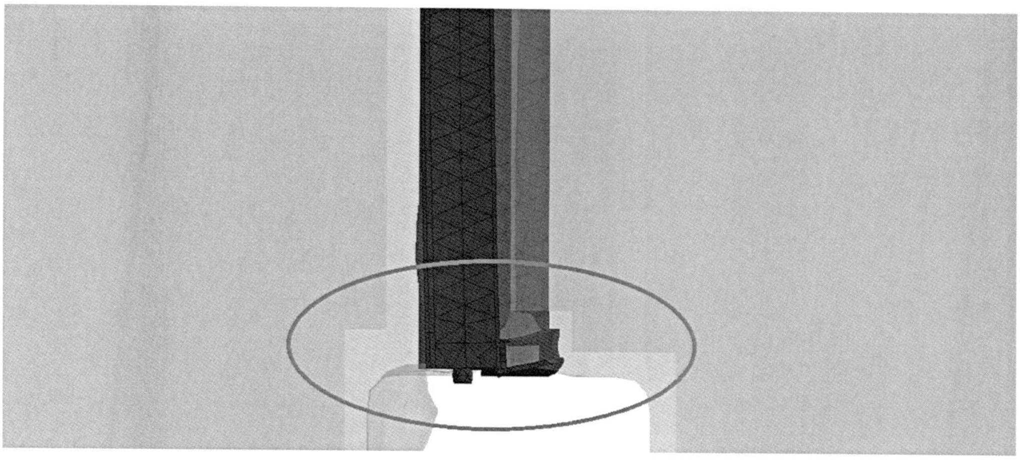

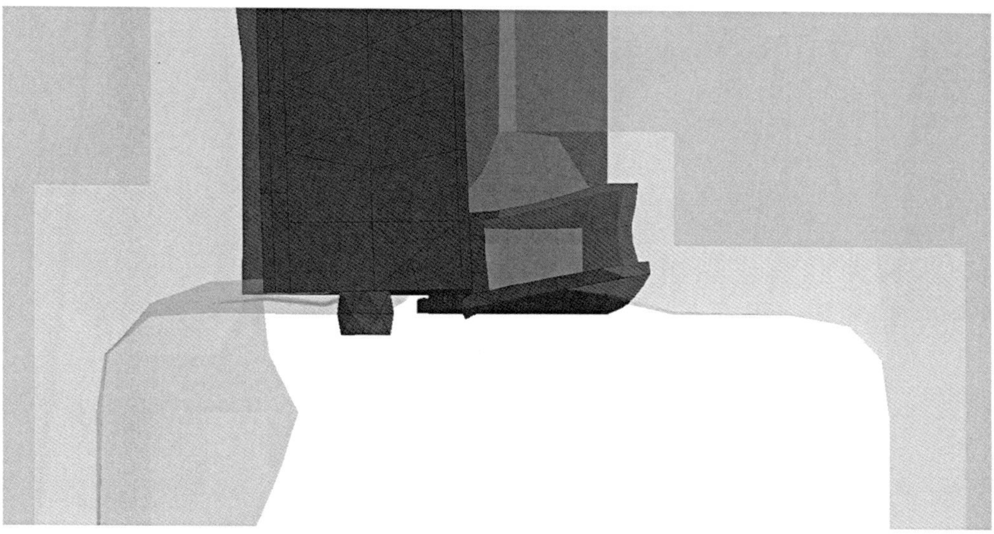

② Equivalent Stress을 확인한다.

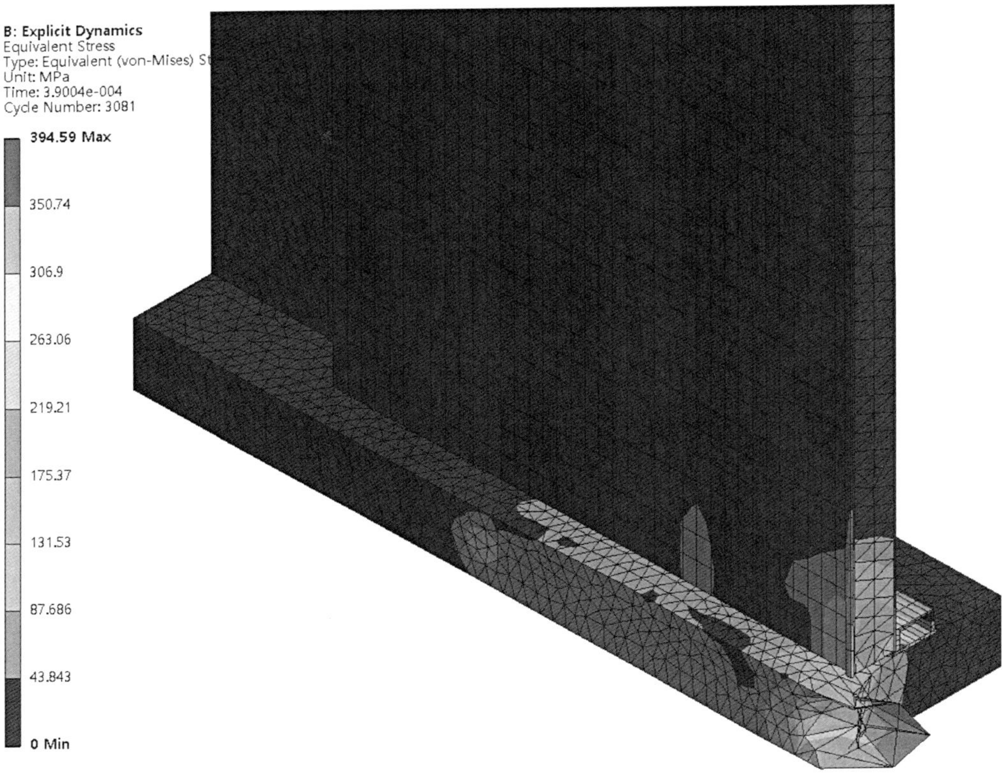

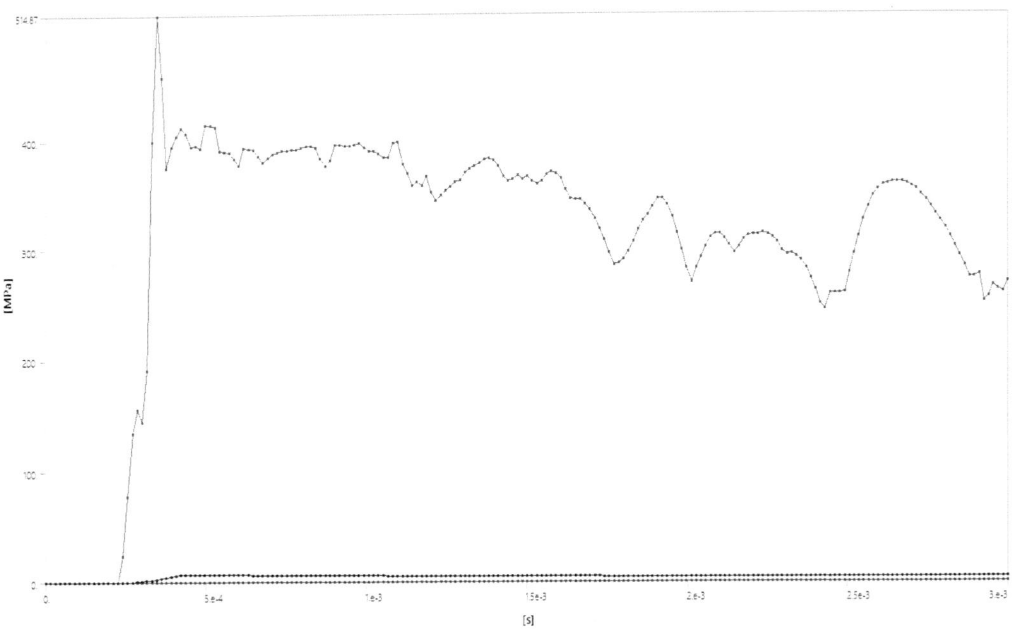

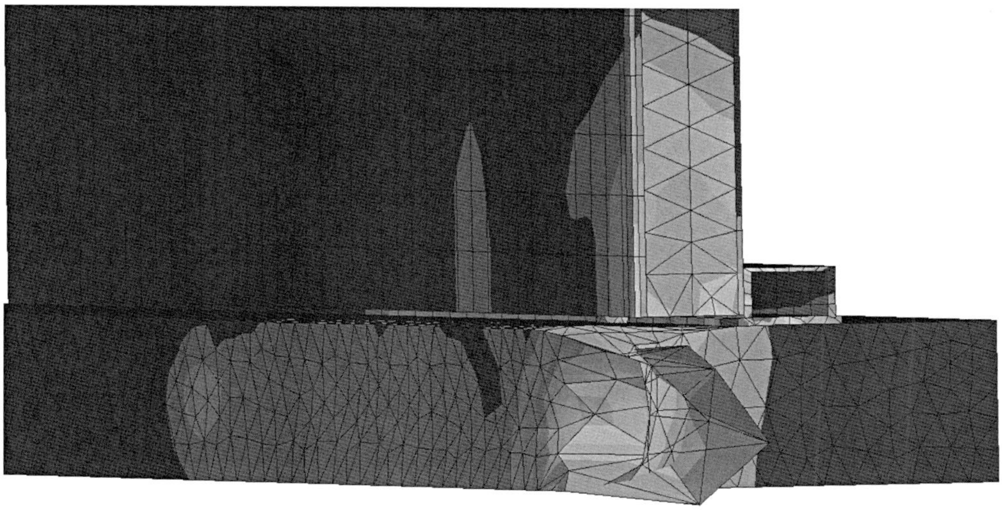

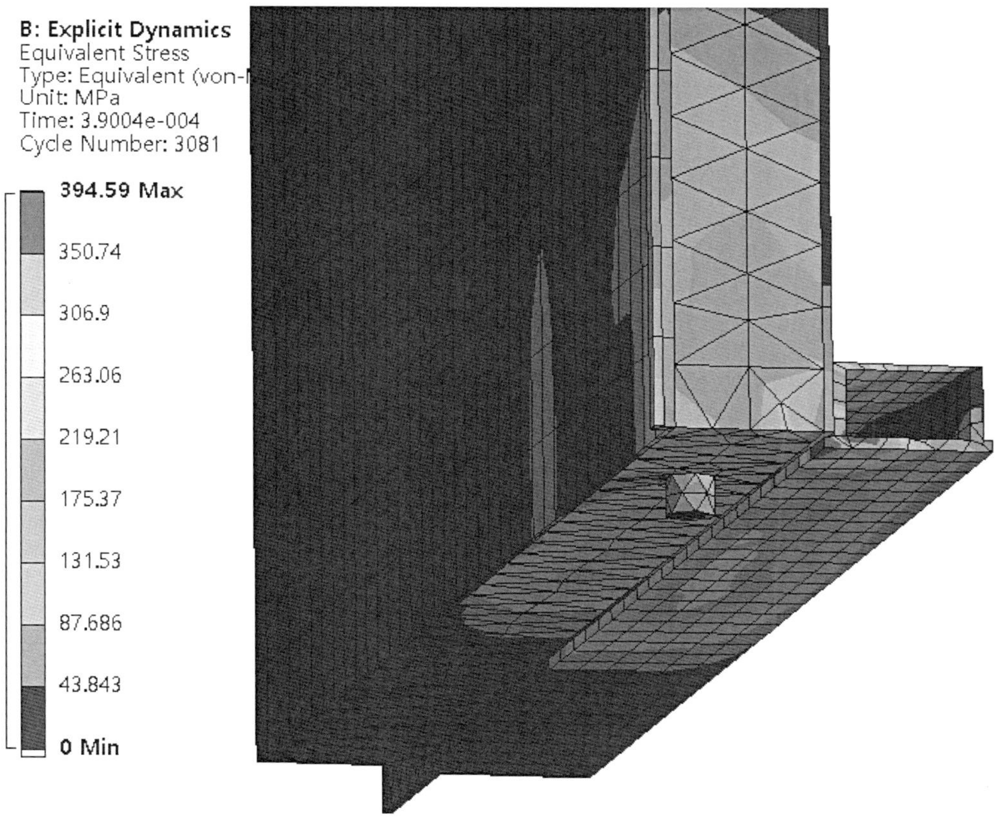
B: Explicit Dynamics
Equivalent Stress
Type: Equivalent (von-
Unit: MPa
Time: 3.9004e-004
Cycle Number: 3081
394.59 Max
350.74
306.9
263.06
219.21
175.37
131.53
87.686
43.843
0 Min

Case C. TNT Reference Frame

Case A와 다른 부분만 기술한다.
TNT 50kg, 이격거리 0mm

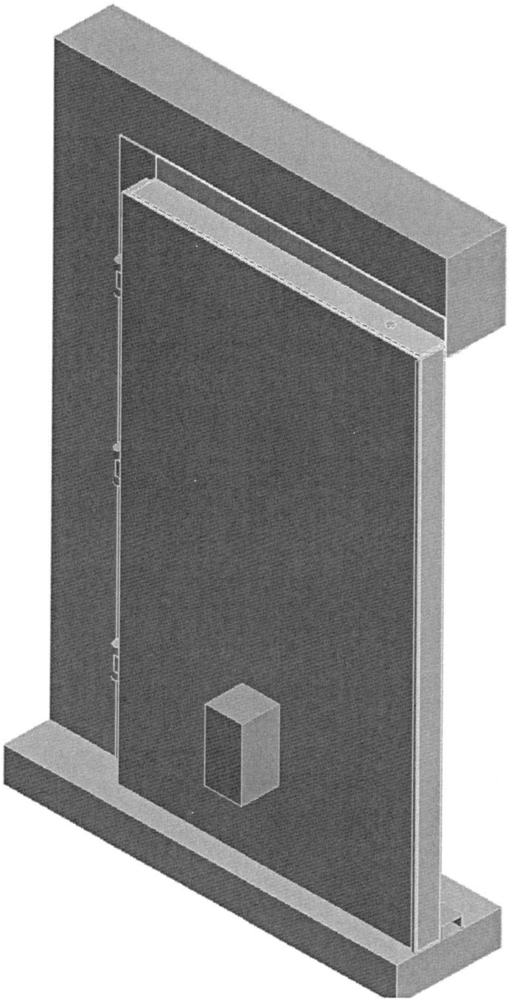

(1) 해석 모델의 환경을 설정한다. (Model)

① Project Schematic에서 Model을 더블클릭하여 Mechanical 창 활성화한다.

② Outline 화면에서 Model > Geometry > Solid를 선택하고 물성을 설정한다.
부품들의 이름을 아래와 같이 변경한다.
모든 구조물에는 Structural Steel NL을 설정한다.

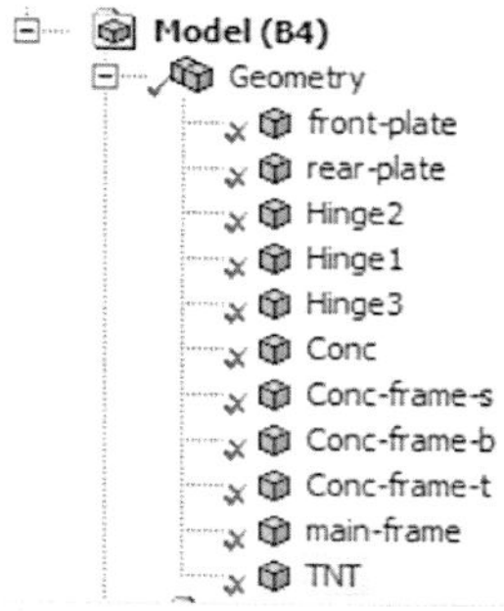

Details of "TNT"	
Graphics Properties	
Definition	
Suppressed	No
Stiffness Behavior	Flexible
Coordinate System	Default Coordinate System
Reference Temperature	By Environment
Reference Frame	Eulerian (Virtual)
Material	
Assignment	TNT
Bounding Box	
Properties	
Volume	3.125e+007 mm³
Mass	50.937 kg
Centroid X	625. mm
Centroid Y	-950. mm
Centroid Z	4625. mm
Moment of Inertia I...	1.3265e+006 kg·mm²
Moment of Inertia I...	5.306e+005 kg·mm²
Moment of Inertia I...	1.3265e+006 kg·mm²
Statistics	

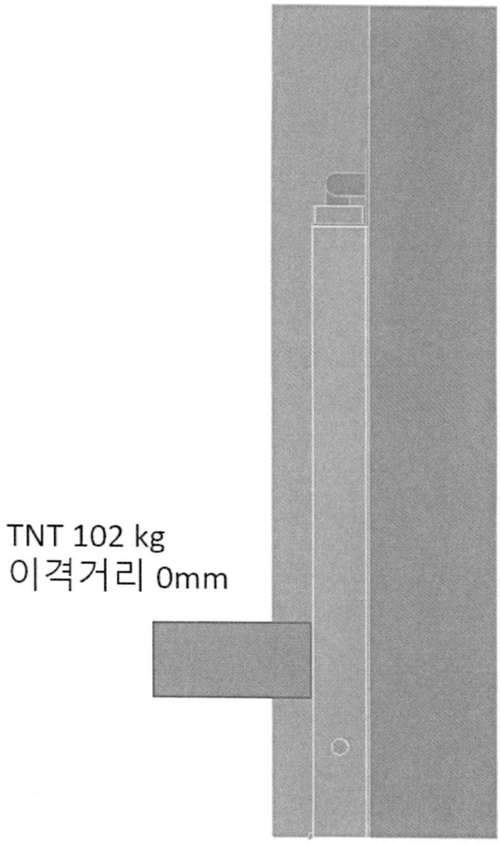

(2) 해석 설정 정의(Analysis Settings)

① End Time을 0.003으로 설정한다.

② Output Controls를 Equally Spaced Points로 설정한다. 200으로 설정한다.

Output Controls	
Save Results on	Equally Spaced Points
Result Number Of Points	200

(3) Detonation 설정

① Detonation을 설정한다.

② Detonation을 설정할대는 Vortex를 사용하여 위치 정보를 확인한다.

B: Explicit Dynamics
Detonation Point
Time: 6.e-003 s

Detonation Point: 0. s
Location: 625., -950., 4700. mm

Details of "Detonation Point"

Definition	
Type	Detonation Point
Suppressed	No
Burn Instantaneously	No
Detonation Time	0. s
Location	
X Coordinate	625. mm
Y Coordinate	-950. mm
Z Coordinate	4700. mm
Location	Click to Change

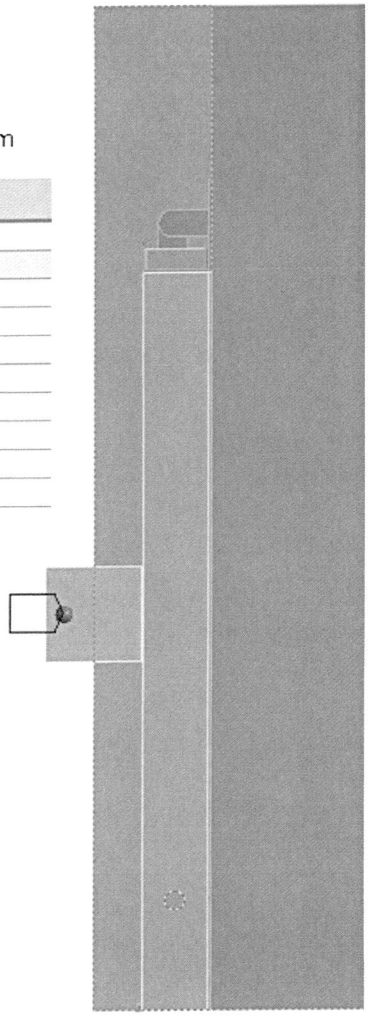

(4) 해석 설정 정의(Analysis Settings)

---SIMULATION ELAPSED TIME SUMMARY--------------------------------

EXECUTION FROM CYCLE 1 TO 94448

ELAPSED RUN TIME IN SOLVER = 236.7 Minutes

TOTAL ELAPSED RUN TIME = 256.4 Minutes

JOB RAN OVER 8 SLAVES

Problem terminated .... wrapup time reached

Details of "Analysis Settings"

Analysis Settings Preference	
Type	Custom
Step Controls	
Solver Controls	
Euler Domain Controls	
Domain Size Definition	Manual
Display Euler Domain	Yes
Minimum X Coordinate	-988. mm
Minimum Y Coordinate	-1950. mm
Minimum Z Coordinate	2920. mm
X Dimension	2668. mm
Y Dimension	4300. mm
Z Dimension	3000. mm
Domain Resolution Definition	Total Cells
Total Cells	2.5e+05
Lower X Face	Rigid
Lower Y Face	Rigid
Lower Z Face	Flow Out
Upper X Face	Rigid
Upper Y Face	Rigid
Upper Z Face	Flow Out
Euler Tracking	By Body

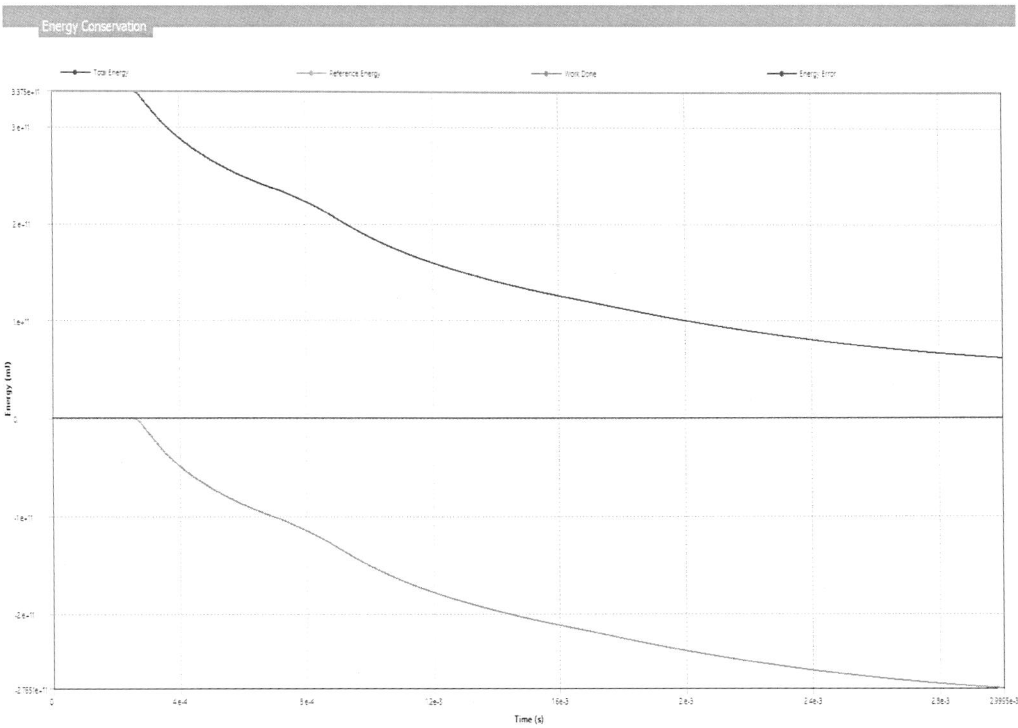

(4) 해석 결과 확인

① Total Deformation을 확인한다.

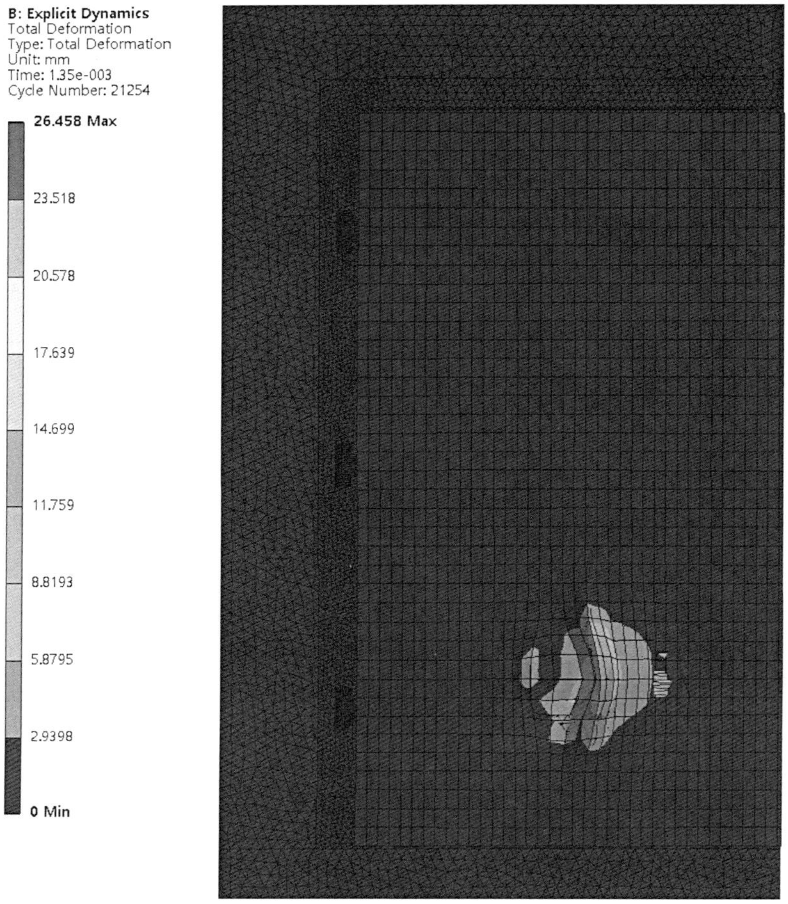

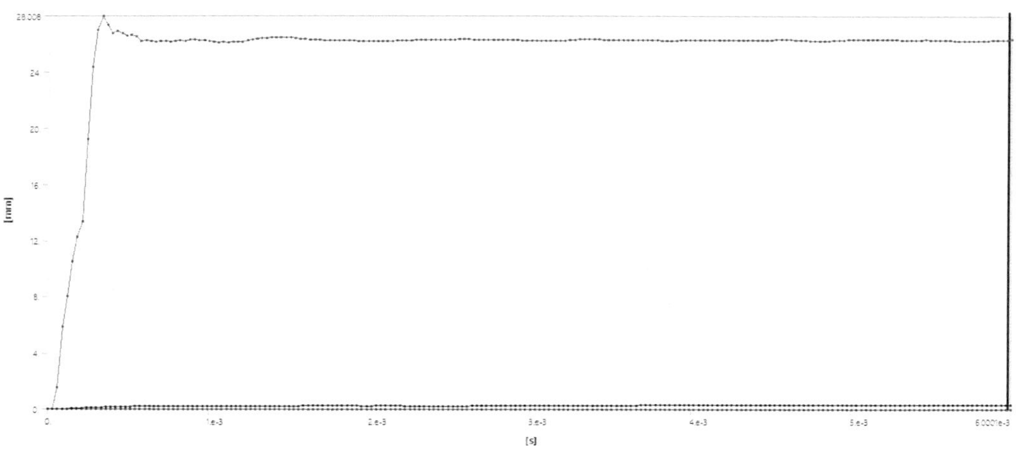

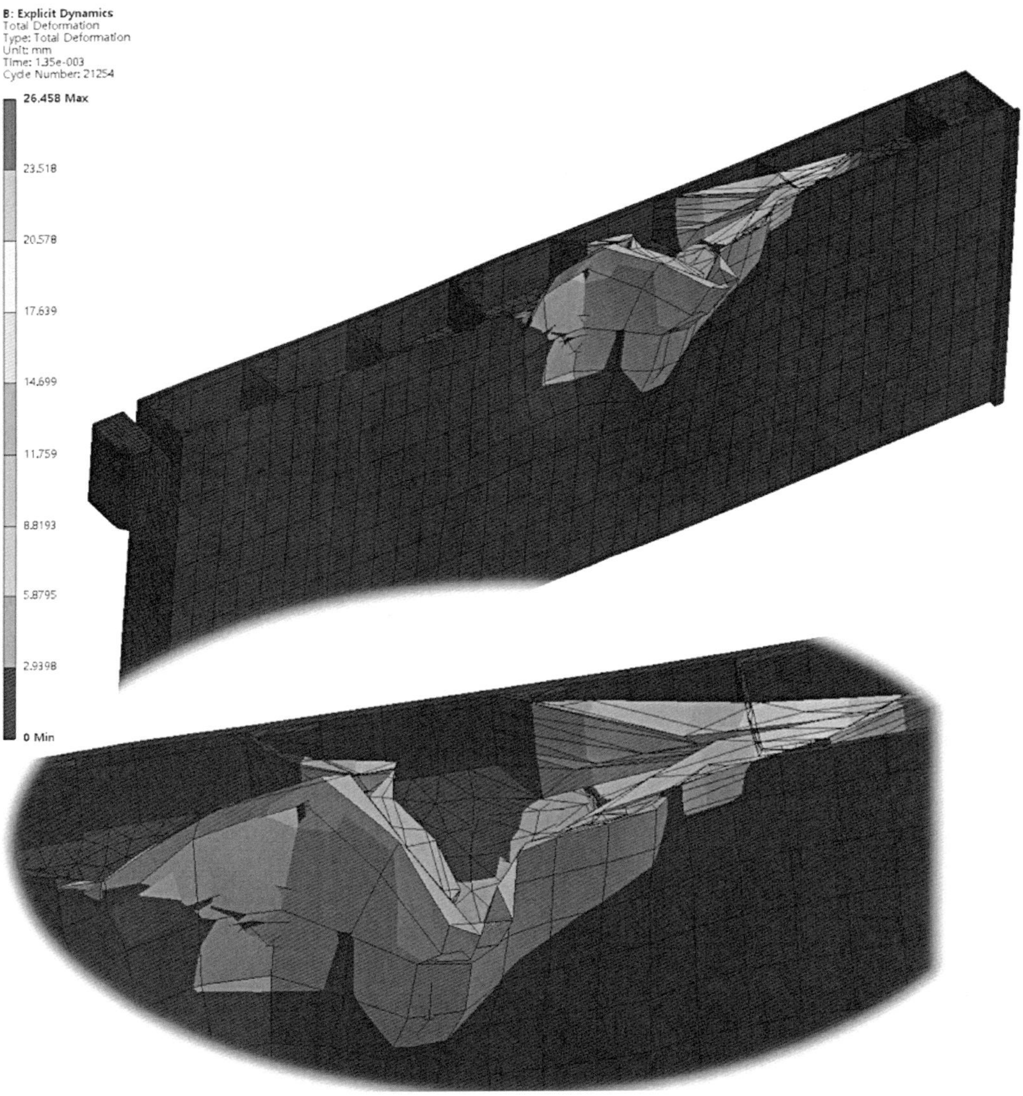
B: Explicit Dynamics
Total Deformation
Type: Total Deformation
Unit: mm
Time: 1.35e-003
Cycle Number: 21254
26.458 Max
23.518
20.578
17.639
14.699
11.759
8.8193
5.8795
2.9398
0 Min

② Equivalent Stress을 확인한다.

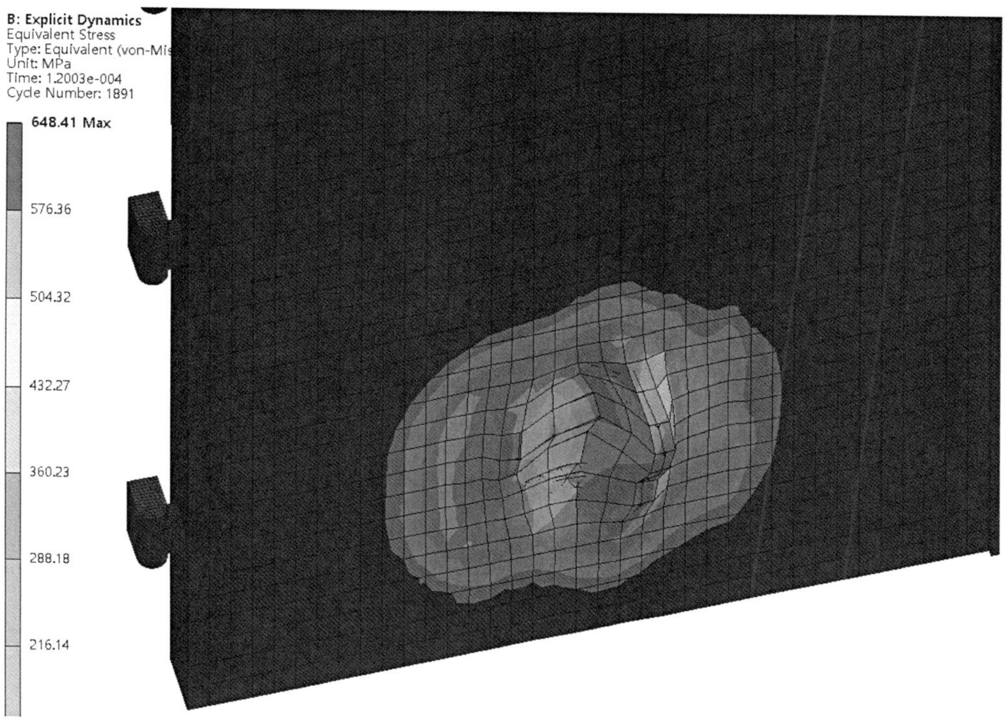

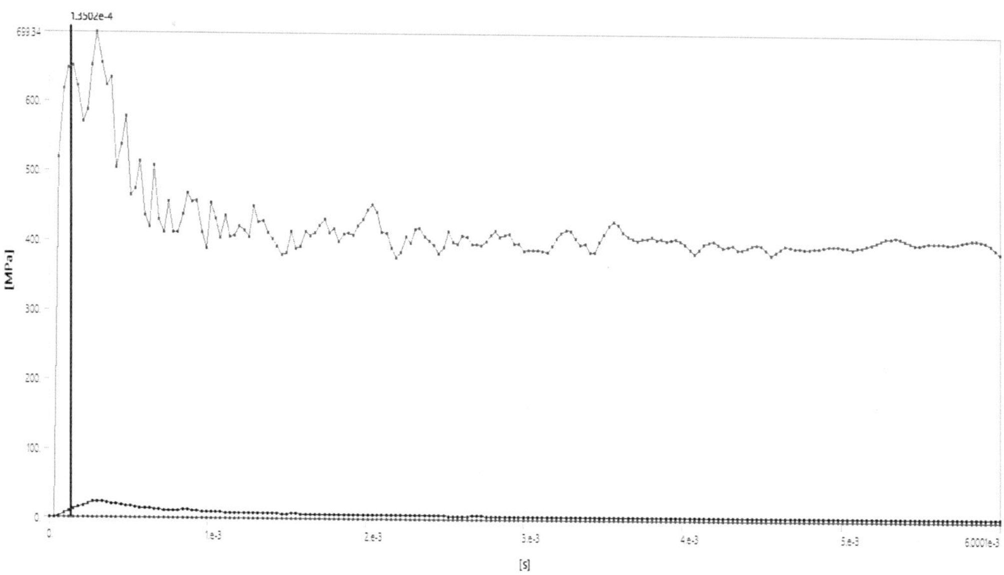

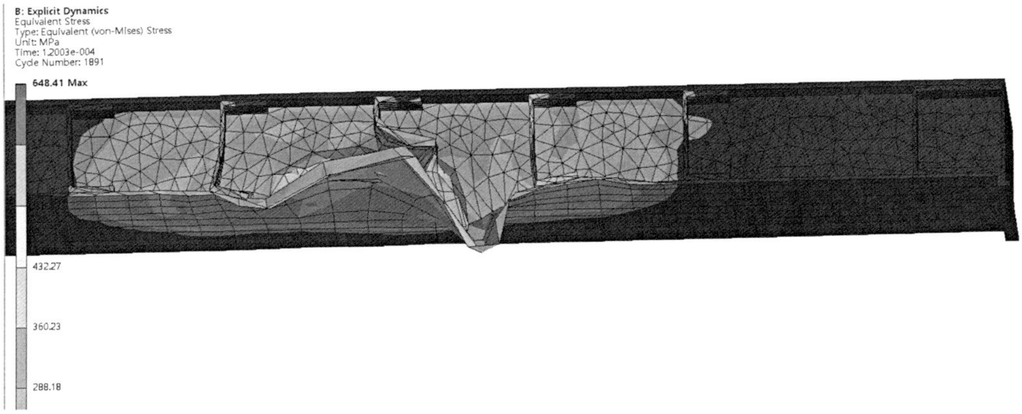
B: Explicit Dynamics
Equivalent Stress
Type: Equivalent (von-Mises) Stress
Unit: MPa
Time: 1.2003e-004
Cycle Number: 1891
648.41 Max
432.27
360.23
288.18

Case D. TNT Reference Frame

Case A와 다른 부분만 기술한다.
TNT 50kg, 이격거리 0mm

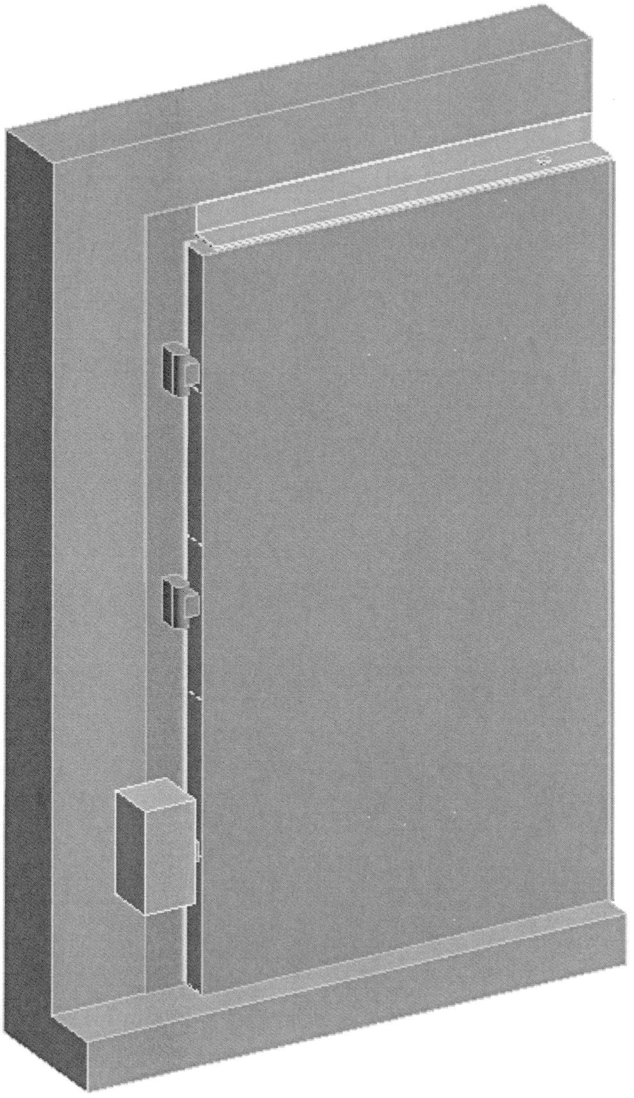

(1) 해석 모델의 환경을 설정한다. (Model)

① Project Schematic에서 Model을 더블클릭하여 Mechanical 창 활성화한다.

② Outline 화면에서 Model > Geometry > Solid를 선택하고 물성을 설정한다.
부품들의 이름을 아래와 같이 변경한다.
모든 구조물에는 Structural Steel NL을 설정한다.

(2) 해석 설정 정의(Analysis Settings)

① End Time을 0.003으로 설정한다.

② Output Controls를 Equally Spaced Points로 설정한다. 200으로 설정한다.

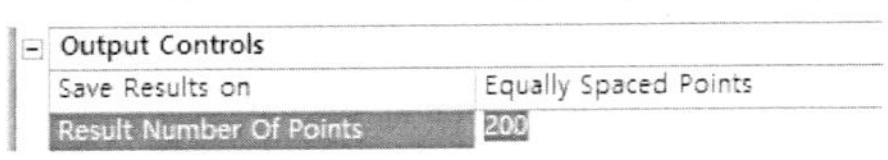

(3) Detonation 설정

① Detonation을 설정한다.

② Detonation을 설정할대는 Vortex를 사용하여 위치 정보를 확인한다.

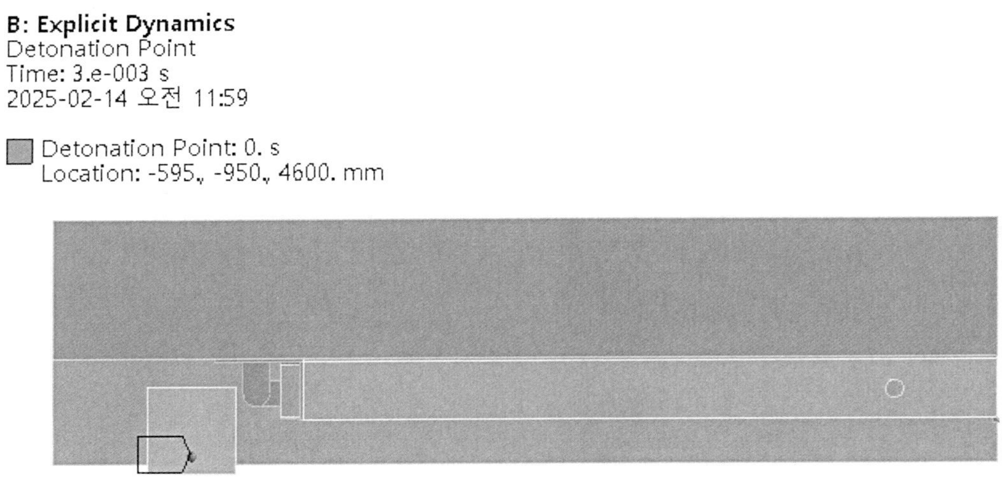

(4) 해석 설정 정의(Analysis Settings)

---SIMULATION ELAPSED TIME SUMMARY--------------------------------
EXECUTION FROM CYCLE 1 TO 94448
ELAPSED RUN TIME IN SOLVER = 82.123 Minutes
TOTAL ELAPSED RUN TIME = 92.294 Minutes
JOB RAN OVER 8 SLAVES
Problem terminated .... wrapup time reached

--

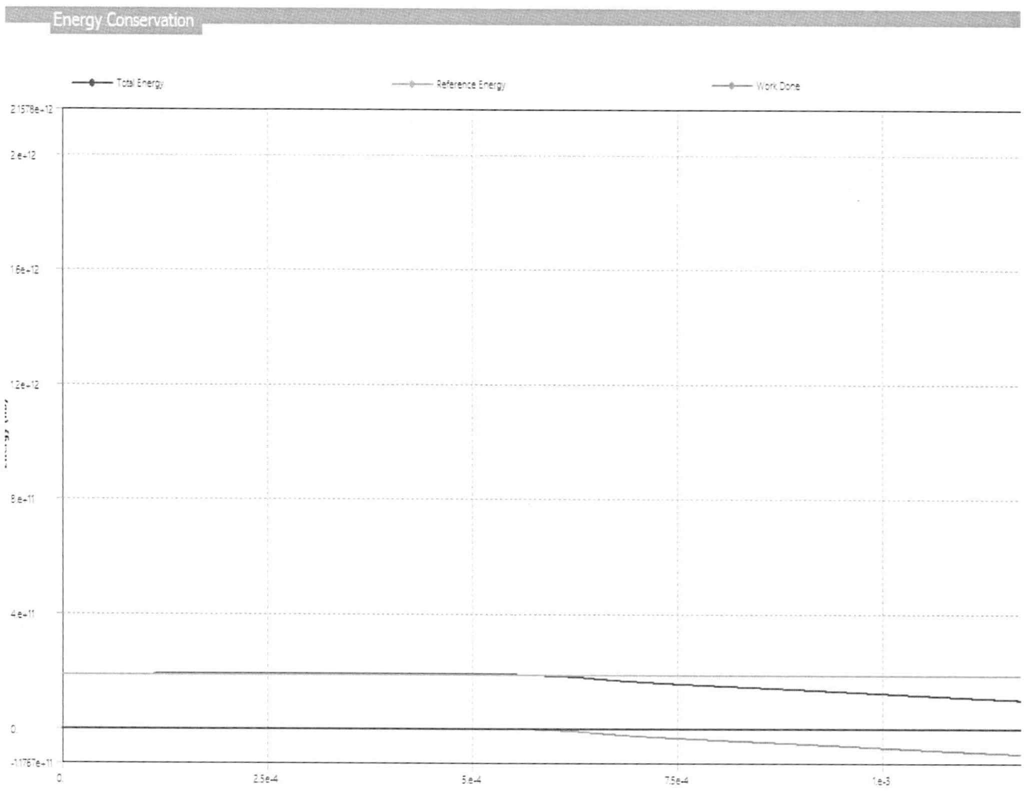

(4) 해석 결과 확인

① Total Deformation을 확인한다.

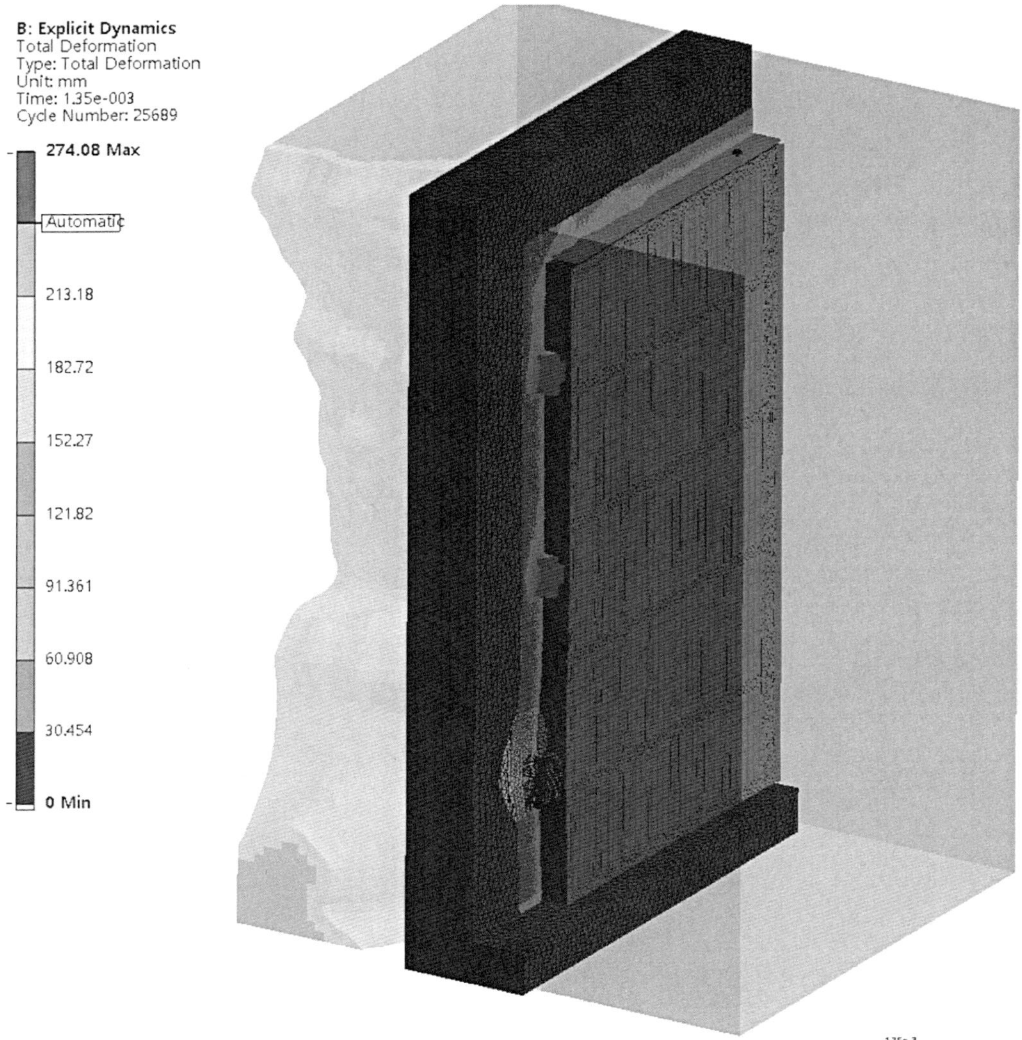

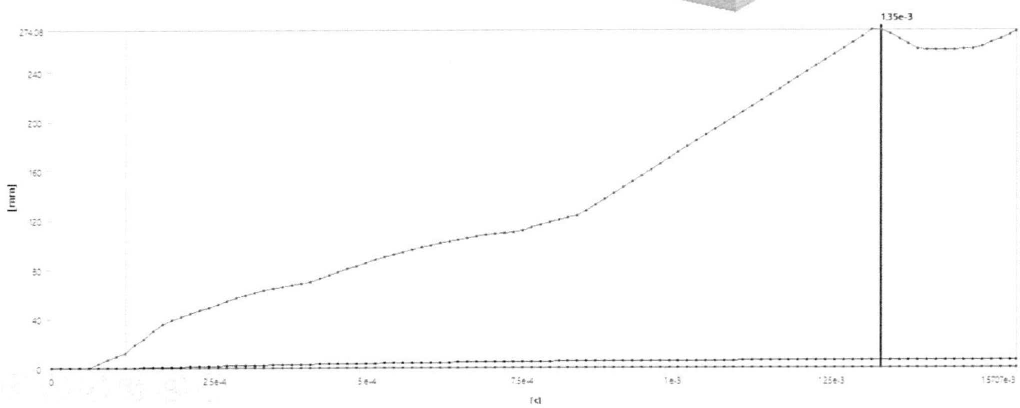

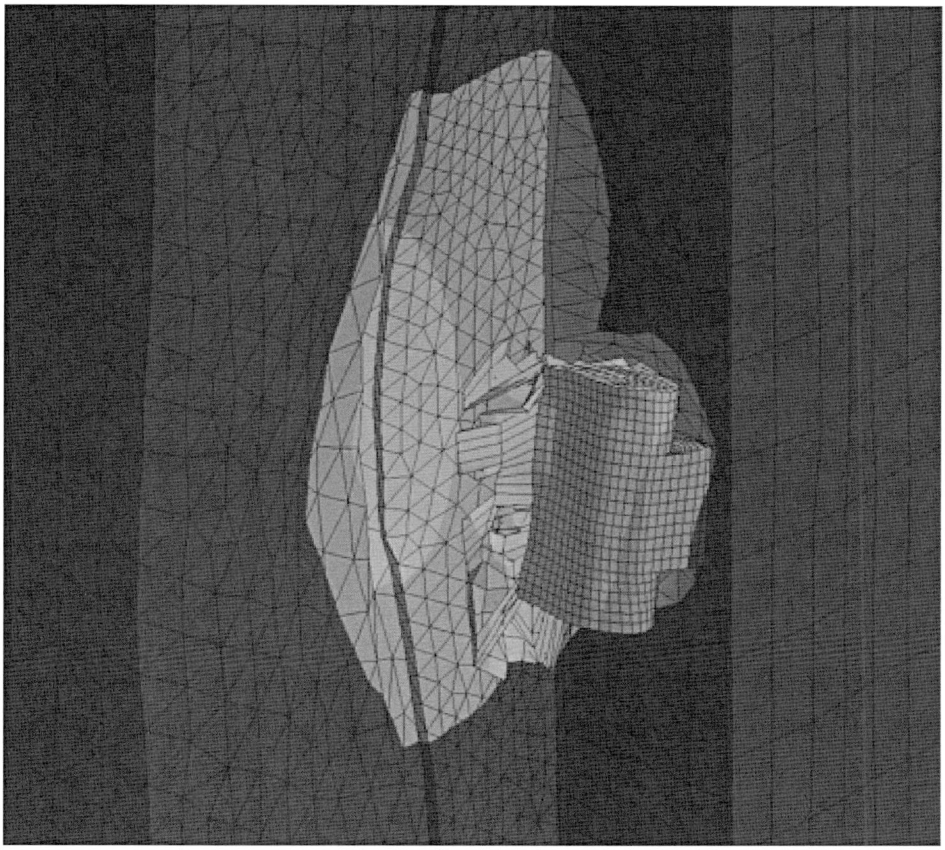

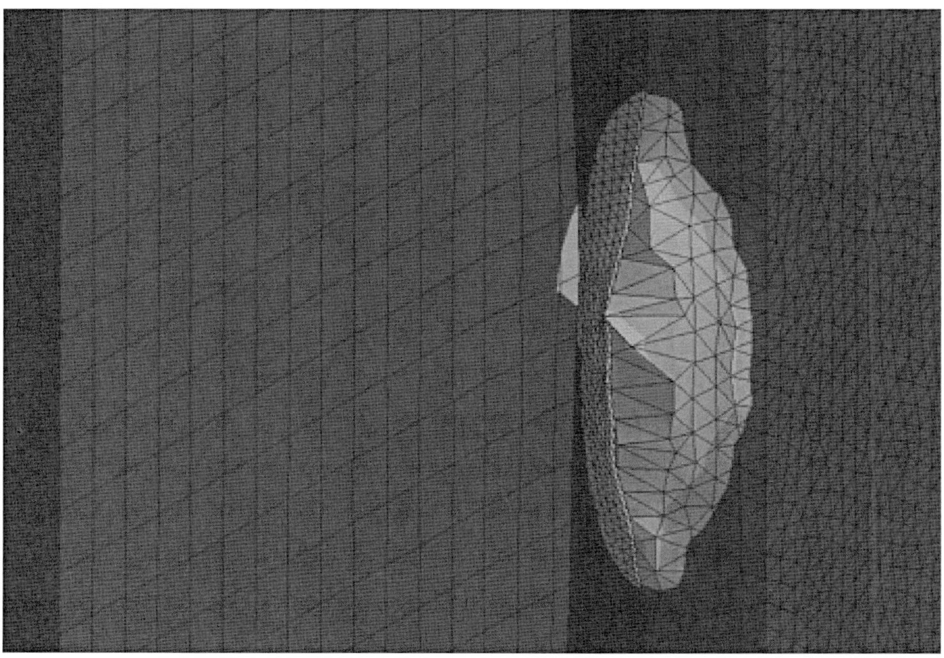

② Equivalent Stress을 확인한다.

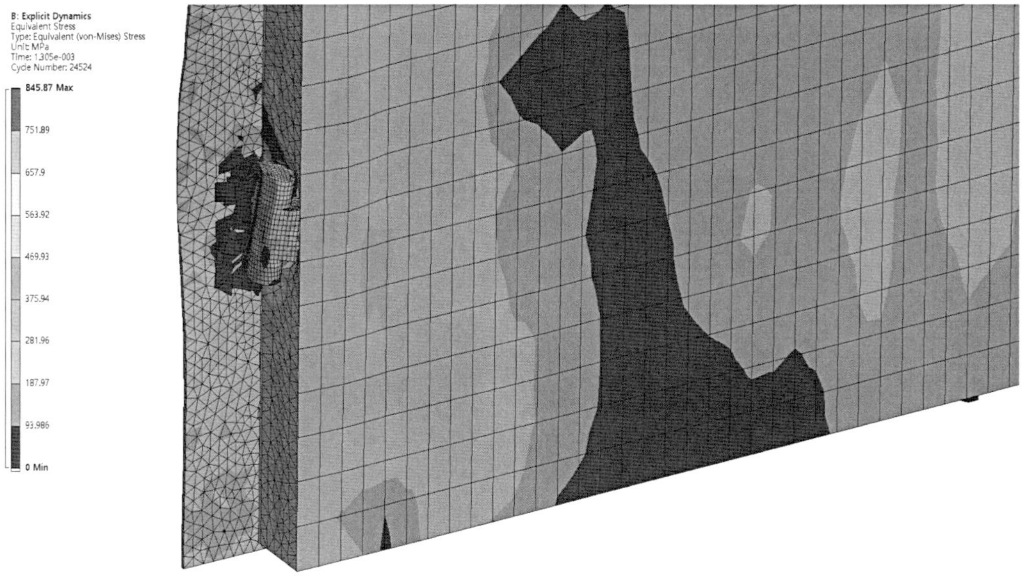

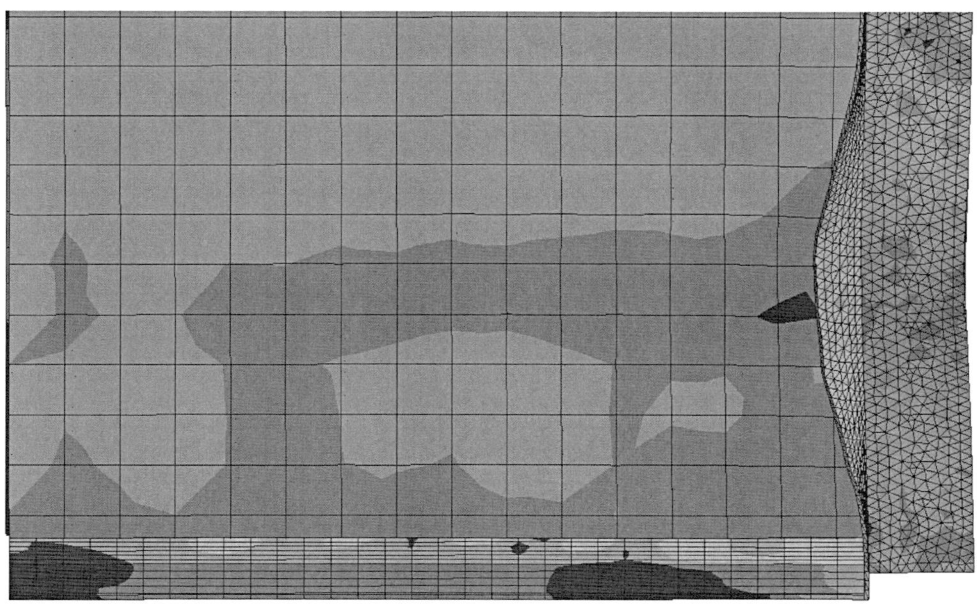

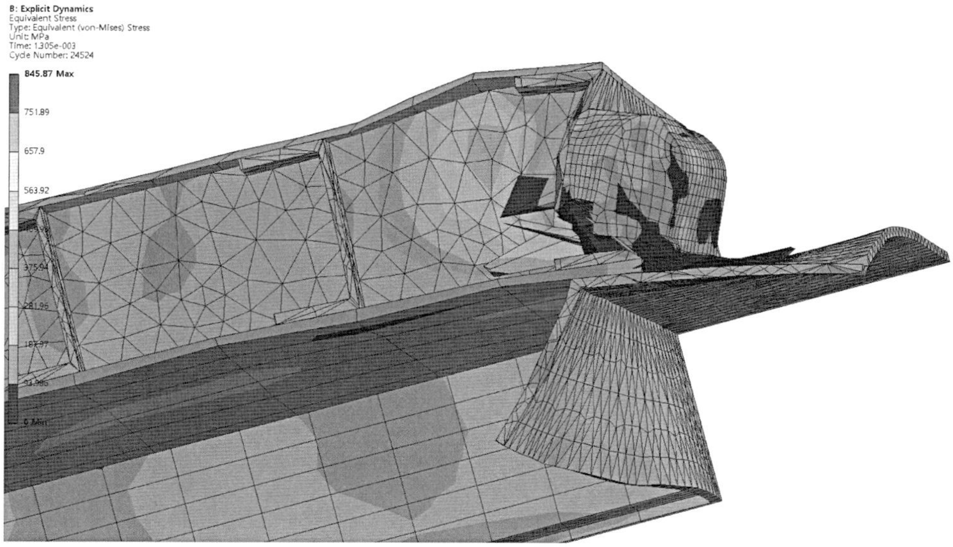
B: Explicit Dynamics
Equivalent Stress
Type: Equivalent (von-Mises) Stress
Unit: MPa
Time: 1.305e-003
Cycle Number: 24524
845.87 Max
751.89
657.9
563.92
375.94
281.96
187.97
0 Min

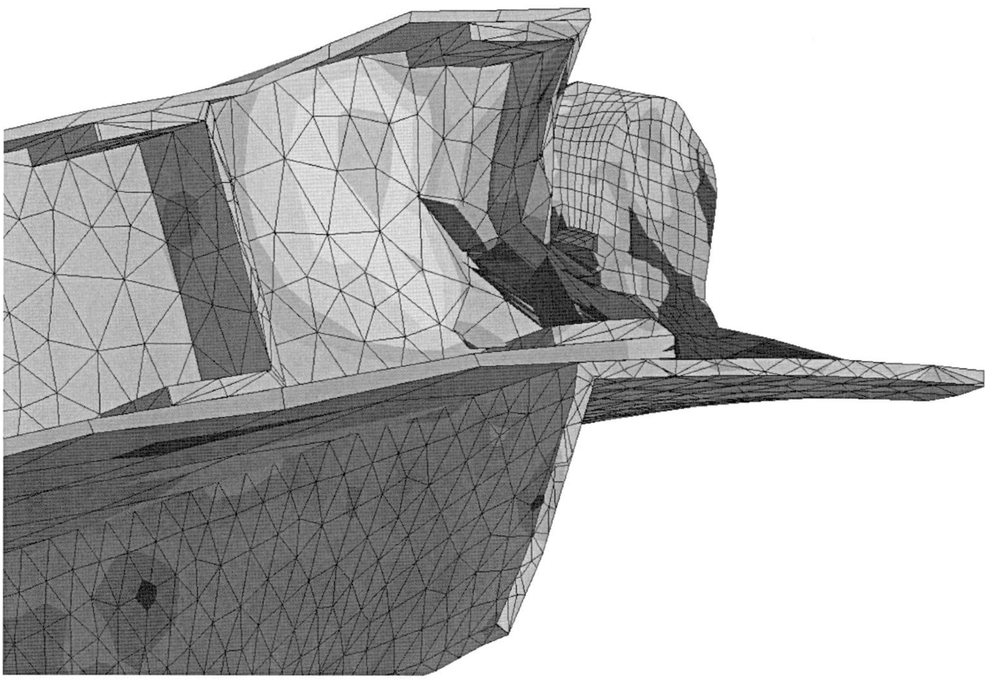

10. 3면 지지 방폭문 전면에서 폭발하는 TNT 해석

1) 구조 계획

TNT 폭발해석을 Explicit Dynamic에서 수행한다.

TNT의 밀도가 1630kg/m3이다.

TNT는 Eulerian으로 설정하여 해석한다.

Case A :

TNT는 0.1x0.1x0.1m로 설계한다. TNT 무게는 1.63kg이다.

TNT가 놓인 방폭문은 2070x1935x150mm의 크기로 모델링한다.

TNT는 콘크리트 골조에서 1m 전방에 설치된다.

Case B :

TNT 무게는 104.3kg 로 설계한다.

Case C :

전면 강판에 0.65MPa의 반사압을 인가한다.

2) 구조해석

Case A. TNT Reference Frame : Eulerian (TNT 무게는 1.63kg)

(1) 해석 모델을 불러들이거나 모델링을 수행한다. (Geometry)

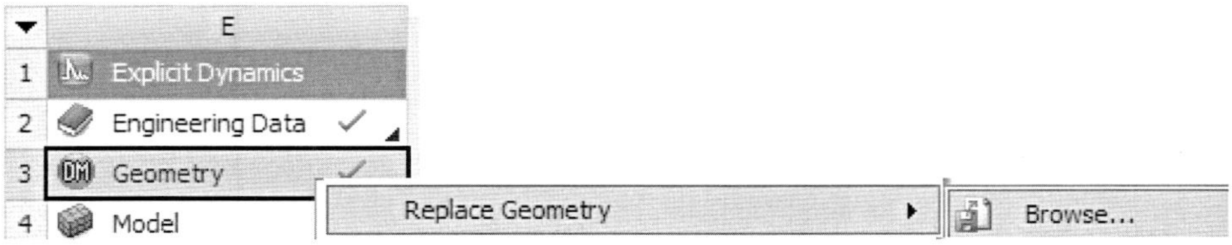

① Geometry에서 파일을 가져온다.

② 아래와 같이 모델을 생성한다.

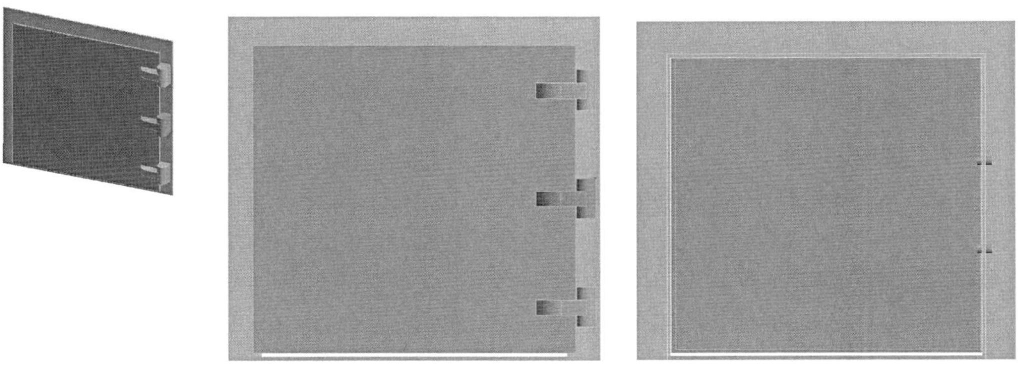

(2) 재료의 물성을 정의한다. (Engineering Data)

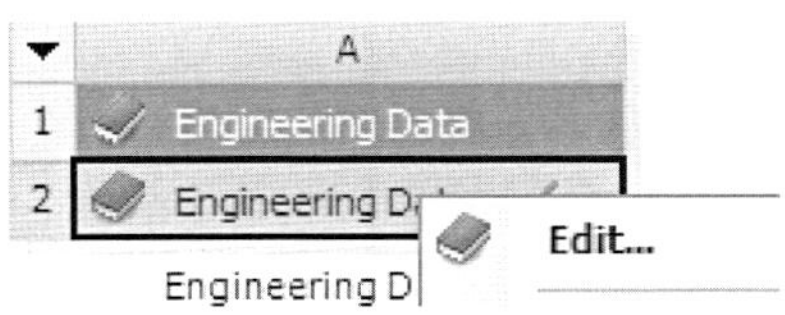

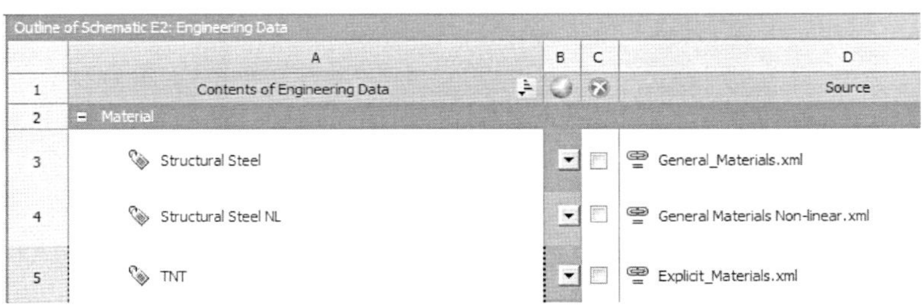

Outline of Schematic E2: Engineering Data

	A	B	C	D
1	Contents of Engineering Data			Source
2	Material			
3	Structural Steel			General_Materials.xml
4	Structural Steel NL			General Materials Non-linear.xml
5	TNT			Explicit_Materials.xml

① Engineering Data를 불러온다.

② Explicit Dynamic Data Source에서 TNT, General Nonlinear Material에서 Structural steel NL를 가져온다.

(3) 해석 시스템을 생성한다.

① Project Schematic에 Explicit Dynamic을 시스템 추가한다.

② Engineering Data와 Geometry를 연결하고 Project 이름을 변경한다.

③ Mechanical 창에서 Units menu를 클릭하고 단위를 설정한다.

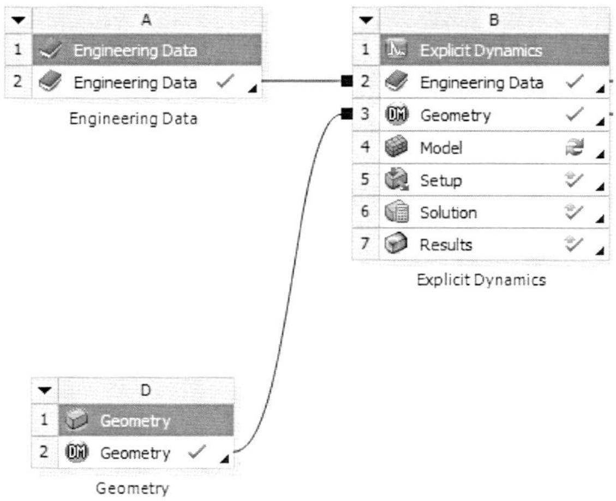

(4) 해석 모델의 환경을 설정한다. (Model)

① Project Schematic에서 Model을 더블클릭하여 Mechanical 창 활성화한다.

② Outline 화면에서 Model > Geometry > Solid를 선택하고 물성을 설정한다.

부품들의 이름을 아래와 같이 변경한다.

모든 구조물에는 Structural Steel NL을 설정한다.

TNT에는 TNT를 설정하고, Reference Frame은 Eulerian으로 설정한다.

TNT의 질량은 1.63kg이다.

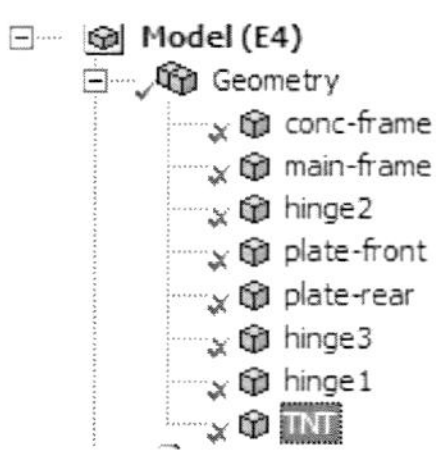

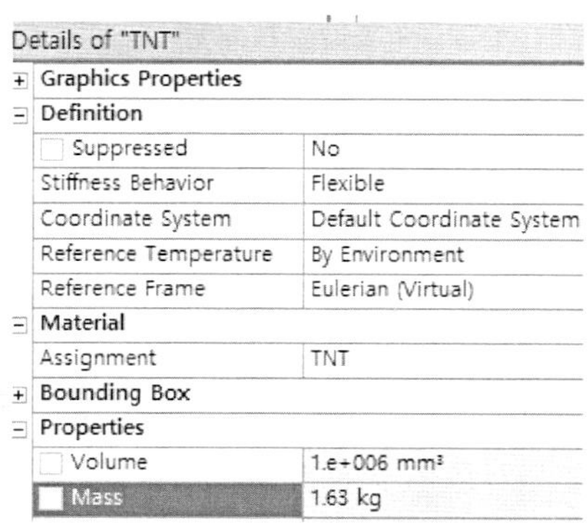

(5) 좌표계 설정 (Coordinate Systems) :

① 원점 좌표를 확인한다.

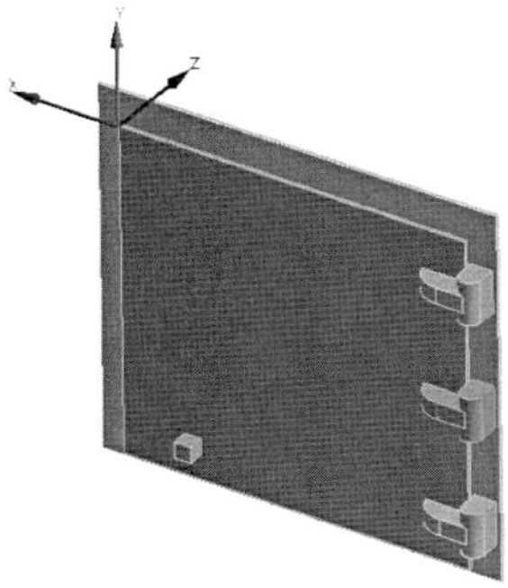

② Path를 설정한다.

ⓐ

ⓑ

ⓒ 4개의 path를 만든다,

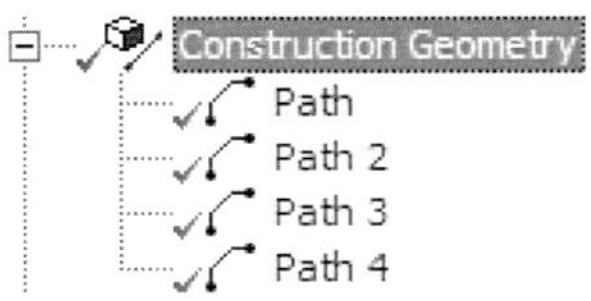

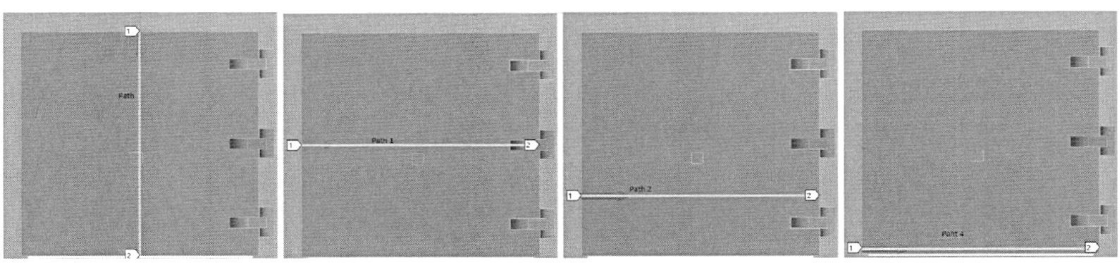

(6) 연결 관계 정의(Connections)

① 연결을 다음과 같이 정의한다.

Conc-frame과 to plate-front의 Bonded는 삭제한다.

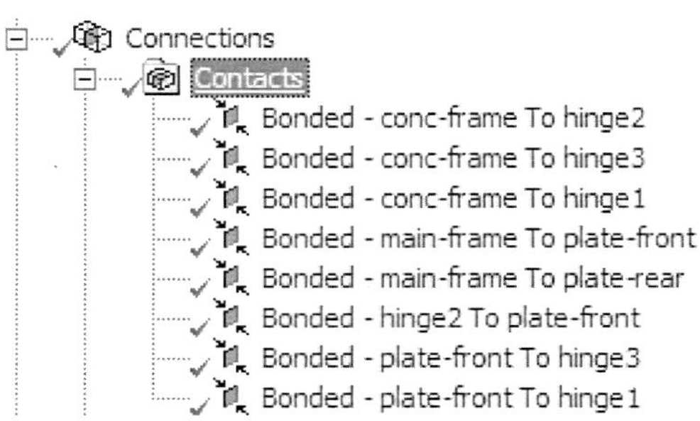

(7) 격자 모델 생성 (Mesh)

① Outline화면에서 Model > Mesh를 선택한다.

② Outline화면에서 Model > Method를 선택하고, 힌지 3개를 Multizone으로 설정한다.

③ Graphic화면에서 모델에 메쉬가 생성된 것을 확인할 수 있다.
TNT메쉬 사이즈는 기본설정으로 한다.

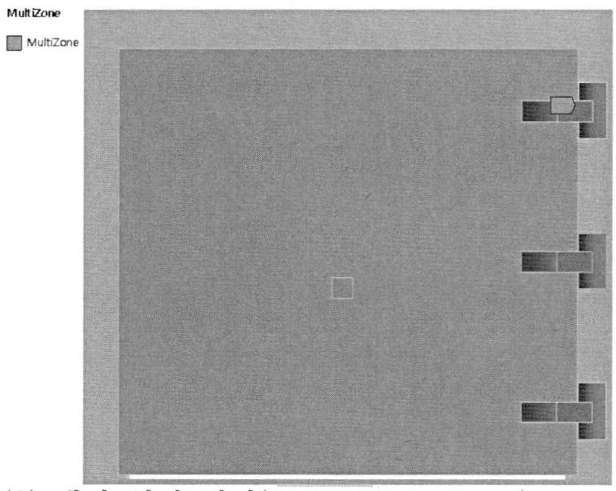

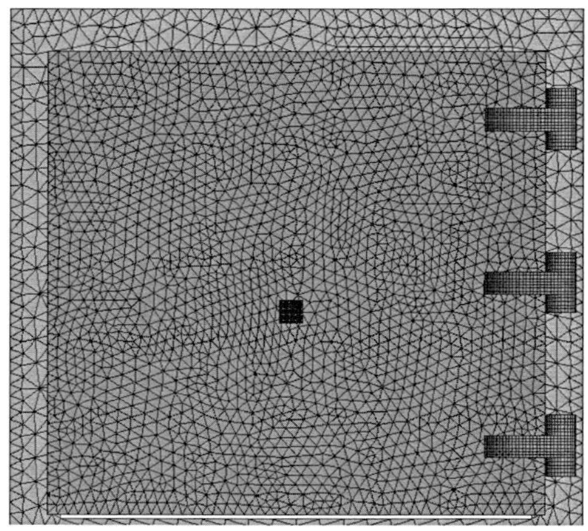

(8) 해석 설정 정의(Analysis Settings)

① End Time을 0.01으로 설정한다.

② Output Controls를 Equally Spaced Points로 설정한다. 200으로 설정한다.

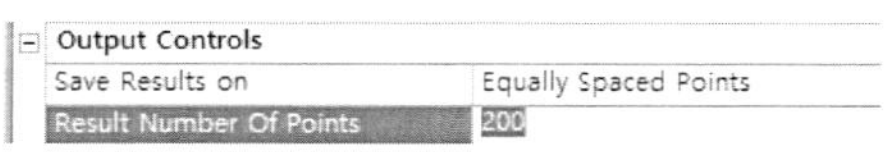

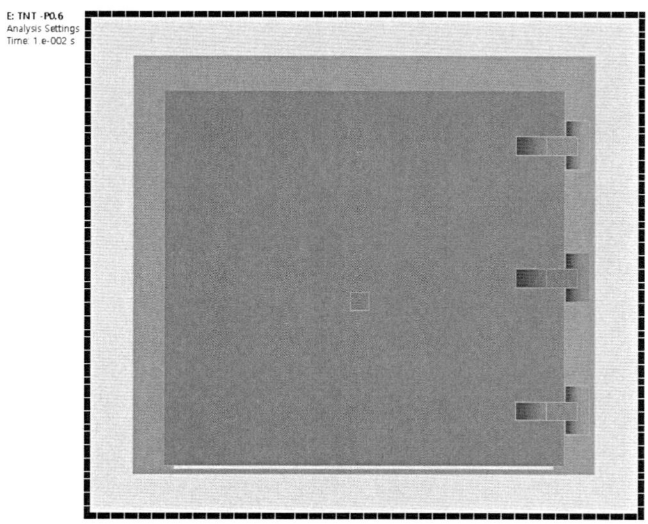

(9) 초기 조건 정의 : 고려하지 않는다.

(10) 구속조건 정의

ⓐ 고정 지점 설정

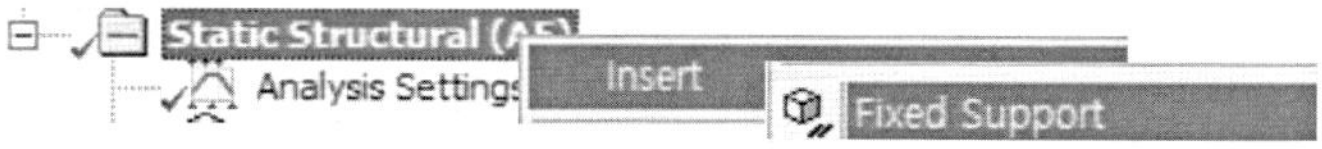

① Outline 화면에서 Static structure > RMB > Insert > Fixed Support를 설정한다.

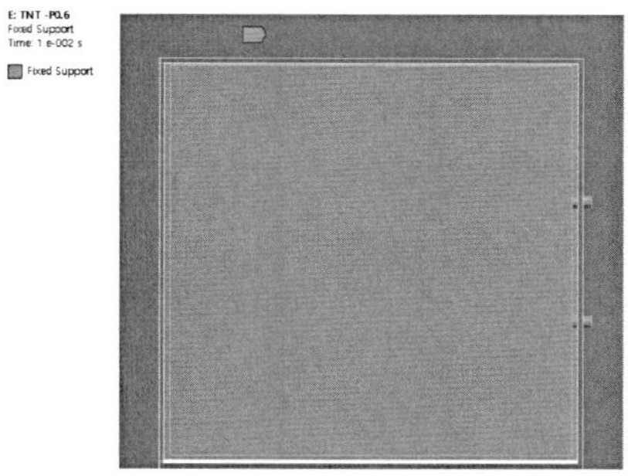

(11) Detonation 설정

① Detonation 설정한다.

② TNT 중심에 설정한다.

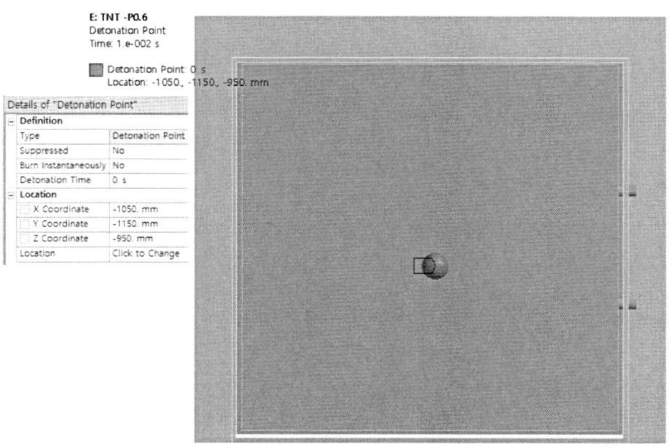

(12) 해석 결과 설정

① Deformation(변형) 결과 세팅

a. Outline 화면에서 Solution>RMB >Insert >Deformation >Directional 항목 선택

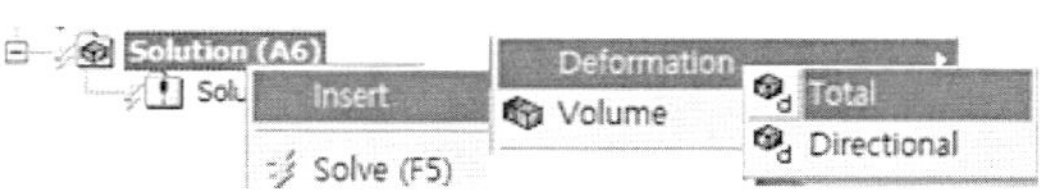

(13) 해석 수행

① Tool bar에서 Solve를 클릭하거나, Solution > RMB > Solve 를 클릭한다.

```
*-----------------------------------------------------------------*
Cycle:          6709,  Time:   1.230E-03s,  Time  Inc.:  6.186E-10s,  Progress:
12.30%, Est. Clock Time Remaining:    2.1 hrs
EXECUTION FROM CYCLE        1 TO      6709
ELAPSED RUN TIME IN SOLVER =       1.65161E+01 Minutes
TOTAL ELAPSED RUN TIME     =       1.78424E+01 Minutes
JOB RAN OVER      2 SLAVES
Problem terminated .... time step too small
*-----------------------------------------------------------------*
```

(14) 해석 결과 확인

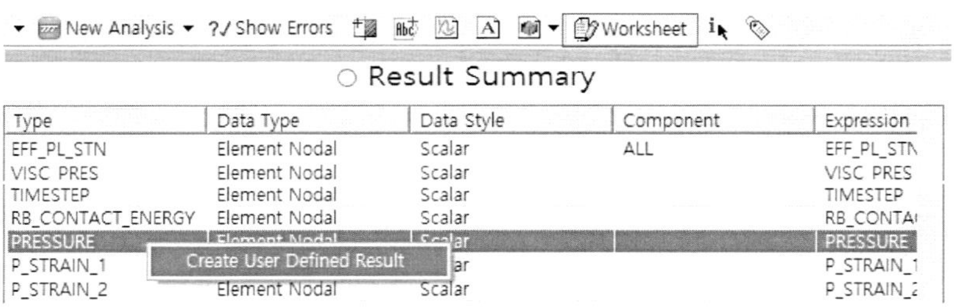

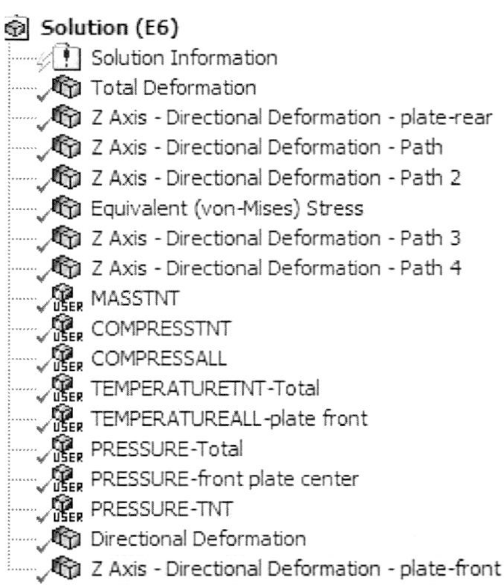

(14) 해석 결과 확인

① Total Deformation을 확인한다.

TNT Hide Body 하여 화면에 나타나지 않게 한 모습

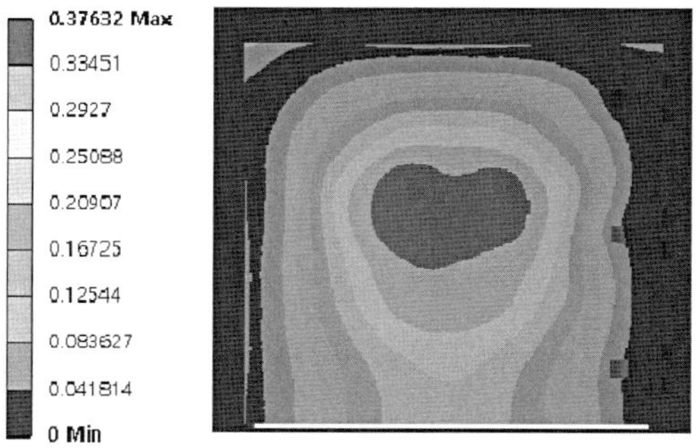

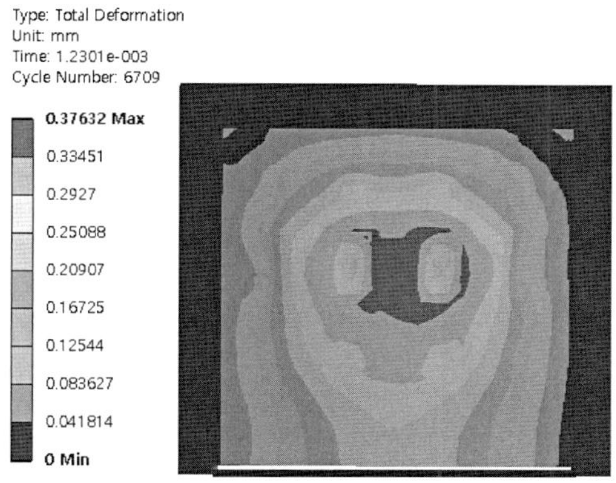

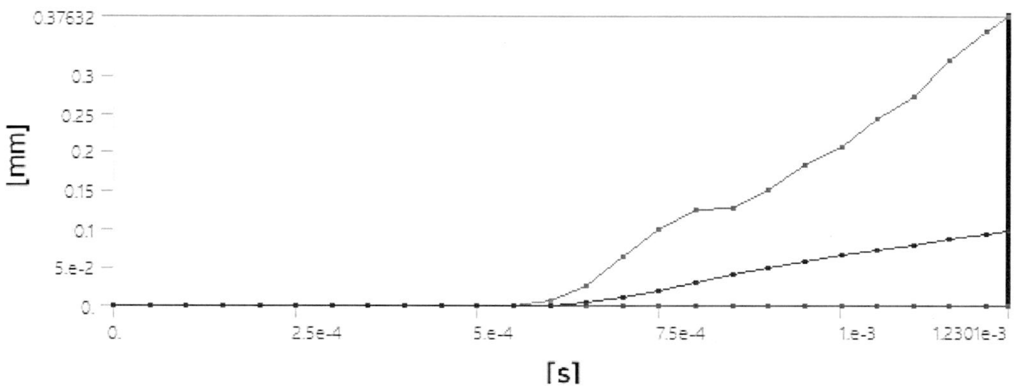

② Directional Deformation을 확인한다.

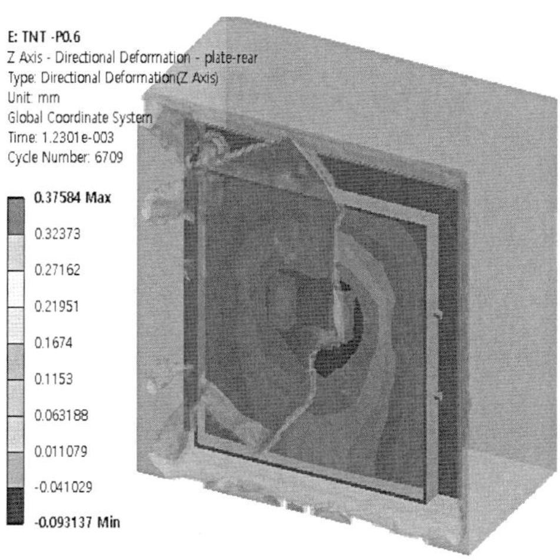

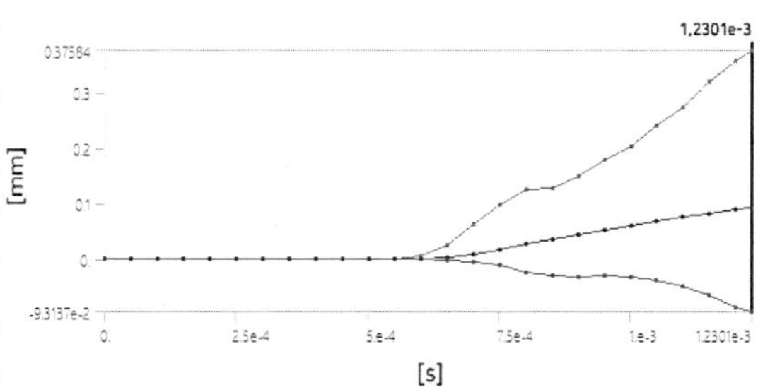

③ Directional Deformation을 확인한다. 폭발에 의한 방폭문의 Z 축 변위

ⓐ Front Plate 중앙의 Node를 선택하여 Z축 방향의 변위를 확인한다.

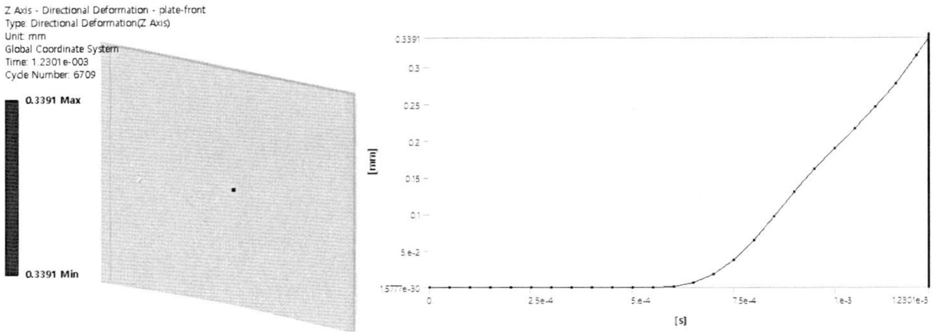

ⓑ Pass를 사용하여 후면 강판의 변위 현상 검토

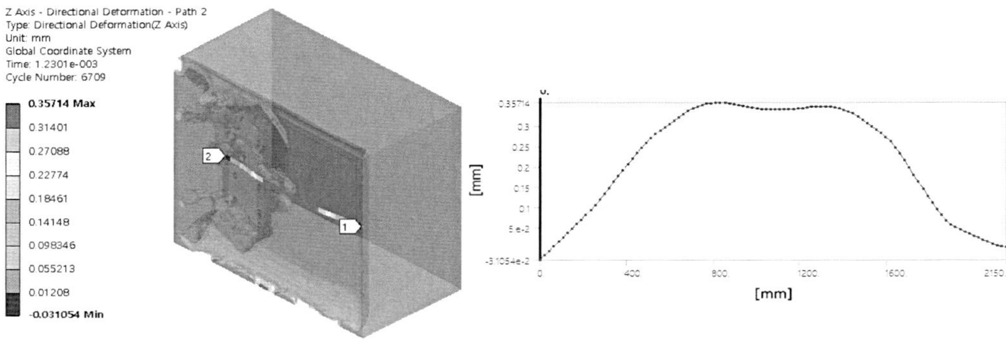

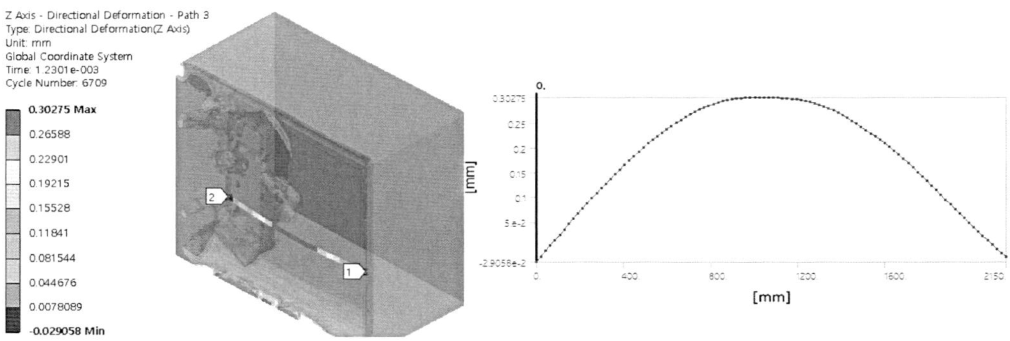

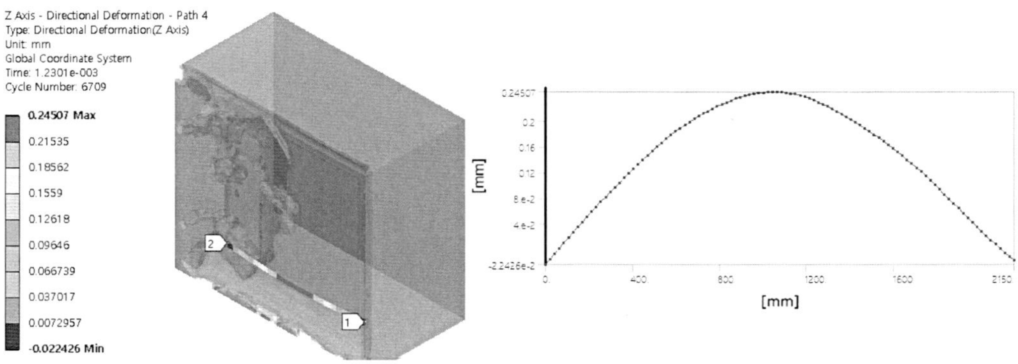

④ Pressure 검토한다.

- 전체 오일러 메쉬 안의 시간 변화에 따른 압력분포 변화

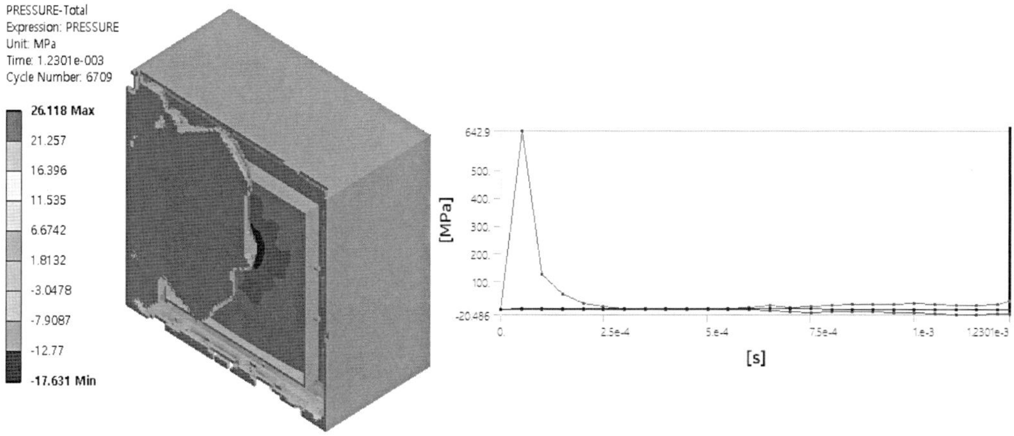

-TNT 부분의 시간 변화에 따른 압력분포 변화

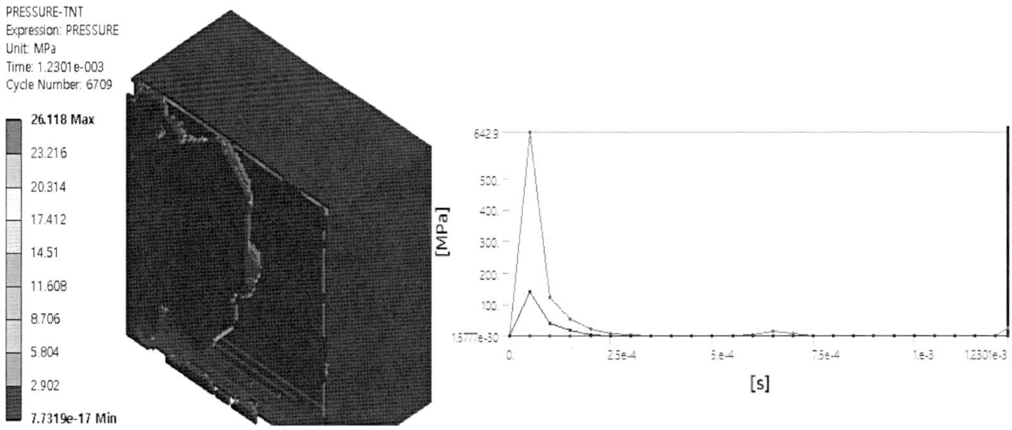

- 강판 가운데 부분의 시간 변화에 따른 압력분포

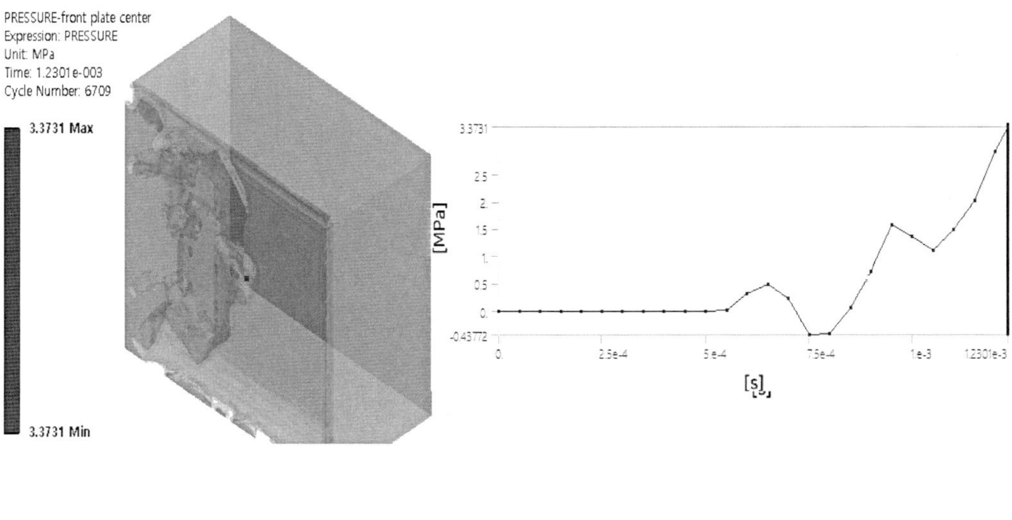

⑤ 시간 변화에 따른 온도검토

-전체의 온도분포

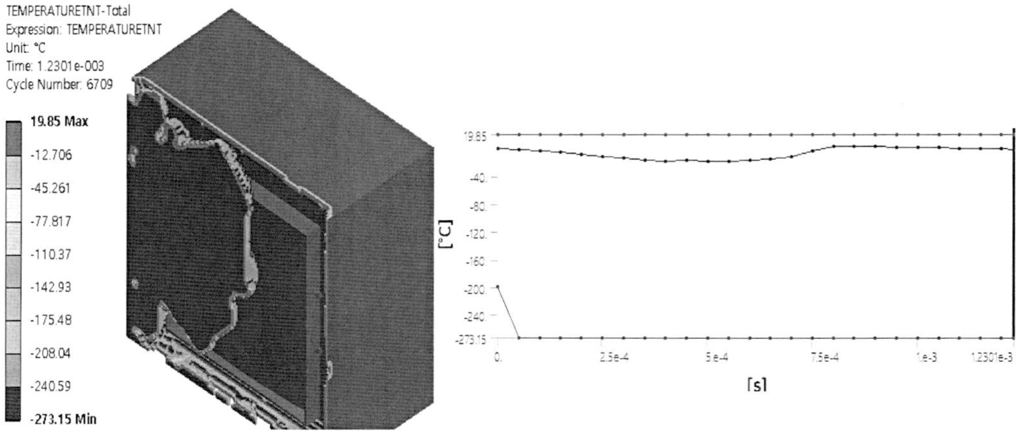

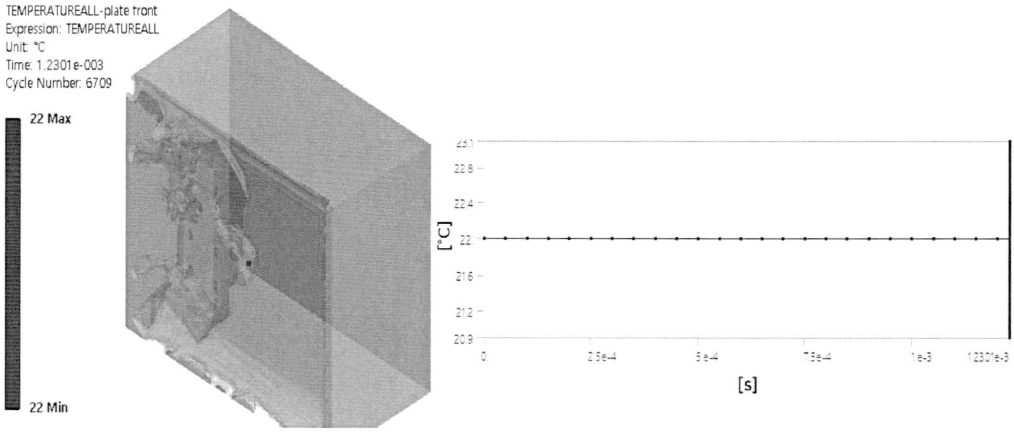

⑥ CompressALL

- 전체의 Compress

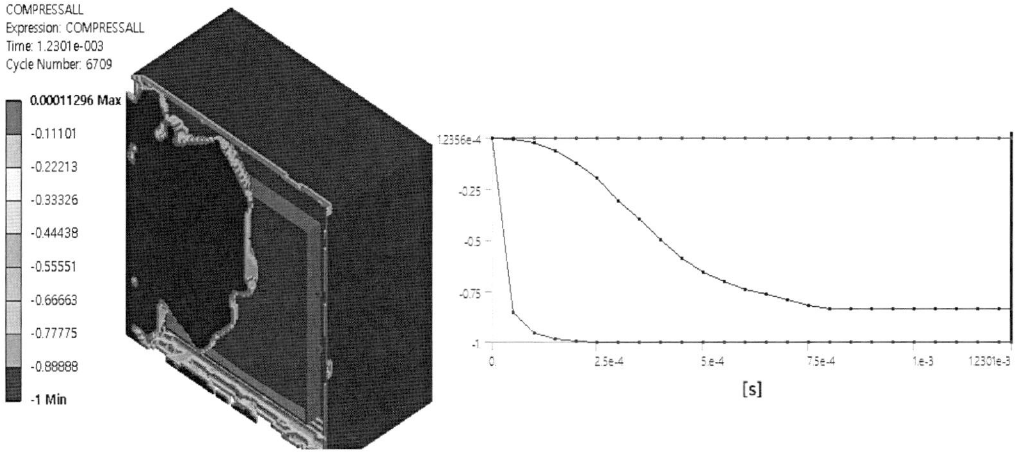

-TNT의 Compress

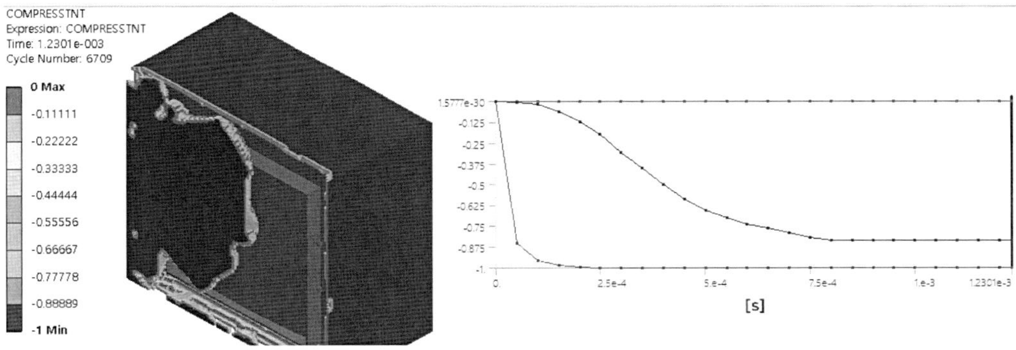

⑦ TNT의 Mass 변화

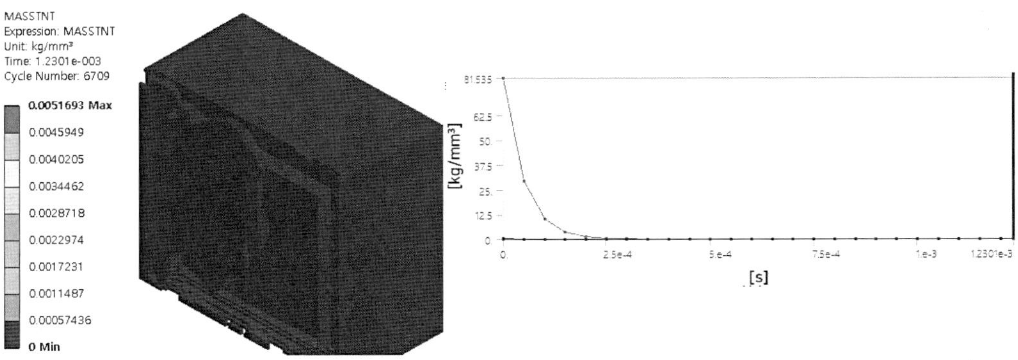

⑧ 전면 강판과 후면 강판의 응력 변화

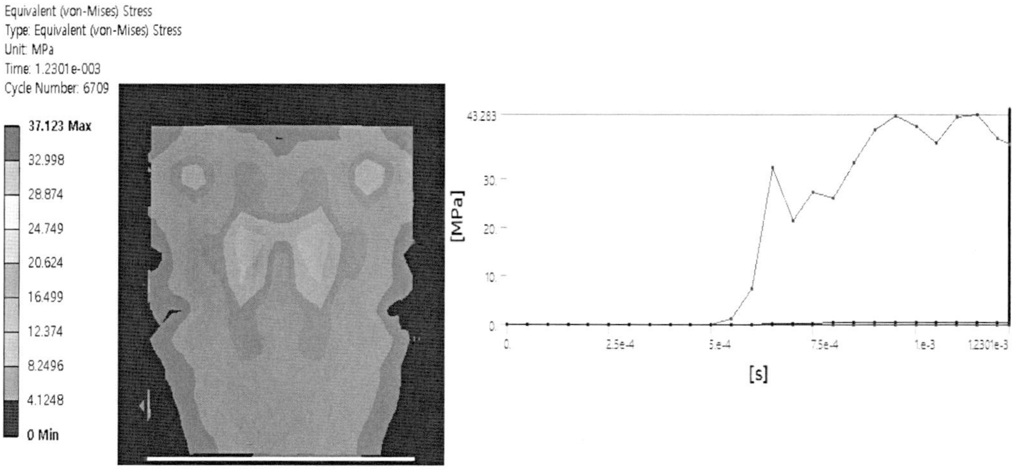

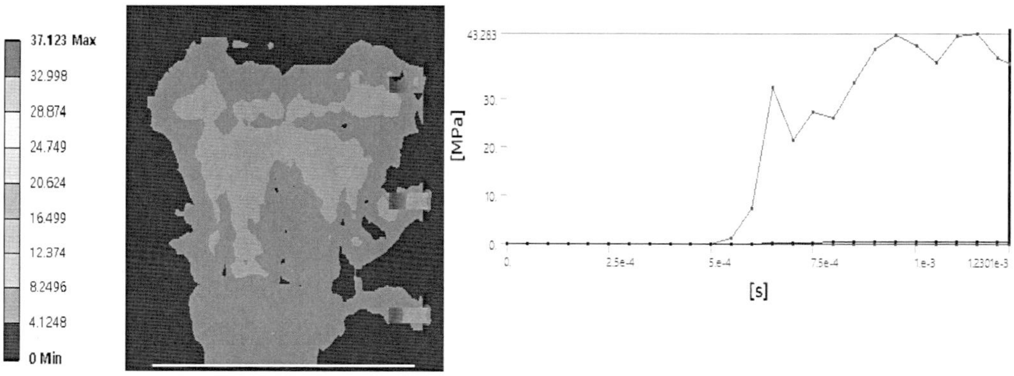

(15) AUTODYN을 사용한 Post-Process 수행

① AUTODYN을 실행한다.

WorkBench의 Files에서 Explicit Dynamics 결과 파일의 위치를 확인한다.

② AUTODYN을 실행한다.

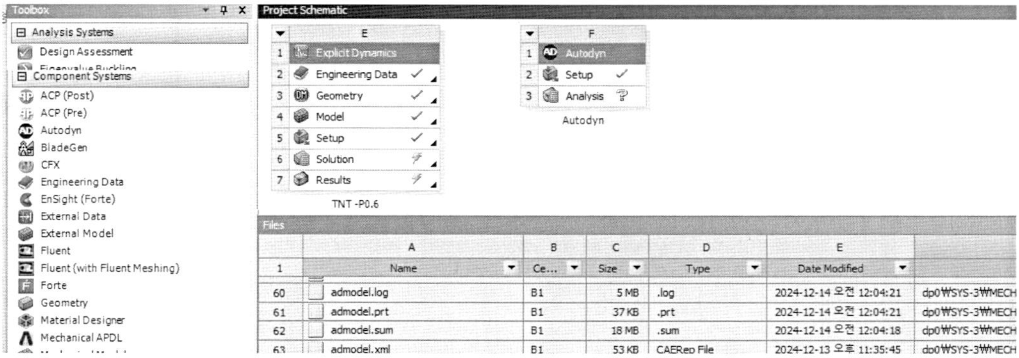

③ Open Result Files > 에서 파일을 불러온다.

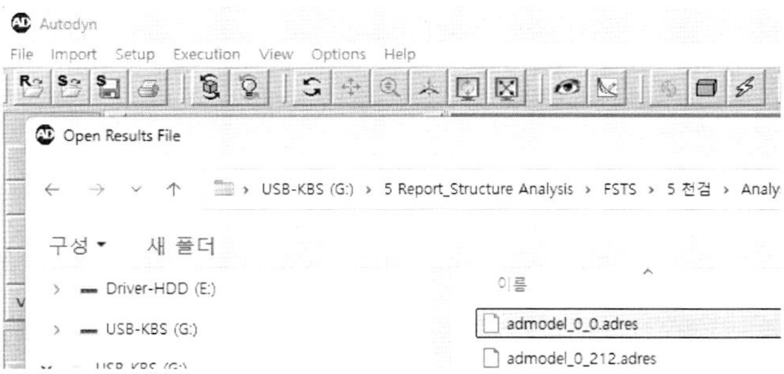

Plots > Settings > Graded shading을 제외한다.

Plots > Material Location > Opacity를 설정한다.

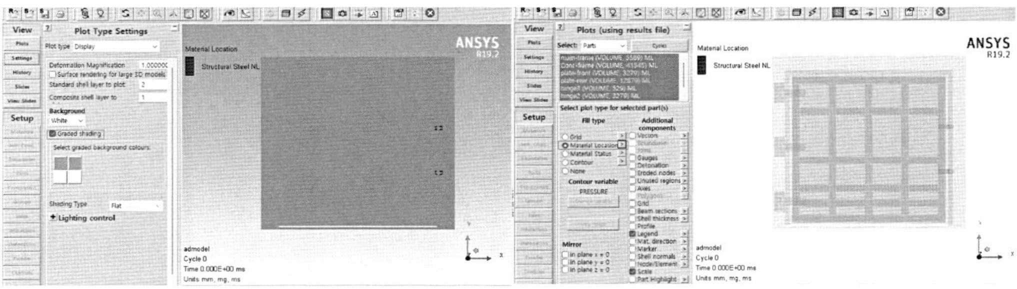

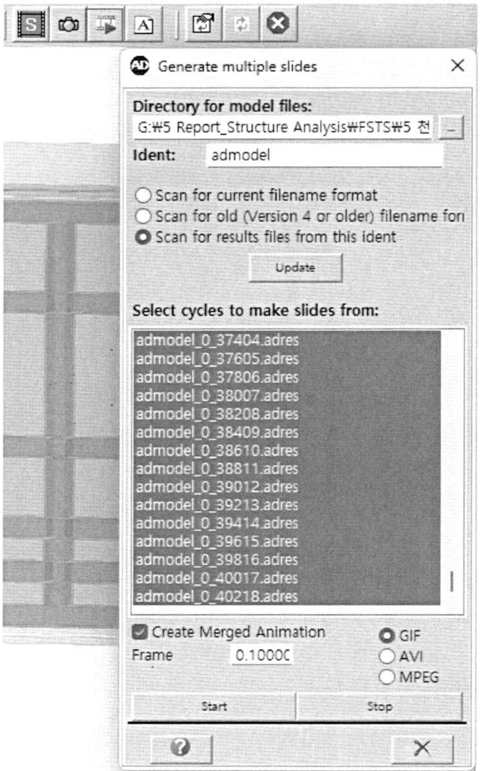

④ 압력 변화 추이는 다음과 같다.

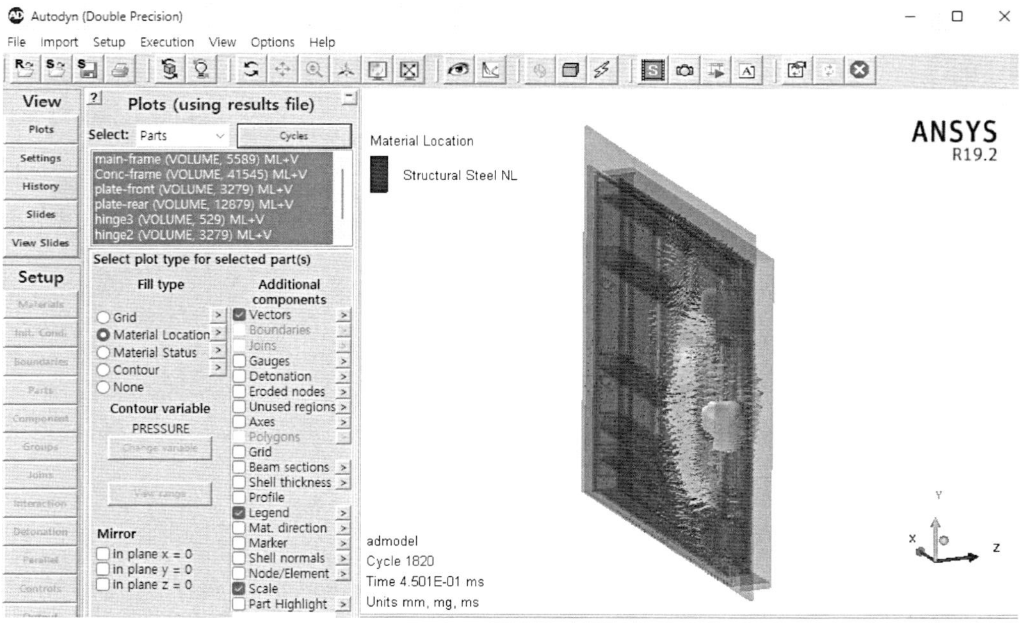

Case B. TNT Reference Frame : Eulerian (TNT 무게는 104.3kg)

(1) 해석 모델을 불러들이거나 모델링을 수행한다. (Geometry)
① Geometry에서 파일을 가져온다.
② 아래와 같이 모델을 생성한다.

(2) 재료의 물성을 정의한다. (Engineering Data)

(3) 해석 시스템을 생성한다.

(4) 해석 모델의 환경을 설정한다. (Model)
TNT에는 TNT를 설정하고, Reference Frame은 Eulerian으로 설정한다.
TNT의 질량은 104.3kg이다.

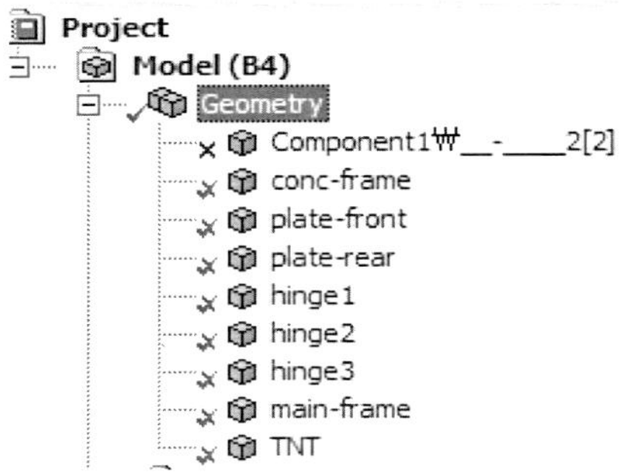

Details of "TNT"

Graphics Properties	
Definition	
Suppressed	No
Stiffness Behavior	Flexible
Coordinate System	Default Coordinate System
Reference Temperature	By Environment
Reference Frame	Eulerian (Virtual)
Material	
Assignment	TNT
Bounding Box	
Length X	400. mm
Length Y	400. mm
Length Z	400. mm
Properties	
Volume	6.4e+007 mm³
Mass	104.32 kg
Centroid X	-1070. mm
Centroid Y	-1800. mm
Centroid Z	-2800. mm
Moment of Inertia Ip1	2.7819e+006 kg·mm²
Moment of Inertia Ip2	2.7819e+006 kg·mm²
Moment of Inertia Ip3	2.7819e+006 kg·mm²

(5) 좌표계 설정 (Coordinate Systems) :

(6) 연결 관계 정의(Connections)

(7) 격자 모델 생성 (Mesh)

(8) 해석 설정 정의(Analysis Settings)

① End Time을 0.001으로 설정한다.

② Output Controls를 Equally Spaced Points로 설정한다. 200으로 설정한다.

Details of "Analysis Settings"

Analysis Settings Preference	
Type	Custom
Step Controls	
Number Of Steps	1
Current Step Number	1
End Time	0.001
Resume From Cycle	0
Maximum Number of Cycles	1e+07
Maximum Energy Error	0.1
Reference Energy Cycle	0
Initial Time Step	Program Controlled
Minimum Time Step	Program Controlled
Maximum Time Step	Program Controlled
Time Step Safety Factor	0.9
Characteristic Dimension	Diagonals
Automatic Mass Scaling	No

Euler Domain Controls	
Domain Size Definition	Manual
Display Euler Domain	Yes
Minimum X Coordinate	-2270. mm
Minimum Y Coordinate	-2080. mm
Minimum Z Coordinate	-3000. mm
X Dimension	2400. mm
Y Dimension	2200. mm
Z Dimension	4000. mm
Domain Resolution Definition	Total Cells
Total Cells	2.5e+05
Lower X Face	Rigid
Lower Y Face	Rigid
Lower Z Face	Flow Out
Upper X Face	Rigid
Upper Y Face	Rigid
Upper Z Face	Flow Out
Euler Tracking	By Body

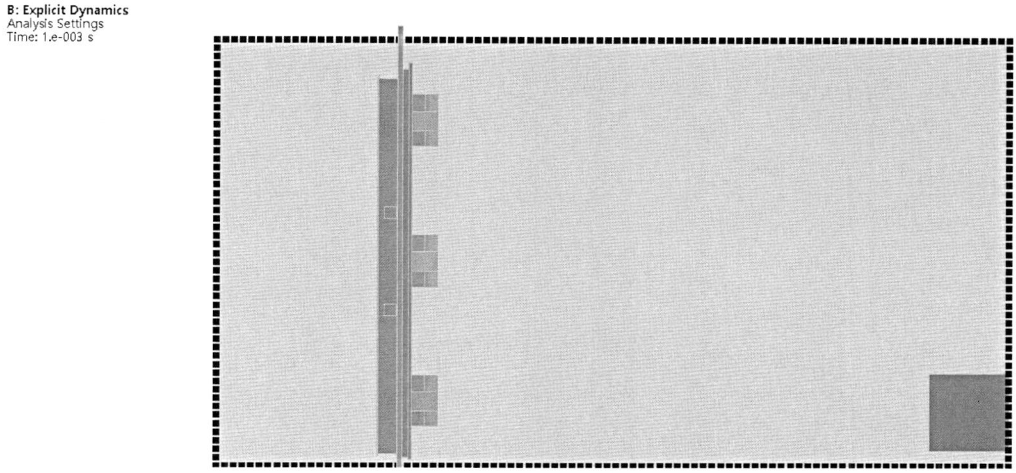

(9) 초기 조건 정의 : 고려하지 않는다.

(10) 구속조건 정의

(11) Detonation 설정

① Detonation 설정한다.

② TNT 중심에 설정한다.

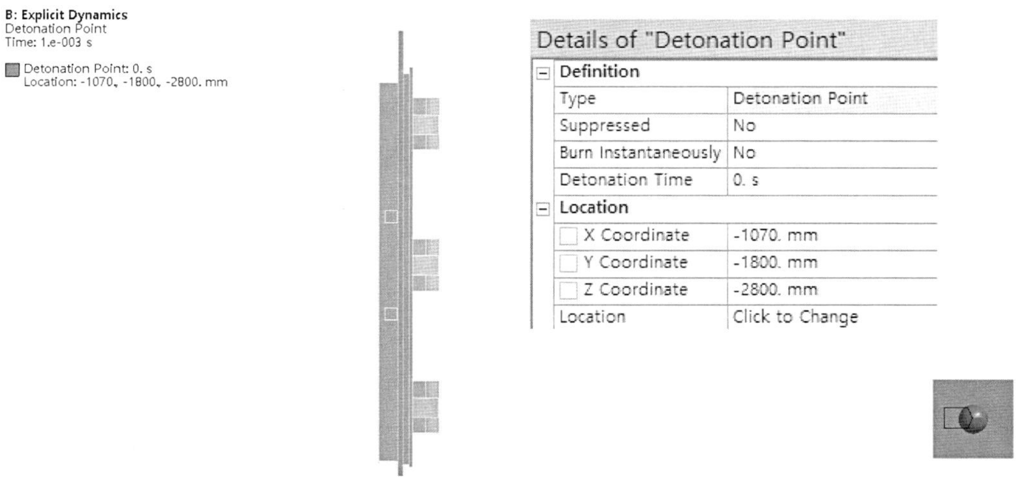

Details of "Detonation Point"

Definition	
Type	Detonation Point
Suppressed	No
Burn Instantaneously	No
Detonation Time	0. s
Location	
X Coordinate	-1070. mm
Y Coordinate	-1800. mm
Z Coordinate	-2800. mm
Location	Click to Change

(12) 해석 결과 설정

① Deformation(변형) 결과 세팅

a. Outline 화면에서 Solution>RMB >Insert >Deformation >Directional 항목 선택

(13) 해석 수행

① Tool bar에서 Solve를 클릭하거나, Solution > RMB > Solve 를 클릭한다.

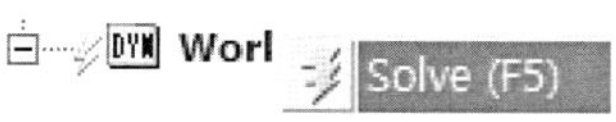

(14) 해석 결과 확인

① Total Deformation을 확인한다.

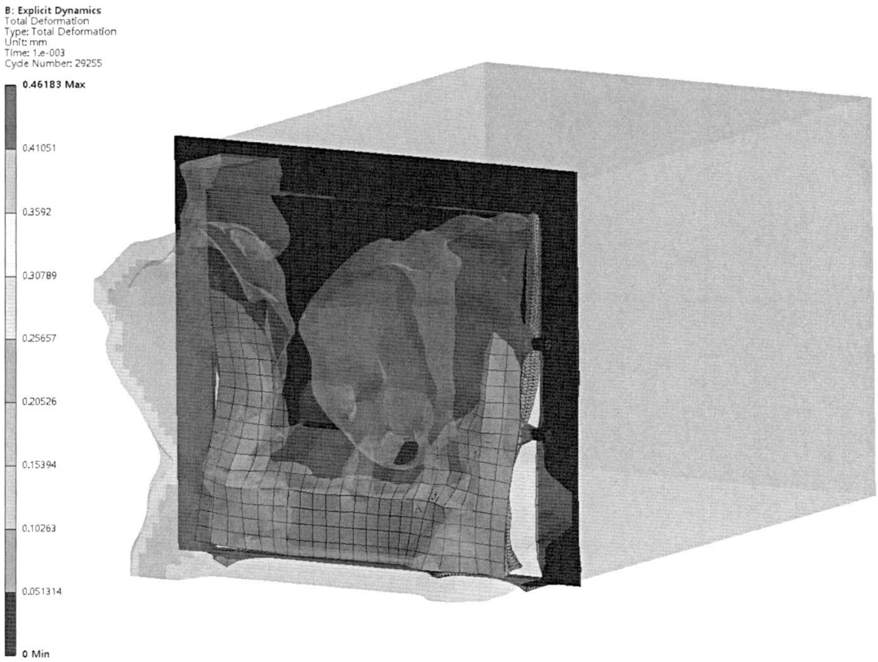

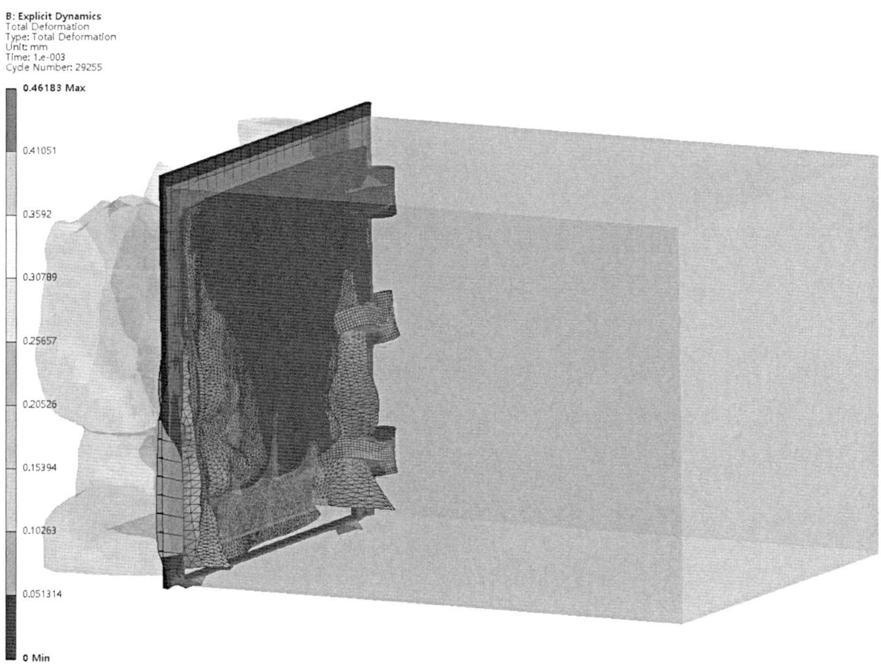

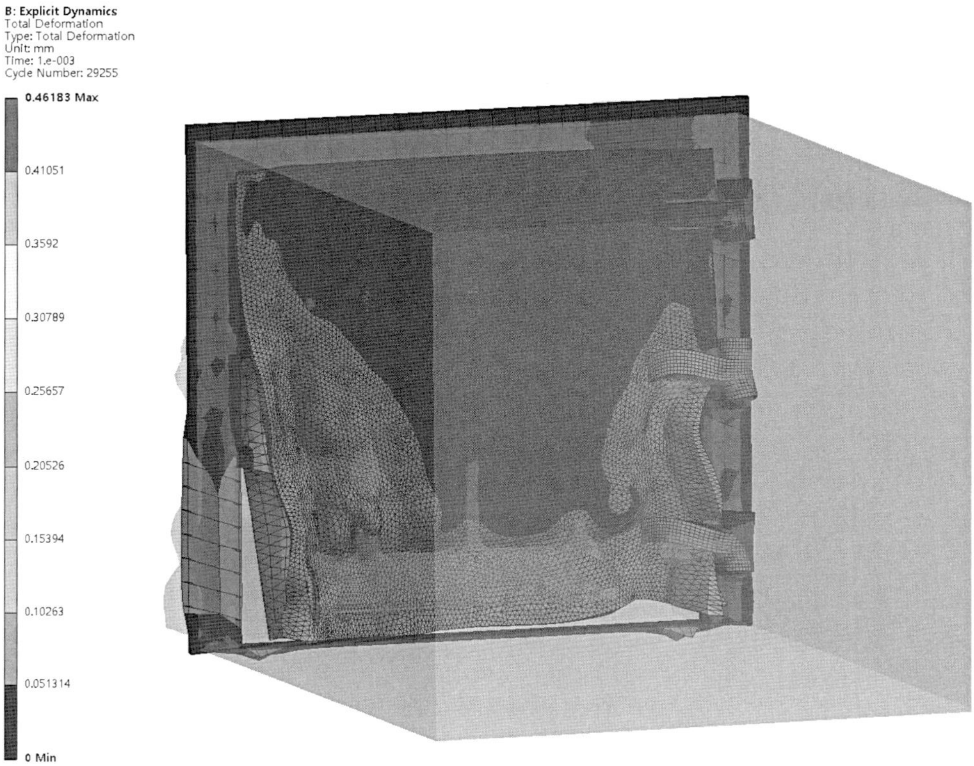
B: Explicit Dynamics
Total Deformation
Type: Total Deformation
Unit: mm
Time: 1.e-003
Cycle Number: 29255
0.46183 Max
0.41051
0.3592
0.30789
0.25657
0.20526
0.15394
0.10263
0.051314
0 Min

② Pressure를 확인한다.

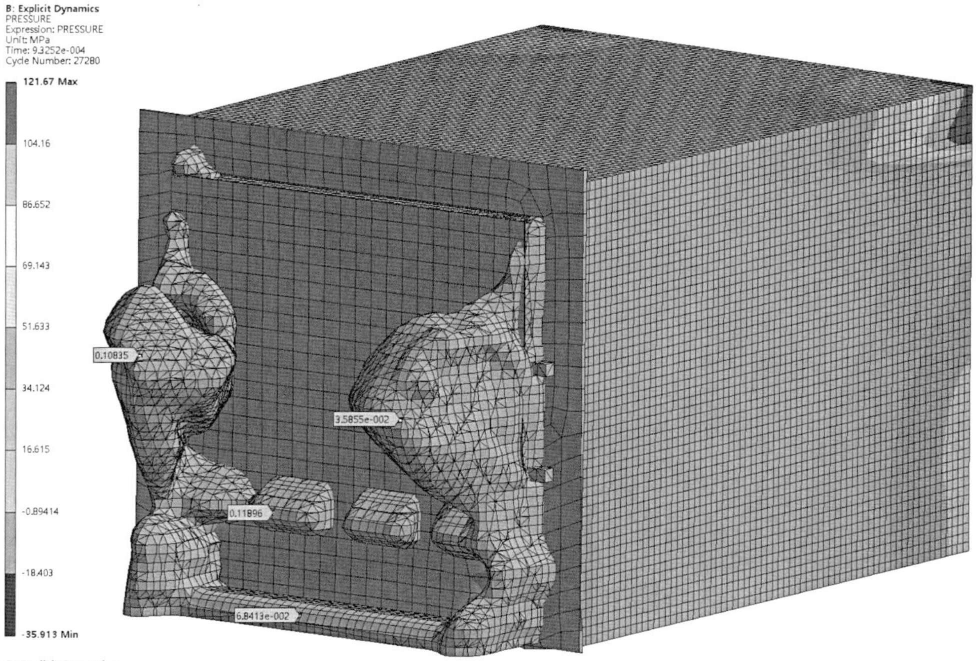

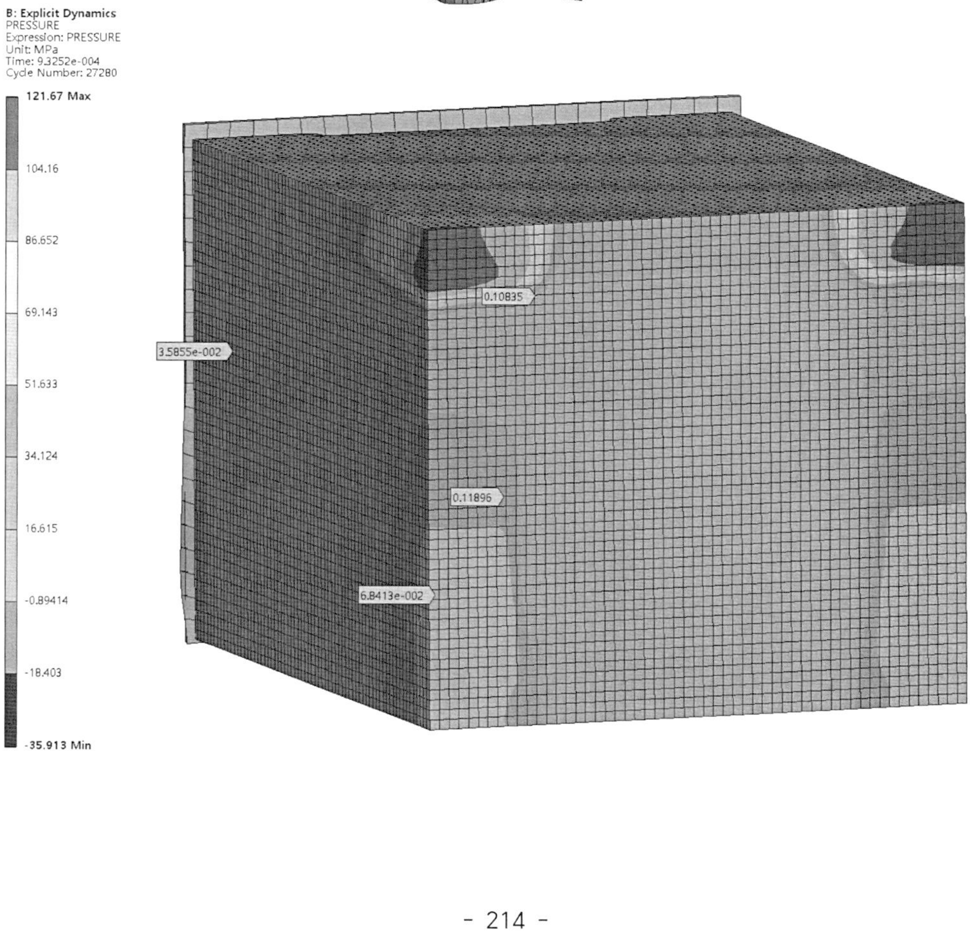

Case C. 전면강판에 작용하는 압력 : 0.65 MPa

(1) 해석 모델을 불러들이거나 모델링을 수행한다. (Geometry)
① Geometry에서 파일을 가져온다.
② 아래와 같이 모델을 생성한다.

(2) 재료의 물성을 정의한다. (Engineering Data)
(3) 해석 시스템을 생성한다.
(4) 해석 모델의 환경을 설정한다. (Model)
(5) 좌표계 설정 (Coordinate Systems) :
(6) 연결 관계 정의(Connections)
(7) 격자 모델 생성 (Mesh)

(8) 해석 설정 정의(Analysis Settings)
① End Time을 0.005으로 설정한다.
② Output Controls를 Equally Spaced Points로 설정한다. 200으로 설정한다.

Details of "Analysis Settings"

Analysis Settings Preference	
Type	Custom
Step Controls	
Number Of Steps	1
Current Step Number	1
End Time	0.005
Resume From Cycle	0
Maximum Number of Cycles	1e+07
Maximum Energy Error	0.1
Reference Energy Cycle	0
Initial Time Step	Program Controlled
Minimum Time Step	Program Controlled
Maximum Time Step	Program Controlled
Time Step Safety Factor	0.9
Characteristic Dimension	Diagonals
Automatic Mass Scaling	No

Output Controls	
Save Results on	Equally Spaced Points
Result Number Of Points	200
Save Restart Files on	Equally Spaced Points
Restart Number Of Points	5
Save Result Tracker Data on	Cycles
Tracker Cycles	1
Output Contact Forces	Off

(9) 초기 조건 정의 : 고려하지 않는다.

(10) 구속조건 정의

① Pressure를 설정한다.

Details of "Pressure"

Scope	
Scoping Method	Geometry Selection
Geometry	1 Face
Definition	
Type	Pressure
Define By	Normal To
Magnitude	Tabular Data
Suppressed	No
Tabular Data	
Independent Variable	Time

Tabular Data

	Steps	Time [s]	Pressure [MPa]
1	1	0.	0.6535
2	1	3.1687e-004	0.39506
3	1	6.3374e-004	0.23761
4	1	9.5061e-004	0.14206
5	1	1.2675e-003	8.4348e-002
6	1	1.5844e-003	4.9667e-002
7	1	1.9012e-003	2.8953e-002
8	1	2.2181e-003	1.6669e-002
9	1	2.535e-003	9.4473e-003
10	1	2.8518e-003	5.2449e-003
11	1	3.1687e-003	2.831e-003
12	1	3.4856e-003	1.4669e-003
13	1	3.8024e-003	7.1262e-004
14	1	4.1193e-003	3.0771e-004
15	1	4.4362e-003	9.9654e-005
16	1	4.7531e-003	0.
17	1	5.e-003	= 0.

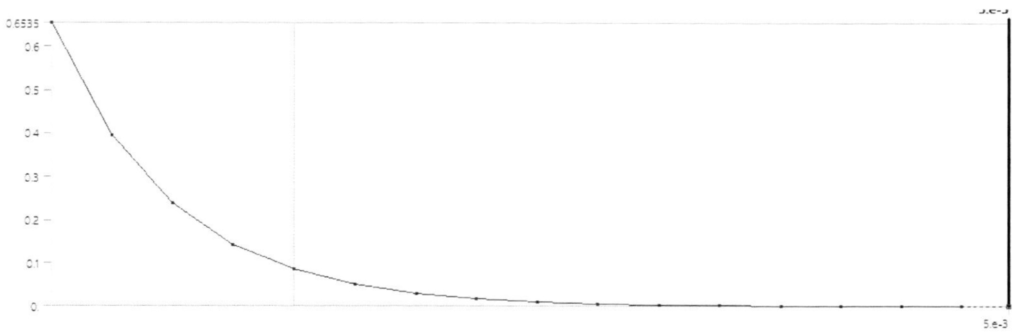

(11) Detonation 설정

① Detonation 설정 없음

(12) 해석 결과 설정

① Deformation(변형) 결과 세팅

a. Outline 화면에서 Solution>RMB >Insert >Deformation >Directional 항목 선택

(13) 해석 수행

① Tool bar에서 Solve를 클릭하거나, Solution > RMB > Solve 를 클릭한다.

(14) 해석 결과 확인

① Total Deformation을 확인한다.

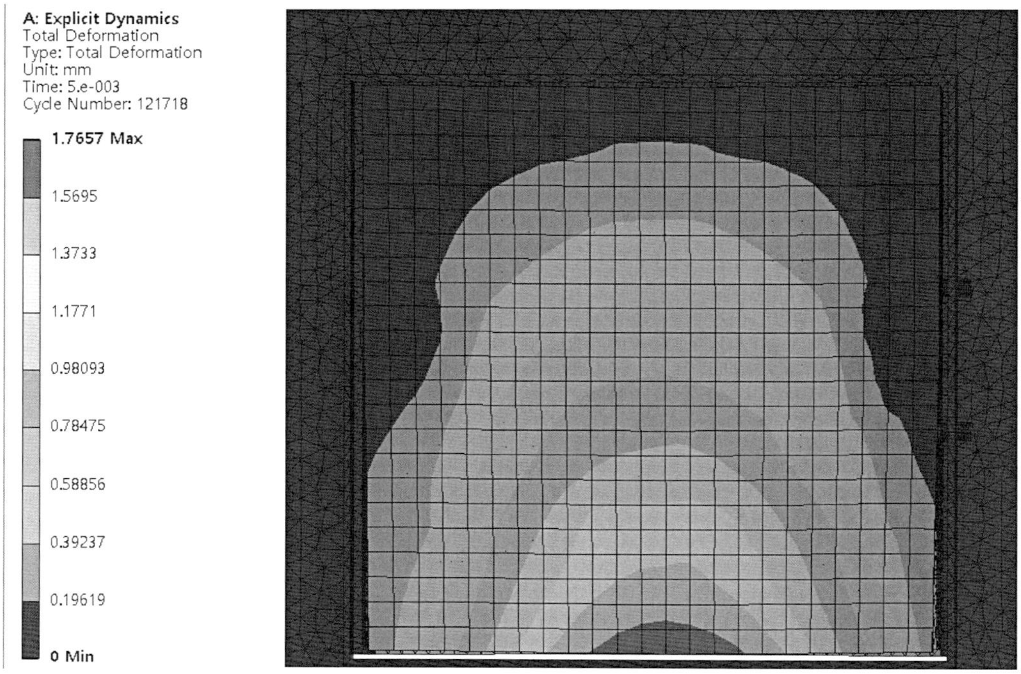

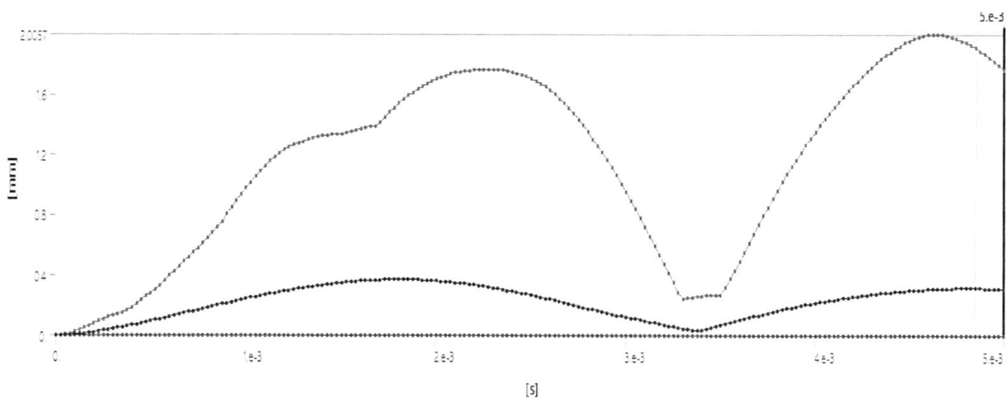

② Directional Deformation을 확인한다.

A: Explicit Dynamics
Directional Deformation 4
Type: Directional Deformation(Z Axis)
Unit: mm
Global Coordinate System
Time: 5.e-003
Cycle Number: 121718
-0.88708 Max
-0.88708 Min

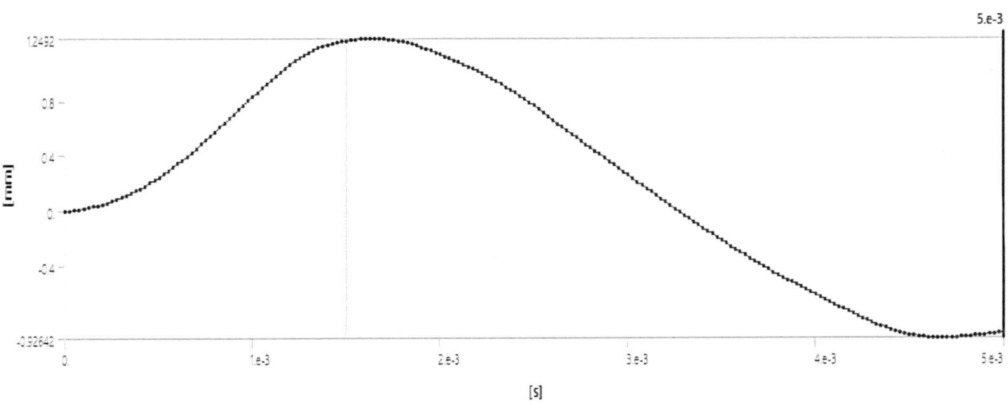
5.e-3
1.2492
0.8
0.4
0.
-0.4
-0.92642
[mm]
0.
1.e-3
2.e-3
3.e-3
4.e-3
5.e-3
[s]

11. 물수제비 해석 10)

1) 구조 계획 :

Case에 담겨 있는 물에 Ball이 충돌하여 물이 튀는 것을 해석한다.

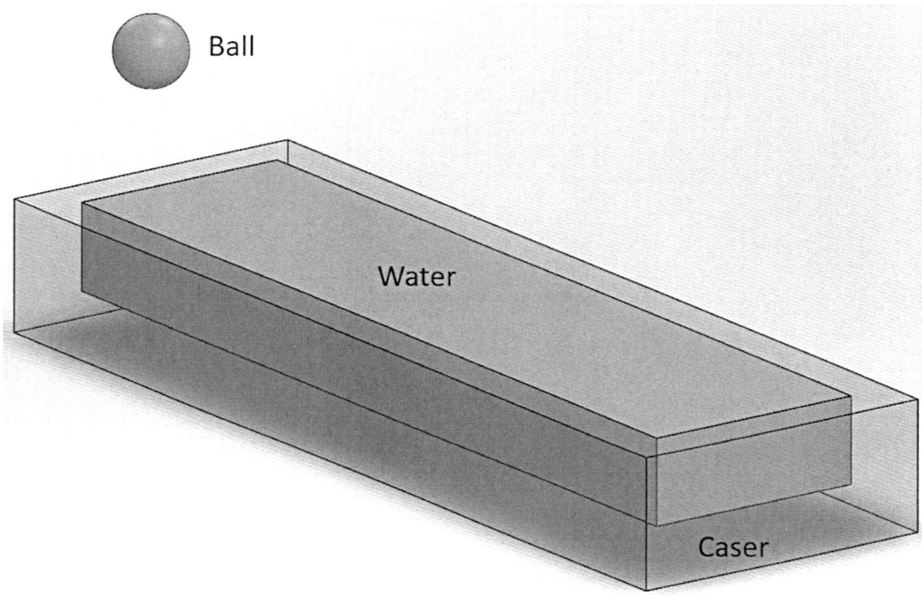

Ball과 Case는 Structural Steel로 하고 Water는 Lagrangian과 Eular로 구분하여 해석하여 비교한다.

Case A는 Water를 Lagrangian 방법으로 해석을 한다.

Case B는 Water를 Eulerian 방법으로 해석을 한다.

---

10)https://www.youtube.com/watch?v=UHpl9-zTKC0

2) 구조해석

Case A. Water Reference Frame : Lagrangian

(1) 해석 모델을 불러들이거나 모델링을 수행한다. (Geometry)

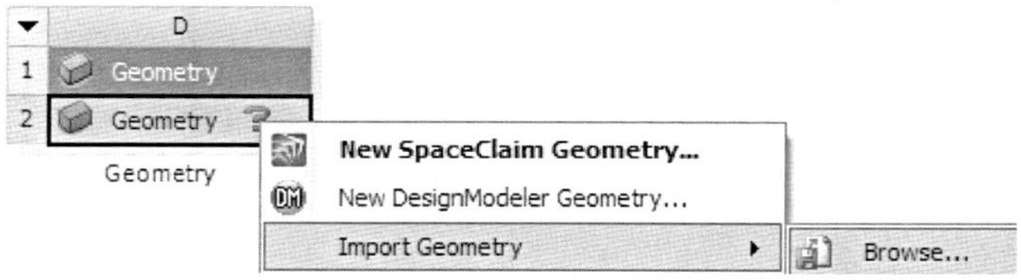

① 본 문제에 대한 모델을 가져온다.

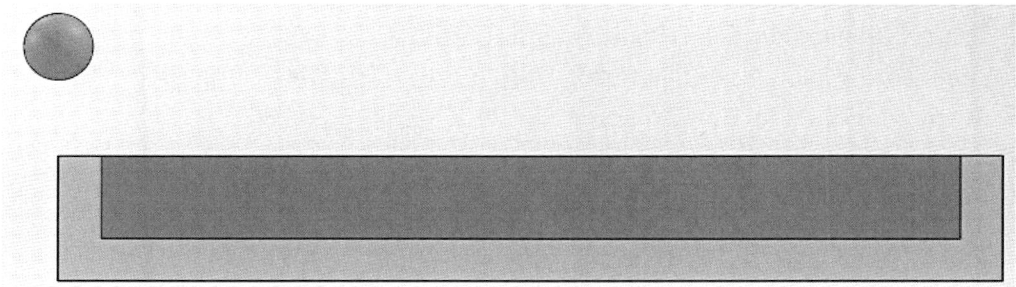

절단면을 보면 다음과 같다.

(2) 재료의 물성을 정의한다. (Engineering Data)

① Engineering Data를 불러온다.

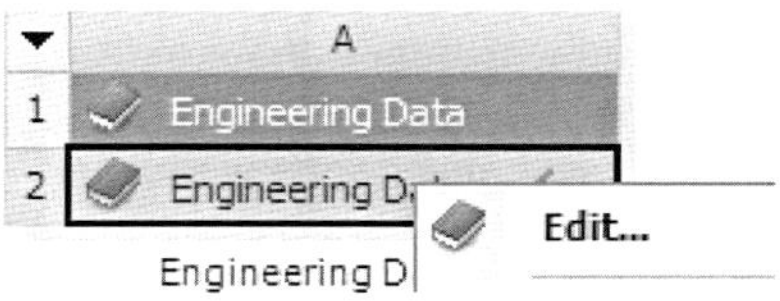

② Explicit Dynamic Data Source에서 Water를 가져온다.
Water의 +를 클릭하여 북 마크를 활성화한다.
Water에 대한 전단탄성계수 1e-12로 설정한다.

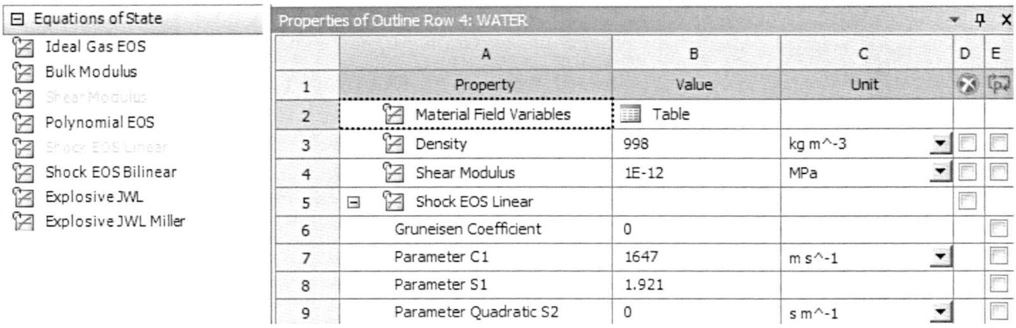

(3) 해석 시스템을 생성한다.(Static structural)

① Project Schematic에 Explicit Dynamic을 시스템 추가한다.

② Engineering Data와 Geometers를 연결하고 Project 이름을 변경한다.

③ Mechanical 창에서 Units menu를 클릭하고 단위를 설정한다.

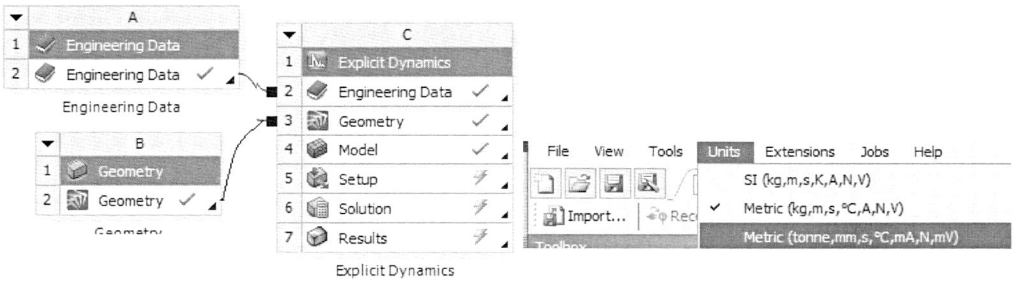

(4) 해석 모델의 환경을 설정한다. (Model)

① Project Schematic에서 Model을 더블클릭하여 Mechanical 창 활성화한다.

② Outline화면에서 Model > Geometry > Solid를 선택하고 물성을 설정한다.

Water에는 물성을 Water로 설정한다.

Reference Frame은 Lagrangian으로 설정한다.

Ball, Case의 재질은 Structural Steel로 설정한다.

(5) 좌표계 설정 (Coordinate Systems)

- Global Coordinate System을 확인한다.

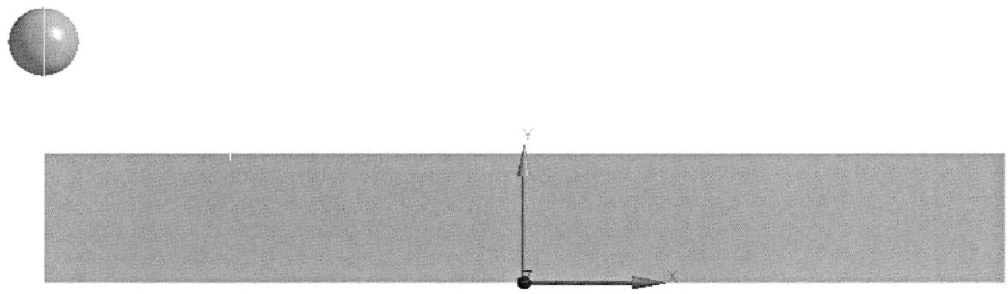

(6) 연결 관계 정의(Connections)

① Water와 Case의 연결은 삭제한다.

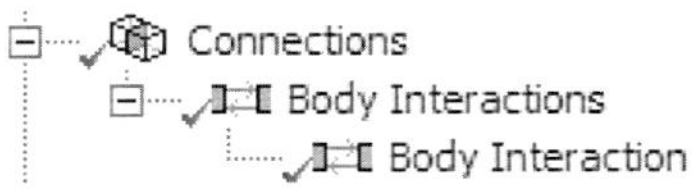

(7) 격자 모델 생성 (Mesh)

① Outline화면에서 Model > Mesh를 선택한다.

② Outline화면에서 Model > Mesh 를 선택하고 RMB > Update 실행한다.

③ Graphic 화면에서 모델에 메쉬가 생성된 것을 확인할 수 있다.
Ball 메쉬 사이즈는 5mm이다.
Water 메쉬 사이즈는 1mm이다.

Details of "MultiZone" - Method	
Scope	
Scoping Method	Geometry Selection
Geometry	1 Body
Definition	
Suppressed	No
Method	MultiZone
Mapped Mesh Type	Hexa
Surface Mesh Method	Program Controlled

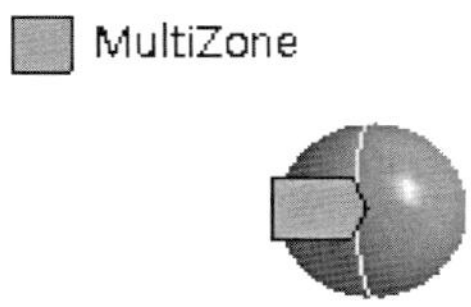

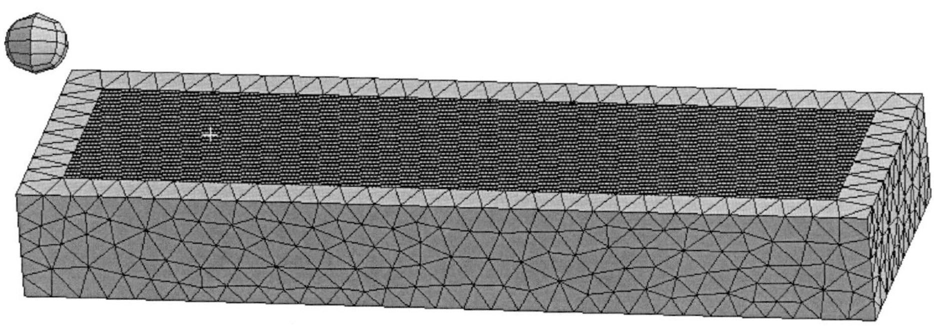

(8) 해석 설정 정의(Analysis Settings)

① End Time을 0.005로 설정한다.
② Euler Domain Control을 Manual로 선택하고 Coordinate와 Dimension을 설정한다.
③ Output Controls를 Equally Spaced Points로 설정하고 Number를 200으로 설정한다.

(9) 초기 조건 정의

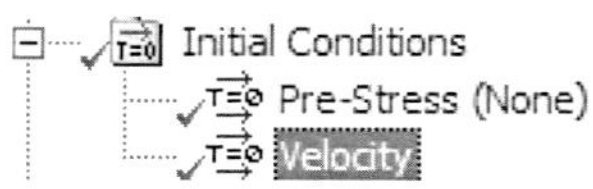

① Velocity

Details of "Velocity"	
Scope	
Scoping Method	Geometry Selection
Geometry	1 Body
Definition	
Input Type	Velocity
Pre-Stress Environment	None Available
Define By	Components
Coordinate System	Global Coordinate System
X Component	300. m/s
Y Component	-200. m/s
Z Component	0. m/s
Suppressed	No

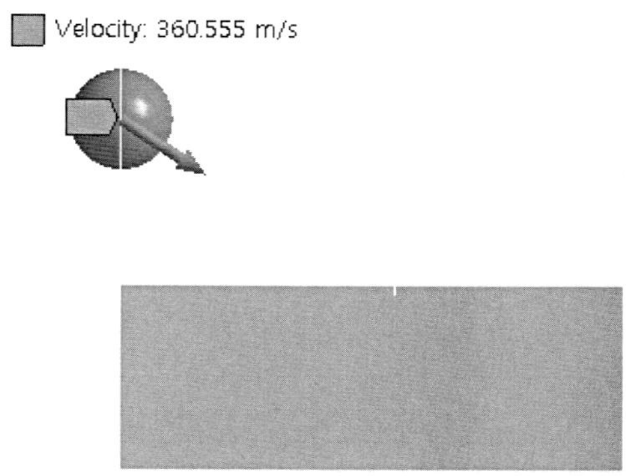

(10) 구속조건 정의

ⓐ 고정 지점 설정

① Outline화면에서 Static structure > RMB > Insert > Fixed Support 선택.

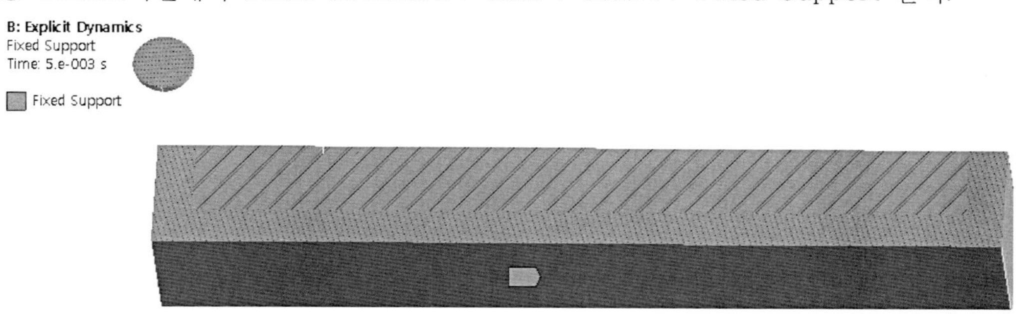

(12) 해석 결과 설정

① Deformation(변형) 결과 세팅

a. Outline화면에서 Solution >RMB >Insert >Deformation >Directional 항목 선택

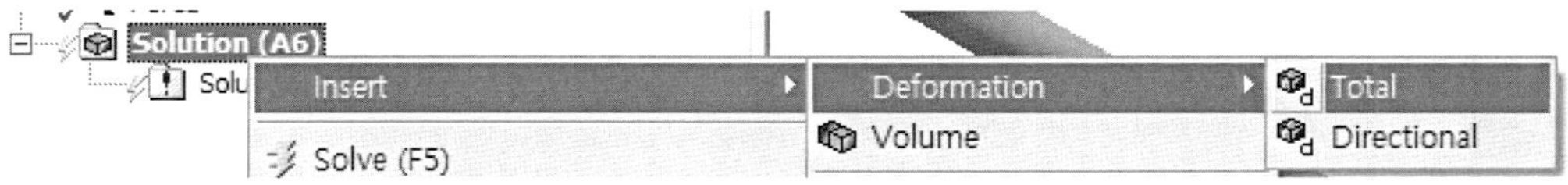

(13) 해석 수행

① Tool bar에서 Solve를 클릭하거나, Solution > RMB > Solve 를 클릭한다.

```
*--------------------------------------------------------------*
EXECUTION FROM CYCLE          1 TO     11199
ELAPSED RUN TIME IN SOLVER =       23.2953 Minutes
TOTAL ELAPSED RUN TIME     =       23.4919 Minutes
JOB RAN OVER       2 SLAVES
JOB RAN USING IBM MPI
JOB RAN USING DECOMPOSITION AUTO

Problem terminated .... time step too small
*--------------------------------------------------------------*
```

(14) 해석 결과 확인

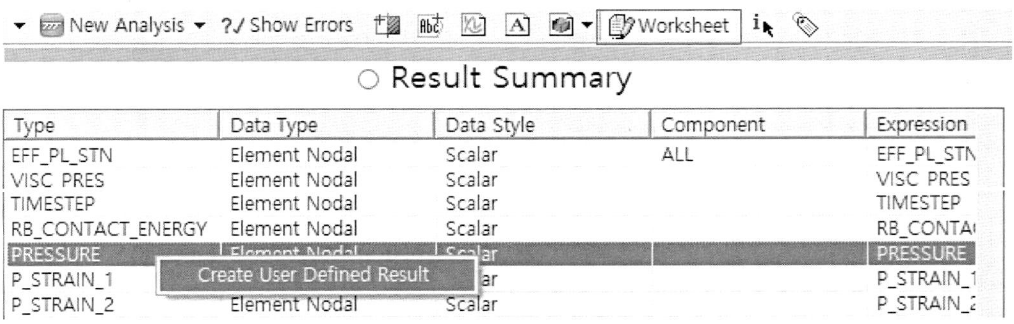

Solution > Worksheet > Result Summary > PRESSURE를 선택하여 Create User Defined Result를 설정한다.

같은 방법으로 Total Velocity도 설정한다.

① Total Deformation을 확인한다.

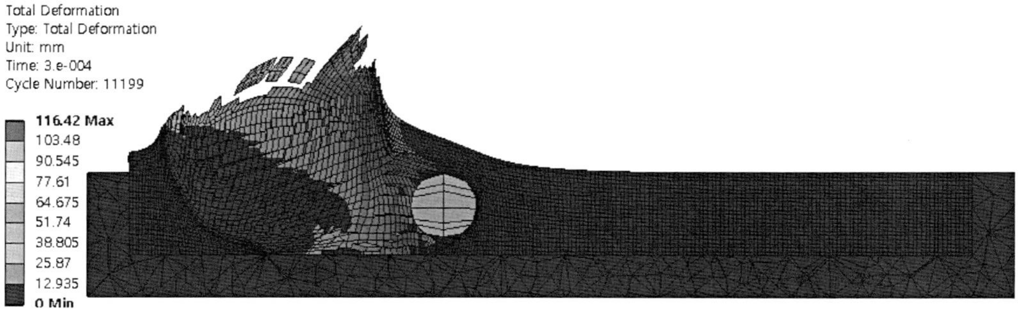

② Equivalent Stress를 확인한다.

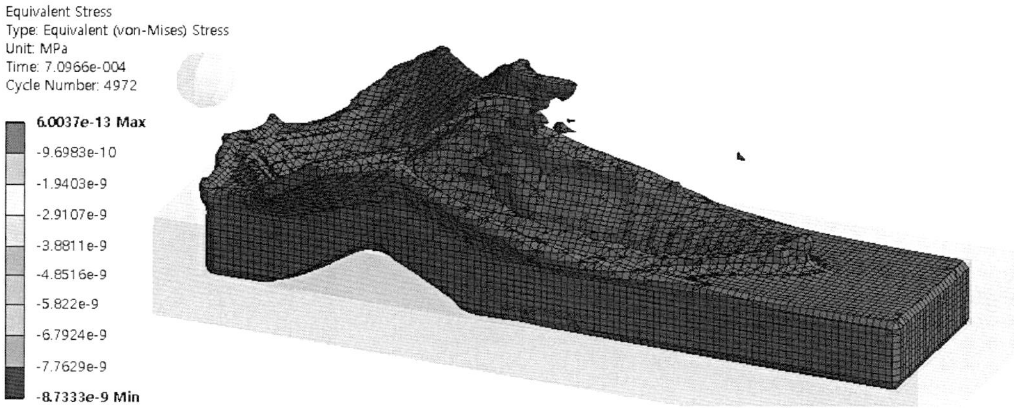

③ Water Total Velocity를 검토한다.

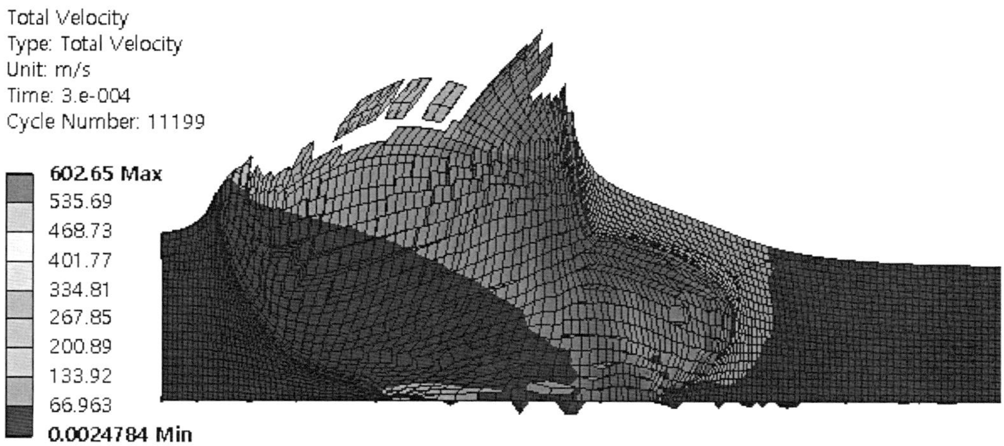

④ Pressure를 검토한다.

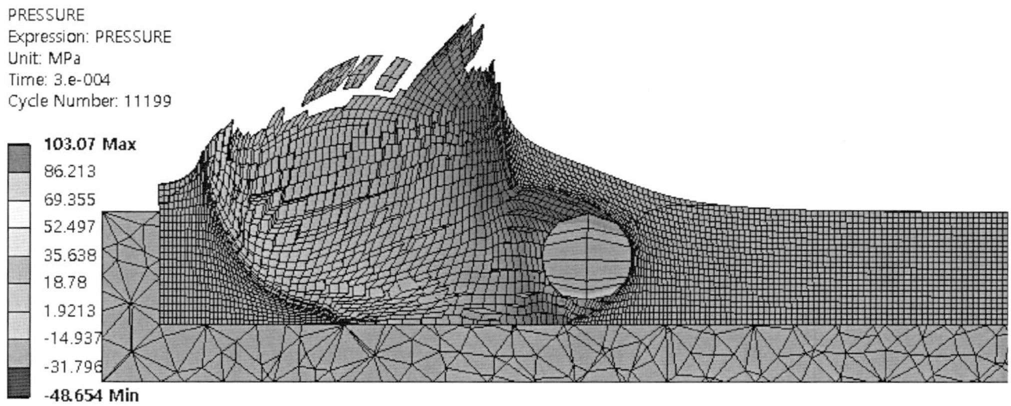

⑤ Temperature를 검토한다.

Case B. Water Reference Frame : Eulerian (Virtual)

Case A에서 변경된 부분만 기술한다.

(4) 해석 모델의 환경을 설정한다. (Model)

① Project Schematic에서 Model을 더블클릭하여 Mechanical 창 활성화한다.

② Outline화면에서 Model > Geometry > Solid를 선택하고 물성을 설정한다.
Water에는 물성을 Water로 설정한다.
Reference Frame은 Eulerian으로 설정한다.
Ball, Case의 재질은 Structural Steel로 설정한다.

(8) 해석 설정 정의(Analysis Settings)

① End Time을 0.005로 설정한다.

② Euler Domain Control을 Manual로 선택하고 Coordinate와 Dimension을 설정한다.

⊟ **Euler Domain Controls**	
Domain Size Definition	Program Controlled
Display Euler Domain	Yes
Scope	All Bodies
X Scale factor	1.2
Y Scale factor	1.2
Z Scale factor	1.2
Domain Resolution Definition	Total Cells
Total Cells	2.5e+05
Lower X Face	Flow Out
Lower Y Face	Flow Out
Lower Z Face	Flow Out
Upper X Face	Flow Out
Upper Y Face	Flow Out
Upper Z Face	Flow Out
Euler Tracking	By Body

③ Output Controls를 Equally Spaced Points로 설정하고 Number를 200으로 설정한다.

(13) 해석 수행

① Tool bar에서 Solve를 클릭하거나, Solution > RMB > Solve 를 클릭한다.

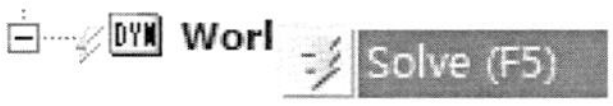


```
*------------------------------------------------------------*
Cycle: 19444, Time:1.422E-03s, Time Inc.:1.014E-08s, Progress:71.11%, Clock
Time Remaining: 4.7 mins
Wrapup timestep controlled by unstructured element: 6292 DT= 5.1800E-06
Cycle: 19445, Time:1.422E-03s, Time Inc.: 5.180E-09s, Progress:71.11%,
Clock Time Remaining: 4.7 mins
SIMULATION ELAPSED TIME SUMMARY
EXECUTION FROM CYCLE          1 TO      19445
ELAPSED RUN TIME IN SOLVER =       5.58983E+00 Minutes
TOTAL ELAPSED RUN TIME     =       6.20180E+00 Minutes
JOB RAN OVER       2 SLAVES
JOB RAN USING IBM MPI
JOB RAN USING DECOMPOSITION AUTO
Problem terminated .... time step too small
*------------------------------------------------------------*
```

(14) 해석 결과 확인

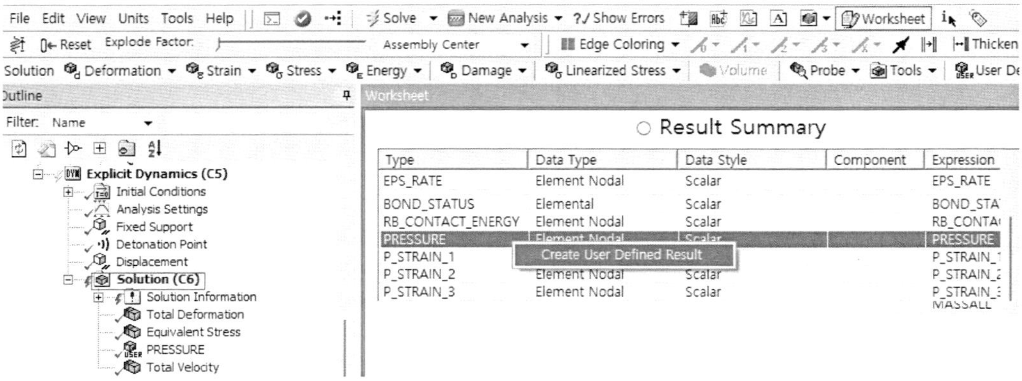

Solution > Worksheet > Result Summary > PRESSURE를 선택하여 Create User Defined Result를 설정한다.
같은 방법으로 Total Velocity도 설정한다.

① Total Deformation을 확인한다.

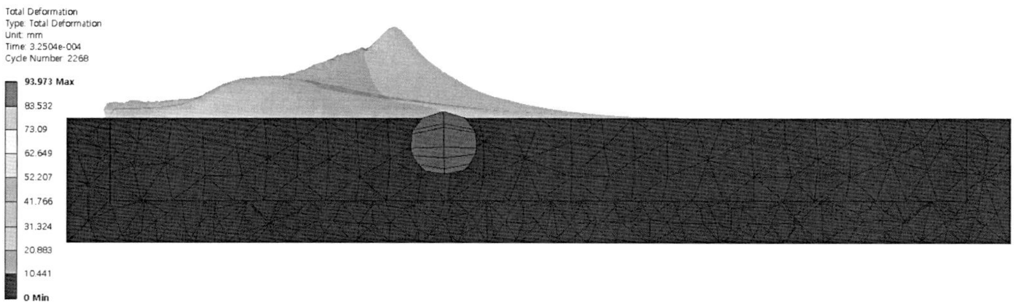

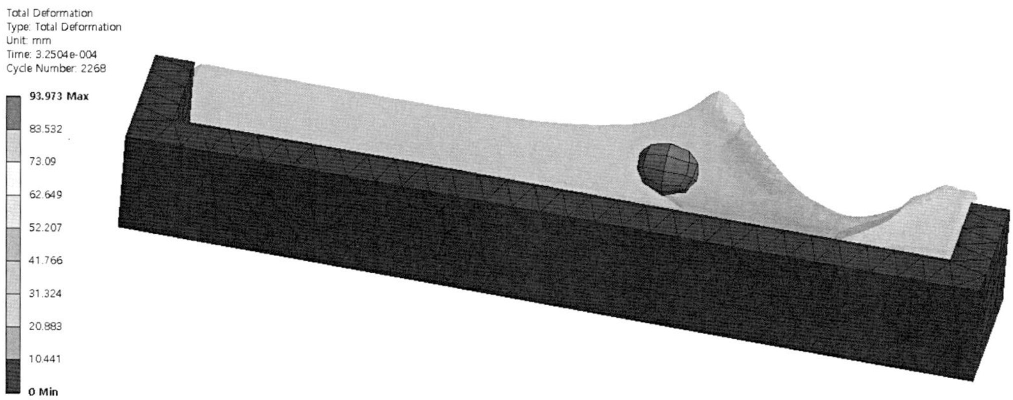

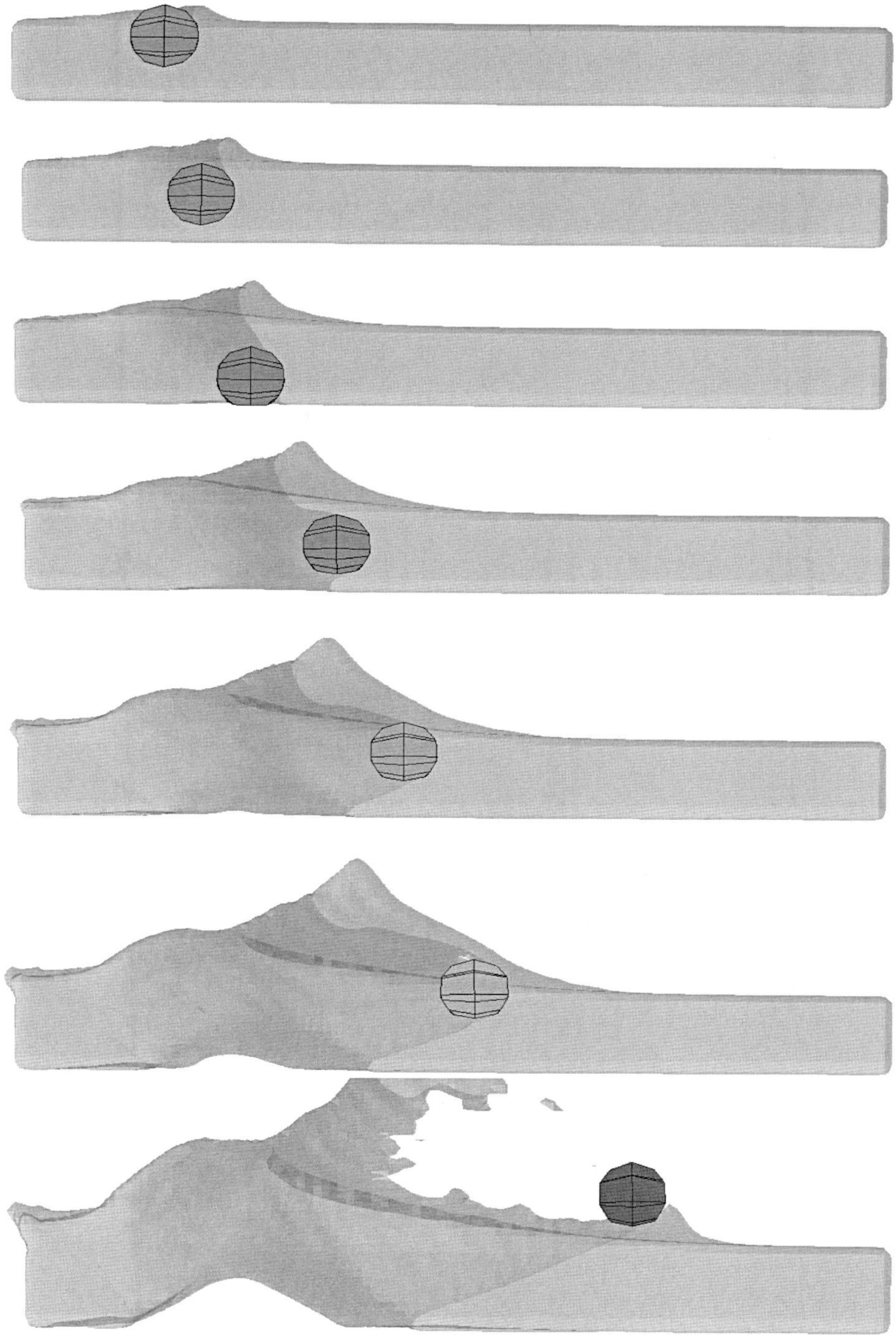

② Equivalent Stress를 확인한다.

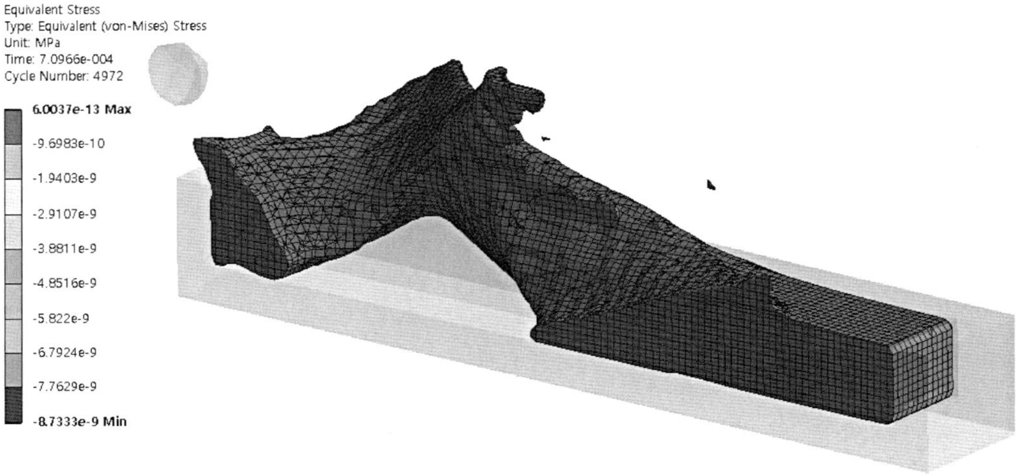

③ Water Total Velocity를 검토한다.

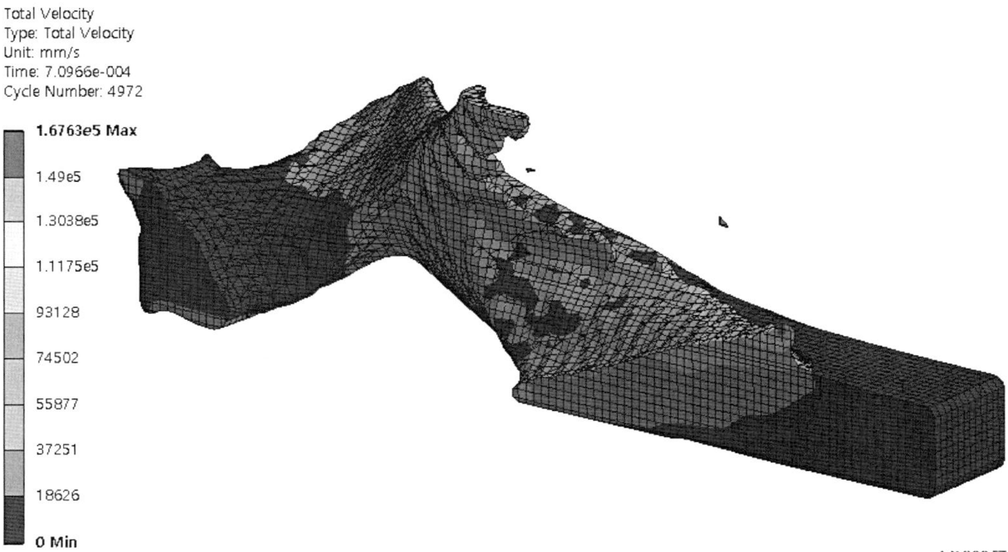

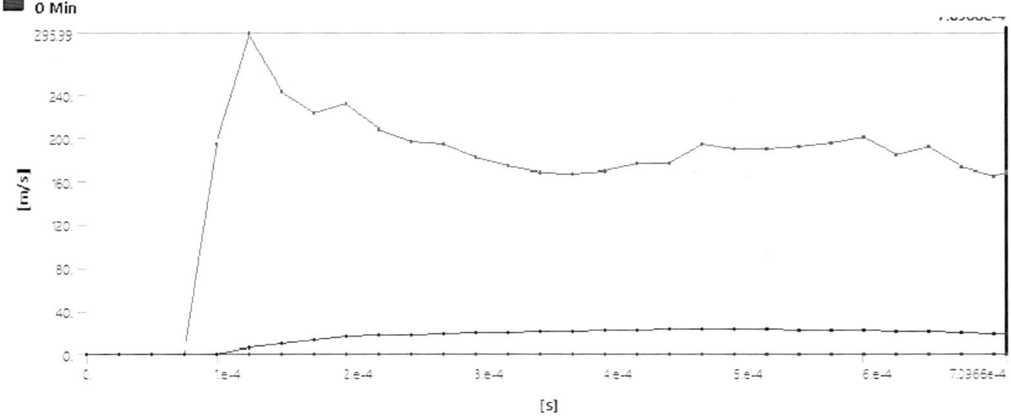

④ Pressure 검토한다.

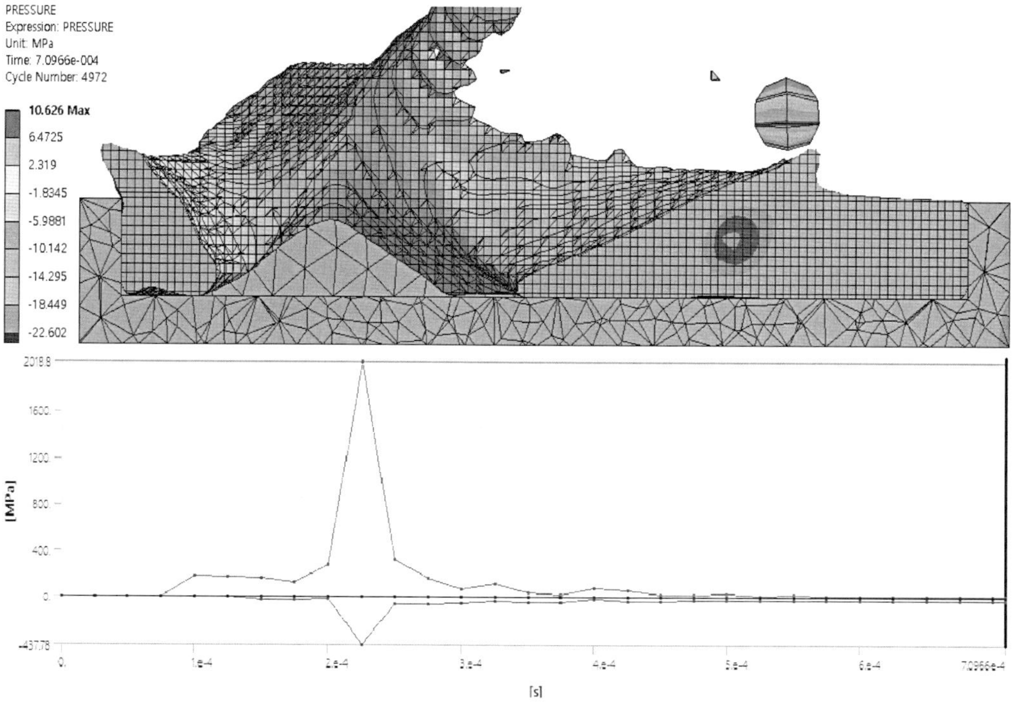